工业和信息化高职高专“十三五”规划教材立项项目
高等职业院校信息技术应用“十三五”规划教材

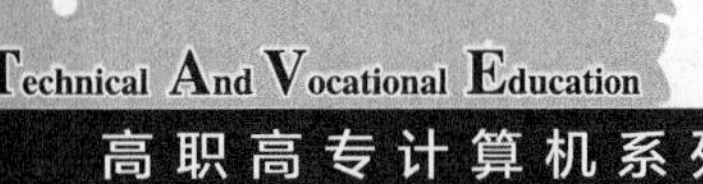

信息技术及素养

郭　健◎主　编
陈少英◎副主编

人民邮电出版社
北　京

图书在版编目（CIP）数据

信息技术及素养 / 郭健主编. -- 北京 : 人民邮电出版社, 2020.3(2023.1重印)
高等职业院校信息技术应用“十三五”规划教材
ISBN 978-7-115-53334-0

Ⅰ. ①信… Ⅱ. ①郭… Ⅲ. ①电子计算机－高等职业教育－教材 Ⅳ. ①TP3

中国版本图书馆CIP数据核字(2020)第020219号

内容提要

本书详细介绍了现代信息技术及计算机的基础知识，在重点对 Windows 系统操作、Office 应用、互联网及信息检索等方面技能进行介绍的同时，又增加了云计算、大数据及人工智能等方面的内容。

本书以“理论知识够用，突出实践操作”为原则，兼顾不同专业、不同层次学生的需要编写而成，内容前沿、案例丰富。

本书既可以作为高等院校、职业院校经济管理、电子信息、智能制造、数字媒体、生物技术及交通运输等专业的信息技术相关课程的教材，也可作为计算机爱好者的参考资料。另外，本书有配套的《信息技术及素养实训教程》供读者学习和参考。

◆ 主　　编　郭　健
副 主 编　陈少英
责任编辑　侯潇雨
责任印制　王　郁　马振武

◆ 人民邮电出版社出版发行　北京市丰台区成寿寺路 11 号
邮编　100164　电子邮件　315@ptpress.com.cn
网址　http://www.ptpress.com.cn
固安县铭成印刷有限公司印刷

◆ 开本：787×1092　1/16
印张：15　　2020 年 3 月第 1 版
字数：357 千字　　2023 年 1 月河北第 8 次印刷

定价：48.00 元

读者服务热线：(010)81055256　印装质量热线：(010)81055316
反盗版热线：(010)81055315
广告经营许可证：京东市监广登字20170147号

PREFACE 前言

当前，以互联网、大数据、人工智能为代表的新一代信息技术蓬勃发展，对经济发展、社会进步、人民生活改善具有重大而深远的影响。把握好数字化、网络化、智能化发展机遇，对个人和社会都至关重要。因此，我们结合教育部计算机基础教学指导委员会《关于进一步加强高等学校计算机基础教学的意见》和《高等学校非计算机专业计算机基础课程教学基本要求》等相关文件，编写了本书。

“信息技术及素养”是高等职业院校必修的公共基础课程，通过学习此课程，学生能较系统地掌握现代信息技术及计算机科学基础知识，具备基本的信息素养及计算机应用能力，并能在各自的专业领域充分地运用现代信息技术进行学习、工作或娱乐。本书兼顾不同专业、不同层次学生的需要，在讲解传统知识的同时，增加了云计算、大数据及人工智能等方面的内容。

全书分为六大部分：第一部分主要介绍信息技术及计算机技术的基础知识；第二部分主要介绍操作系统基础知识和 Windows 7 的基本操作；第三部分主要介绍计算机网络的基础知识和互联网的基本应用技能；第四部分主要介绍办公自动化的基础知识，以及 Office 中文字处理软件、电子表格处理软件和演示文稿软件的使用；第五部分主要介绍现代数字媒体的基本概念和应用；第六部分主要介绍云计算、大数据、物联网、人工智能及“互联网+”方面的新技术。

本书的作者是多年从事一线教学的教师，具有丰富的教学经验。本书选材合理，编排新颖，实例生动活泼，并通过大量图解及简化的操作步骤，深入浅出地讲解知识点，使学生易学、易懂、易用。同时，本书各章均配有理论练习题与实践操作题，供读者快速归纳、复习和检验本章所学内容。另外，本书有配套的《信息技术及素养实训教程》供学生练习。

本书由郭健副教授担任主编，负责全书的结构设计及内容统筹，并完成了第 1 章、第 2 章、第 3 章、第 7 章、第 8 章的编写及统筹，共约 21 万字；陈少英老师担任副主编，负责教材案例的选取与文字校对工作，并完成了第 4 章～第 6 章的内容编写；黄丽冰、罗少兰老师分别提供了第 7 章、第 8 章的内容素材。缪明聪副教授对教材的编写提出了许多宝贵意见，在此表示感谢。

虽然我们在编写过程中倾注了大量心血，但书中难免有疏漏之处，敬请广大读者批评指正。

编者

2019 年 11 月

CONTENTS

目 录

第 1 章

信息与计算机

理论要点：

1. 信息与信息技术的概念；
2. 计算机的发展、特点及分类；
3. 数的进制及换算、信息的表示方法及编码的概念；
4. 计算机系统的组成；
5. 计算机病毒的预防与消除。

技能要点：

1. 了解计算机系统的组成，学会正确开、关机；
2. 熟悉键盘并规范指法，掌握智能拼音输入法；
3. 使用杀毒软件对自己的个人计算机进行简单的查杀与维护。

1.1 信息科学与计算机

1.1.1 信息科学与信息技术

1. 数据和信息的定义

数据（Data）是指一切计算机可以接收并能处理的表示客观事物的符号，如数字、文字、图形、影像、声音等。

信息（Information）是指音讯、消息、通信系统传输和处理的对象，泛指人类社会传播的一切内容。信息是对人有用的数据，这些数据可能影响到人们的行为与决策。信息具有不灭性、可存储性、可共享性、可加工处理性、相对性、时效性。

数据是信息的载体，信息是对数据加工处理提炼的结果；信息是具有含义的符号或消息，数据符号单独表示是没有任何意义的。

2. 信息科学的先辈

（1）信息论的创始人——香农

香农，美国数学家。他首次用布尔代数进行开关电路分析，并证明布尔代数的逻辑运算可以通过继电器电路来实现，明确地给出了实现加、减、乘、除等运算的电子电路的设计方法；提出了通信系统的模型，解决了信道容量、信源编码等有关精确传送通信符号的基本技术问题。

（2）计算机科学的奠基人——图灵

图灵，英国数学家，提出了“图灵机”（一种可以辅助数学研究的机器）的设想，这是一种思想模型，他认为计算机应该通过相应的程序来完成设定好的任务。

（3）存储程序式计算机之父——冯·诺依曼

冯·诺依曼，美国数学家，他提出了三个重要思想。

- 计算机由五个基本部分组成：运算器、控制器、存储器、输入设备和输出设备。
- 计算机内部采用二进制表示计算机的指令和数据。
- 计算机的工作方式为“存储程序控制”，它将程序和数据存放在存储器中，并让计算机自动执行程序。

3. 信息技术

信息技术是指人类开发和利用信息的方法和手段，人类一直在探索快速、高效、精确处理信息的技术手段。信息技术共经历了四次革命。

- 创造了语言和文字。
- 造纸术和印刷术的出现。
- 电报、电话、电视及其他通信技术的发明和应用。
- 计算机技术和现代通信技术的应用。

现代信息技术的核心是计算机技术、微电子技术和现代通信技术。

1.1.2 计算机的诞生

1946 年 2 月，物理学家约翰·莫奇莱（John Mauchly）等人研制的世界上第一台电子数字计算机“电子数值积分计算机”（Electronic Numerical Integrator And Calculator，ENIAC）在美国宾夕法尼亚大学诞生了，如图 1-1 所示，它标志着计算机时代的到来。它的诞生标志着人类进入了一个崭新的信息革命时代。

图 1-1 | 电子数值积分计算机

1.1.3 计算机的发展

自第一台计算机诞生以来，计算机的发展日新月异，尤其是电子器件的发展，更有力地推动了计算机的发展。人们根据计算机的性能和使用主要元器件的不同，将计算机的发展划分成四个阶段。每一个阶段在技术上都是一次新的突破，在性能上都是一次质的飞跃。

（1）第一代计算机（1946—1957 年），电子管计算机时代。其基本特征是采用电子管作为计算机的逻辑元器件，数据表示主要是定点数，用机器语言或汇编语言编写程序。每秒运算速度仅为几千次，内存容量仅几 kB。第一代电子计算机体积庞大，造价很高，仅限于军事和科学研究工作，其代表机型有 IBM650（小型机）、IBM709（大型机）。

（2）第二代计算机（1958—1964 年），晶体管计算机时代。其基本特征是逻辑元器件逐步由电子管改为晶体管，内存所使用的器件大多使用铁氧磁性材料制成的磁芯存储器。外存储器有了磁盘、磁带，外设种类也有所增加。运算速度达到每秒几十万次，内存容量扩大到几十 kB。与此同时，计算机软件也有了较大的发展，出现了 FORTRAN、COBOL、ALGOL 等高级编程语言。除了用于科学计算外，还用于数据处理和事务处理，代表机型有 IBM7094、CDC7600。

（3）第三代计算机（1965—1972 年），中、小规模集成电路计算机时代。其基本特征是逻辑元器件采用小规模集成电路（Small Scale Integration，SSI）和中规模集成电路（Middle Scale Integration，MSI）。第三代计算机的运算速度每秒可达几十万次到几百万次。主存储器采用半导体存储器，存储容量和存储速度有了大幅度的提高，增加了系统的处理能力。高级程序设计语言在这个时期有了很大发展，在程序设计方法上，采用了结构化程序设计，为研制更加复杂的软件提供技术上的保证。计算机开始广泛应用在各个领域。其代表机型有 IBM360。

（4）第四代计算机（1972 年至今），大规模、超大规模集成电路计算机时代。其基本特征是逻辑元器件采用大规模集成电路（Large Scale Integration，LSI）和超大规模集成电路（Very Large Scale Integration，VLSI），计算机体积、重量和成本大幅度降低，运算速度和可靠性大幅度提高。作为主存储器的半导体存储器，其集成度越来越高，容量越来越大；外存储器除了广泛地使用软、硬磁盘外，还引进了光盘；操作系统不断完善，应用软件已成为现代工业的一部分；多媒体技术崛起，计算机集图像、图形、声音与文字处理于一体，在信息处理领域掀起了一场革命。计算机的发展进入以计算机网络为特征的时代。其代表机型有 IBM370、银河、曙光、深腾等。

1.1.4 计算机的特点与分类

1. 计算机的特点

（1）运算速度快。目前微型计算机每秒进行加减基本运算的次数可高达几十亿次/秒，微型超级计算机则高达数千亿次/秒。例如，计算机控制导航运算速度要比飞机的飞行速度快；气象预报要分析大量资料，运算速度必须跟上天气变化，否则就失去预报的意义。

（2）计算精度高。一般的计算机均能达到 15 位有效数字的计算，通过一定的手段可以实现任何精度要求。例如，历史上一位数学家花了 15 年时间计算圆周率，才算到 7071 位，而现在的计算机几个小时就可计算到 10 万位。

（3）具有记忆和逻辑判断能力。记忆能力是指计算机存储器能存储大量数据。逻辑判断能力使得计算机能分析命题是否成立以便做出相应对策。计算机的逻辑判断能力是通过程序实现的，计算机通过程序可实现各种复杂的推理，如经典的“五子棋”“迷宫”等。

（4）具有自动执行程序的能力。人们把需要计算机处理的问题编成程序存入计算机，向计算机发出命令后，它便代替了人类的工作，不知疲倦，如机器人等。

2. 计算机的分类

随着计算机技术的不断更新，计算机的类型日趋多样化。

按功能角度来分，计算机可分为专用计算机和通用计算机。专用计算机与通用计算机在效率、速度、配置、结构复杂程度、造价和适应性等方面是有区别的。专用计算机针对性强，功能单一，可靠性高，但适应性较差，我们在导弹和火箭上使用的计算机很大部分就是专用计算机。通用计算机适应性强，应用广泛，目前人们所使用的大多是通用计算机。

按规模来分，计算机可分为巨型机、大型机、中型机、小型机、微型机及单片机。这些类型之间的基本区别通常在于体积大小、结构复杂程度、功率消耗、性能指标、数据存储容量、指令系统和设备、软件配置等的不同。巨型计算机的运算速度很高，每秒可执行几千亿条指令，数据存储容量很大，结构复杂，价格昂贵，主要用于尖端科学研究领域。它也是衡量一个国家科学实力的重要标志之一。单片计算机则由一片集成电路制成，其体积小，重量轻，结构十分简单。性能介于巨型机和单片机之间的就是大型机、中型机、小型机和微型机，它们的性能指标和结构规模则相应地依次递减。

1.1.5 计算机的应用

计算机的应用已渗透到社会的各行各业，正在改变着传统的工作、学习和生活方式，推动着社会的发展。概括起来，计算机的应用可分为以下几个方面。

1. 科学计算

科学计算又称数值计算，是计算机的重要应用领域之一。第一台计算机的研制目的就是用于弹道计算的，计算机以其计算速度快和计算精度高的特点，大大加快了科学研究的进程。可以说，计算机为科学计算而诞生，因科学计算而发展。

2. 数据处理

数据处理又称信息处理，是对数据进行收集、转换、分类、排序、检索、存储和输出等综合性分析工作。数据处理是一切信息管理、辅助决策系统的基础，各类管理信息系统、决策支持系统、专家系统、办公自动化系统都属于数据处理的范畴。

3. 自动控制

计算机能够对工业生产过程中的各种参数进行连续、实时的控制，降低劳动强度和能源消耗，提高生产效率，这种应用又称实时控制。单片机的应用开辟了实时控制的更加广泛的领域，它替代了仪器仪表的功能，具有可程控、数据处理和对外接口的能力，众多的计算机必备部件集成于一片小小的芯片上，使大量仪器仪表实现了微型化、智能化，将自动控制的应用推上一个更高的台阶。

4. 计算机辅助系统

计算机辅助设计（Computer Aided Design，CAD）、计算机辅助制造（Computer Aided Manage，CAM）、计算机辅助教育（Computer Based Education，CBE）等计算机辅助系统，可帮助工业、企业和教育工作者利用计算机良好的图形功能与较高的响应速度，把传统的经验和计算机技术结合起来，代替人们完成复杂而繁重的工作。

5. 人工智能

人工智能（Artificial Intelligence，AI）一般是指模拟人脑进行演绎推理和采取决策的思维过程。它的主要方法是在计算机中存储一些定理和推理准则，然后设计程序让计算机自动探索解题的方法。人工智能是在计算机与控制论学科上发展起来的边缘学科。

6. 计算机网络

计算机网络是现代计算机技术与通信技术高度发展密切结合的产物。电子邮件、网页浏览、资料检索、网络电话、电子商务、远程教育、娱乐休闲、聊天及虚拟社区等，正不断地改变着人类的生产和生活方式。

除了上述介绍的各种应用外，计算机还在多媒体技术、文化艺术和家庭生活等方面有着广泛的应用。随着社会发展的需要，计算机的应用领域在广度和深度两个方面正无止境地发展着。

1.2 计算机中的信息表示

1.2.1 进位计数制

数制又称计数制，是指用一组固定的数字和统一的规则来表示数值的方法。

按照进位方式计数的数制称为进位计数制。十进制即“逢 10 进 1”，生活中也经常遇到其他进制，如六十进制（每分钟 60 秒、每小时 60 分钟，逢 60 进 1）、十二进制、十六进制等。

任何进制都有其生存的原因。人类的屈指计数沿袭至今，且由于日常生活中大多采用十进制计数，因此对十进制最习惯。又如十二进制，十二的可分解的因子多（12，6，4，3，2，1），商业中不少包装计量单位采用“一打”；如十六进制，十六可被平分的次数较多（16，8，4，2，1），现代在某些场合（如中药、金器）的计量单位还在沿用这种计数方法。

任何进位数制都包括以下四个要素。

基数：数制所使用数码的个数。十进制的基数是 10，二进制的基数是 2，R 进制（任意进制）的基数是 R。

数码：数制中表示基本数值大小的不同数字符号。十进制的数码为 0、1、2、3、4、5、6、7、8、9，二进制的数码为 0、1 等。

进位原则：十进制“逢 10 进 1”，二进制“逢 2 进 1”等。

位权：即每一位数位上数码所具有的权，十进制数的位权为 10^i，二进制的位权为 2^i 等，其中 i 取值为整数。

对于任意一个 R 进制数 N，都可以按如下公式表示：

$$N = K_{n-1}R^{n-1}+K_{n-2}R^{n-2}+\cdots+K_1R^1+K_0R^0+K_{-1}R^{-1}+K_{-2}R^{-2}+\cdots+K_{-m}R^{-m}$$

其中：

R 为基数，表示为 R 进制数，逢 R 进 1，该进位数制中允许选用 R 个基本数码的个数。

n 为整数部分的位数。

m 为小数部分的位数。

R^{n-1} 为第 $n-1$ 位的位权。

K_{n-1} 为第 $n-1$ 位的数码。

1.2.2 二进制代码和二进制数码

1. 二进制的特点

在计算机中采用二进制的原因如下。

（1）可行性

采用二进制，只有 0 和 1 两个状态，需要表示 0、1 两种状态的电子器件很多，如开关的接通和断开、晶体管的导通和截止、磁元件的正负剩磁、电位电平的低与高等都可表示 0、1 两个数码。使用二进制，电子器件具有实现的可行性。

（2）简易性

二进制数的运算法则少，运算简单，使计算机运算器的硬件结构大大简化。

（3）逻辑性

由于二进制 0 和 1 正好和逻辑代数的假（False）和真（True）相对应，有逻辑代数的理论基础，用二进制表示二值逻辑很自然。

2. 二进制代码和二进制数码

从二进制代码和二进制数码开始介绍计算机基础知识，是因为二进制代码和二进制数码是计算机信息表示和信息处理的基础。二进制代码和二进制数码是既有联系又有区别的两个概念：凡是用 0 和 1 两种符号表示信息的代码统称为二进制代码（或二值代码）；用 0 和 1 两种符号表示数量并且整个符号串各位均符合"逢 2 进 1"原则的二进制代码，称为二进制数码。

目前的计算机在内部几乎毫无例外地使用二进制代码或二进制数码来表示信息，是由于以二进制代码为基础设计、制造计算机，可以做到速度快、元件少，既经济又可靠。虽然计算机从使用者看来处理的是十进制数，但在计算机内部仍然是以二进制数码为操作对象的处理。

3. 数的二进制表示和二进制运算

（1）数的二进制表示

客观世界中，事物的数量是一个客观存在，但表示的方法可以多种多样。

例 1-1 十进制数 345 用十进制数码可以表示为：$(345)_{10}=3\times10^2+4\times10^1+5\times10^0$。

101011001 用二进制数码可以表示为：

$(101011001)_2 = 1\times2^8+0\times2^7+1\times2^6+0\times2^5+1\times2^4+1\times2^3+0\times2^2+0\times2^1+1\times2^0 = 256+0+64+0+16+8+0+0+1=(345)_{10}$

二进制计数中个位上的计数单位也是 1，即 $2^0 = 1$，个位向左依次为 $2^1, 2^2, 2^3, \ldots$；向右依次为 $2^{-1}, 2^{-2}, \ldots$

（2）计算机中的算术运算

二进制数的算术运算与十进制的算术运算类似，但其运算规则更为简单，其规则如表 1-1 所示。

表 1-1　二进制数的运算规则

加法	乘法	减法	除法
0+0=0	0×0=0	0−0=0	0÷0=0
0+1=1	0×1=0	1−0=1	0÷1=0
1+0=1	1×0=0	1−1=0	1÷0=（没有意义）
1+1=10（逢 2 进 1）	1×1=1	0−1=1（借 1 当 2）	1÷1=1

例 1-2 二进制数的加法运算：二进制数 1001 与 1011 相加。

算式：被加数 $(1001)_2$ …… $(9)_{10}$

加数 $(1011)_2$ …… $(11)_{10}$

进位 + 1 11

和数 $(10100)_2$ …… $(20)_{10}$

结果：$(1001)_2+(1011)_2=(10100)_2$

由算式可以看出，两个二进制数相加时，每一位最多有 3 个数（本位被加数、加数和来自低位的进位）相加，按二进制数的加法运算法则得到本位相加的和数和向高位的进位。

例 1-3 二进制数的减法运算：二进制数 11000001 与 00101101 相减。

算式：被减数 $(11000001)_2$ …… $(193)_{10}$

减数 $(00101101)_2$ …… $(45)_{10}$

借位 – 1111

差数 $(10010100)_2$ …… $(148)_{10}$

结果：$(11000001)_2-(00101101)_2=(10010100)_2$

由算式可以看出，两个二进制数相减时，每一位最多有 3 个数（本位被减数、减数和向高位的借位）相减，按二进制数的减法运算法则得到本位相减的差数和向高位的借位。

（3）计算机中的逻辑运算

计算机中的逻辑关系是一种二值逻辑，逻辑运算的结果只有“真”或“假”两个值。二值逻辑很容易用二进制的“0”和“1”来表示，一般用“1”表示真，用“0”表示假。逻辑值的每一位表示一个逻辑值，逻辑运算是按对应位进行的，每位之间相互独立，不存在进位和借位关系，运算结果也是逻辑值。

逻辑运算有“或”“与”和“非”三种，其他复杂的逻辑关系都可以由这三个基本逻辑关系组合而成。

① 逻辑“或”：用于表示逻辑“或”关系的运算，“或”运算符可用“OR”“+”“∪”或“∨”表示。逻辑“或”的运算规则如下：

0+0=0　　0+1=1　　1+0=1　　1+1=1

即两个逻辑位进行“或”运算，只要有一个为“真”，逻辑运算的结果为“真”，如表 1-2 所示。

例 1-4 如果 A=1001111，B=1011101，求 A+B。

算式：
```
  1001111
 +1011101
 --------
  1011111
```

结果：A+B=1011111

② 逻辑“与”：用于表示逻辑“与”关系的运算，“与”运算符可用“AND”“•”“×”“∩”或“∧”表示。

逻辑“与”的运算规则如下：

0×0=0　　0×1=0　　1×0=0　　1×1=1

即两个逻辑位进行“与”运算，只要有一个为“假”，逻辑运算的结果为“假”，如表 1-3 所示。

例 1-5 如果 A=1001111，B=1011101，求 A×B。

算式：

```
      1001111
    × 1011101
    ---------
      1001101
```

结果：A × B=1001101

表 1-2 “或”运算规则

X	Y	X∨Y
0	0	0
1	0	1
0	1	1
1	1	1

表 1-3 “与”运算规则

X	Y	X∧Y
0	0	0
1	0	0
0	1	0
1	1	1

③ 逻辑“非”：用于表示逻辑“非”关系的运算，该运算常在逻辑变量上加一横线表示。

逻辑“非”的运算规则：$\bar{1}$=0，$\bar{0}$=1（即对逻辑位求反），如表 1-4 所示。

表 1-4 “非”运算规则

X	$\bar{X}$
0	1
1	0

1.2.3 不同数制间的转换

假设将十进制数转换为 *R* 进制数，整数部分和小数部分须分别遵守不同的转换规则。

对整数部分：除以 *R* 取余法，即整数部分不断除以 *R* 取余数，直到商为 0 为止，最先得到的余数为最低位，最后得到的余数为最高位。

对小数部分：乘 *R* 取整法，即小数部分不断乘以 *R* 取整数，直到小数为 0 或达到有效精度为止，最先得到的整数为最高位（最靠近小数点），最后得到的整数为最低位。

1. 十进制数转换为二进制数

十进制数转换成二进制数，基数为 2，故对整数部分除 2 取余，对小数部分乘 2 取整。

为了将一个既有整数部分又有小数部分的十进制数转换成二进制数，可以将其整数部分和小数部分分别转换，然后进行组合。

例 1-6 将$(35.25)_{10}$转换成二进制数。

整数部分：

除数	被除数/商	取余数	
2	35		低
2	17	1	↑
2	8	1	
2	4	0	
2	2	0	
2	1	0	
	0	1	高

注意 第一次得到的余数是二进制数的最低位，最后一次得到的余数是二进制数的最高位。也可用如下方式计算：

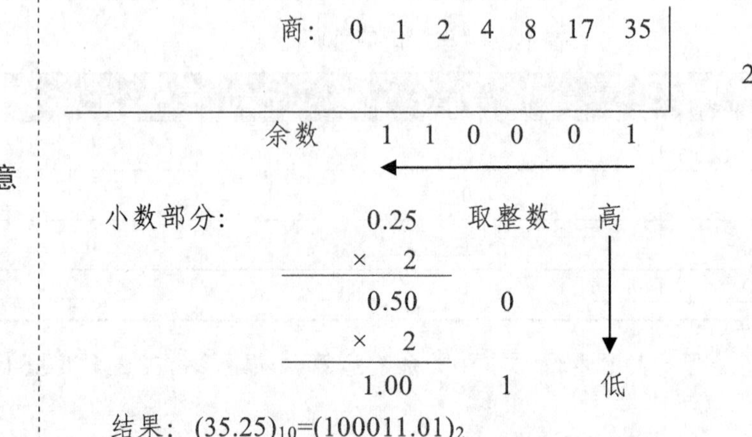

结果：$(35.25)_{10}=(100011.01)_2$

注意 一个十进制小数不一定能完全准确地转换成二进制小数，这时可以根据精度要求只转换到小数点后某一位为止即可。

2. 十进制数转换为八进制数

八进制数码的基本特征是：用 8 个不同符号 0、1、2、3、4、5、6、7 组成的符号串表示数量，相邻两个符号之间遵循“逢 8 进 1”原则，也就是说各位上的位权是基数 8 的若干次幂。

十进制数转换成八进制数，基数为 8，故对整数部分除 8 取余，对小数部分乘 8 取整。为了将一个既有整数部分又有小数部分的十进制数转换成八进制数，可以将其整数部分和小数部分分别转换，然后进行组合。

例 1-7 将十进制数（1725.32）$_{10}$ 转换成八进制数（转换结果取 3 位小数）。

整数部分：

除数	被除数/商	取余数	
8	1725		低
8	215	5	↑
8	26	7	
8	3	2	
	0	3	高

小数部分：

	取整数	高
0.32 × 8 = 2.56	2	↓
2.56 × 8 = 4.48	4	↓
4.48 × 8 = 3.84	3	低

结果：$(1725.32)_{10}=(3275.243)_8$

3. 十进制数转换为十六进制数

十六进制数码的基本特征是：用 16 个不同符号 0、1、2、3、4、5、6、7、8、9 和 A、B、C、D、E、F 组成的符号串表示数量，相邻两个符号之间遵循“逢 16 进 1”的原则，也就是各位上的位权是基数 16 的若干次幂。

用基数乘除法，此处基数为 16。将十进制整数转换成十六进制整数，可以采用“除 16 取余”法；将十进制小数转换成十六进制小数，可以采用“乘 16 取整”法。如果十进制数既含有整数部分又含有小数部分，则应分别转换后再组合起来。

例 1-8 将$(237.45)_{10}$转换成十六进制数（取 3 位小数）。

整数部分：

除数	被除数/商	取余数	低
16	237		↑
16	14	13	↑
	0	14	高

小数部分：

	取整数	高
0.45 × 16 = 7.20	7（余 0.2）	↓
7.20 × 16 = 3.20	3（余 0.2）	↓
3.20 × 16 = 3.20	3	低

结果：$(237.45)_{10}=(ED.733)_{16}$

4. 二进制数转换为八、十六进制数

8 和 16 都是 2 的整数次幂，即 $8 = 2^3$，$16 = 2^4$，因此 3 位二进制数相当于 1 位八进制数，4 位二进制数相当于 1 位十六进制数（见表 1-5），它们之间的转换关系也相当简单。由于二进制数表示数值的位数较长，因此常用八、十六进制数来表示二进制数。二进制、八进制、十六进制的对应关系表如表 1-5 所示。

表 1-5　二进制、八进制、十六进制的对应关系表

二进制	八进制	二进制	十六进制	二进制	十六进制
000	0	0000	0	1000	8
001	1	0001	1	1001	9
010	2	0010	2	1010	A
011	3	0011	3	1011	B
100	4	0100	4	1100	C
101	5	0101	5	1101	D
110	6	0110	6	1110	E
111	7	0111	7	1111	F

将二进制数转换为八（或十六）进制数的方法是：将二进制数以小数点为中心分别向两边分组，每 3（或 4）位为一组，整数部分向左分组，不足位数左补 0；小数部分向右分组，不足部分右边加 0 补足，然后将每组二进制数转化成八（或十六）进制数即可。

例 1-9　将二进制数（11101110.00101011）$_2$ 转换成八、十六进制数。

(011　101　110　.001　010　110)$_2$=（356.126）$_8$

3　5　6　.1　2　6

(1110　1110　.0010　1011)$_2$=（EE.2B）$_{16}$

E　E　.　2　B

5. 八进制、十六进制数转换为二进制数

将每位八（或十六）进制数展开为 3（或 4）位二进制数来进行转换。

例 1-10　（714.431）$_8$=（111 001100 . 100 011 001）$_2$

7　1　4.　4　3　1

(43B.E5)$_{16}$=(0100 0011 1011. 1110　0101)$_2$

4　3　B.　E　5

整数前的高位零和小数后的低位零可取消。

各种进制转换中，最为重要的是二进制与十进制之间的转换计算，以及八进制、十六进制与二进制的直接对应转换。

1.2.4　计算机中数据及编码

1. 数据的形式

数据有两种形式。一种形式为人类可读形式的数据，简称人读数据。因为数据首先是由人类进行收集、整理、组织和使用的，这就形成了人类独有的语言、文字及图像。例如图书资料、音像制品等，都是特定的人群才能理解的数据。

另一种形式称为机器可读形式的数据，简称机读数据。例如印刷在物品上的条形码，录制在磁带、磁盘、光盘上的数码，穿在纸带和卡片上的各种孔等，都是通过特制的输入设备将这些信息传输给计算机处理，它们都属于机器可读数据。显然，机器可读数据使用了二进制数据的形式。

2. 数据的单位

计算机中数据的常用单位有位（bit）、字节（Byte）和字（Word）。

（1）位

计算机采用二进制，运算器运算的是二进制数，控制器发出的各种指令也表示成二进制数，存储器中存放的数据和程序也是二进制数，在网络上进行数据通信时发送和接收的还是二进制数。显然，在计算机内部到处都是由 0 和 1 组成的数据流。

计算机中最小的数据单位是二进制的一个数位，简称为位（bit，读音为比特）。计算机中最直接、最基本的操作就是对二进制位的操作。

（2）字节

字节简写为 B，为了表示人读数据中的所有字符（字母、数字及各种专用符号，有 128～256 个），需要 7 位或 8 位二进制数。因此，人们采用 8 位为 1 个字节。1 个字节由 8 个二进制数位组成，表示为：1B=8bit。

字节是计算机中用来表示存储空间大小的基本容量单位。例如，计算机内存的存储容量、磁盘的存储容量等都是以字节为单位表示的。除用字节为单位表示存储容量外，还可以用千字节（kB）、兆字节（MB）和十亿字节（GB）等表示存储容量。它们之间存在如下换算关系。

1kB=1024B=2^{10} B（“k” 的意思是 “千”）

1MB=1024kB=2^{10}kB=2^{20} B=1024×1024B（“M” 读 “兆”）

1GB=1024MB=2^{10}MB=2^{30} B=1024×1024kB（“G” 读 “吉”）

1TB=1024GB=2^{10}GB=2^{40} B=1024×1024MB（“T” 读 “太”）

注意　位是计算机中最小数据单位，字节是计算机中基本信息单位。

（3）字

在计算机中作为一个整体被存取、传送、处理的二进制数字符串叫作一个字或单元，每个字中二进制位数的长度，称为字长。一个字由若干个字节组成，不同的计算机系统的字长是不同的，常见的有 8 位、16 位、32 位、64 位等，字长越大，计算机一次处理的信息位就越多，精度就越高。字长是计算机性能的一个重要指标。

注意　字是单位，而字长是指标，指标需要用单位去衡量，正如生活中重量与千克的关系，千克是单位，重量是指标，重量需要用千克加以衡量。

3. 常用的数据编码

信息包含在数据里面，数据要以规定好的二进制形式表示才能被计算机加以处理，这些规定的形式就是数据编码。数据的类型有很多，数字和文字是最简单的类型，表格、声音、图形和图像则是复杂的类型。编码时既要考虑数据的特性，又要便于计算机的存储和处理。下面介绍几种常用的数据编码。

（1）BCD 码

因为二进制数不直观，于是在计算机的输入和输出时通常用十进制数。但是计算机只能使用二进制数编码，所以另外规定了一种用二进制编码表示十进制数的方式，即每 1 位十进制数数字对应 4 位二进制编码，称 BCD 码（Binary Coded Decimal，一种二进制编码的十进制数），又称 8421 码。表 1-6 是十进制数 0 到 9 与其 BCD 码的对应关系表。

表 1-6　十进制数 0 到 9 与其 BCD 码

十进制数	BCD 码	十进制数	BCD 码
0	0000	5	0101
1	0001	6	0110
2	0010	7	0111
3	0011	8	1000
4	0100	9	1001

（2）ASCII 码

字符是计算机中最多的信息形式之一，是人与计算机进行通信、交互的重要媒介。在计算机中，要为每个字符指定一个确定的编码，作为识别与使用这些字符的依据。

各种字母和符号也必须按规定好的二进制码表示，计算机才能处理。在西文领域，目前普遍采用的是美国标准信息交换码（American Standard Code for Information Interchange，ASCII 码），ASCII 码虽然是美国国家标准，但已被国际标准化组织（International Organization for Standardization，ISO）认定为国际标准，并在世界范围内通用。

标准的 ASCII 码是 7 位码，用一个字节表示，最高位总是 0，可以表示 128 个字符。前 32 个码和最后一个码通常是计算机系统专用的，代表一个不可见的控制字符。数字字符 0 到 9 的 ASCII 码是连续的，从 30H 到 39H（H 表示十六进制数）；大写字母 A 到 Z 和小写字母 a 到 z 的 ASCII 码也是连续的，分别是从 41H 到 54H 和从 61H 到 74H。因此，在知道一个字母或数字的编码后，很容易推算出其他字母和数字的编码。

例如：大写字母 A，其 ASCII 码为 1000001，即 ASC(A)=65

　　　小写字母 a，其 ASCII 码为 1100001，即 ASC(a)=97

扩展的 ASCII 码是 8 位码，也用一个字节表示，其前 128 个码与标准的 ASCII 码是一样的，后 128 个码（最高位为 1）则有不同的标准，并且与汉字的编码有冲突。学生可查阅 ASCII 码字符编码的详细规则进行学习。

（3）汉字编码

计算机处理汉字信息时，由于汉字具有特殊性，因此汉字的输入、存储、处理及输出过程中所使用的汉字代码不相同，其中有用于汉字输入的输入码，用于机内存储和处理的机内码，用于输出显示和打印的字模点阵码（或称字形码）。

①《信息交换用汉字编码字符集・基本集》

《信息交换用汉字编码字符集・基本集》是我国于 1980 年制定的国家标准 GB2312-80，代号为国标码，是国家规定的用于汉字信息处理使用的代码的依据。

此标准规定了信息交换用的 6763 个汉字和 682 个非汉字图形符号（包括几种外文字母、数字和符号）的代码。6763 个汉字又按其使用频度、组词能力和用途大小分成一级常用汉字 3755 个、二级常用汉字 3008 个。

在此标准中，每个汉字（图形符号）采用 2 个字节表示，每个字节只用低 7 位。由于低 7 位中有 34 种状态是用于控制字符的，因此，只有 94（128-34=94）种状态可用于汉字编码。这样，双字节的低 7 位只能表示 8836（94×94=8836）种状态。

此标准的汉字编码表有 94 行、94 列。其行号称为区号，列号称为位号。双字节中，用高字节表示区号，低字节表示位号。非汉字图形符号置于第 1～11 区，一级汉字 3755

个置于第16～55区，二级汉字3008个置于第56～87区。

② 汉字的机内码

汉字的机内码是供计算机系统内部进行存储、加工处理、传输统一使用的代码，又称为汉字内部码或汉字内码。不同的系统使用的汉字机内码有可能不同。目前使用最广泛的一种为2个字节的机内码，俗称变形的国标码。这种格式的机内码是将国标GB2312-80交换码的2个字节的最高位分别置为1而得到的。其最大优点是机内码表示简单，且与交换码之间有明显的对应关系，同时也解决了中西文机内码存在二义性的问题。例如“中”的国标码为十六进制5650（01010110 01010000），其对应的机内码为十六进制D6D0（11010110 11010000），同样，“国”字的国标码为397A，其对应的机内码为B9FA。

③ 汉字的输入码（外码）

汉字的输入码是为了利用现有的计算机键盘，将形态各异的汉字输入计算机而编制的代码。目前在我国推出的汉字输入编码方案有很多，其表示形式大多用字母、数字或符号。编码方案大致可以分为：以汉字发音进行编码的音码，如全拼码、简拼码、双拼码等；按汉字书写的形式进行编码的形码，如五笔字型码；也有音形结合的编码，如自然码。

④ 汉字的字形码

汉字的字形码是汉字字库中存储的汉字字形的数字化信息，用于汉字的显示和打印。目前汉字字形的产生方式大多是数字式，即以点阵方式形成汉字。因此，汉字字形码主要是指汉字字形点阵的代码。

汉字字形点阵有16×16点阵、24×24点阵、32×32点阵、64×64点阵、96×96点阵、128×128点阵、256×256点阵等。一个汉字方块中行数、列数分得越多，描绘的汉字也就越细微，其占用的存储空间也就越多。汉字字形点阵中每个点的信息要用一位二进制码来表示。例如，16×16点阵的字形码需要用32个字节（16×16÷8=32）表示，24×24点阵的字形码需要用72个字节（24×24÷8=72）表示。

汉字字库是汉字字形数字化后，以二进制文件形式存储在存储器中而形成的汉字字模库。汉字字模库亦称汉字字形库，简称汉字字库。

注意 国标码用2个字节表示1个汉字，每个字节只用后7位。计算机处理汉字时，不能直接使用国标码，而要将最高位设置成1，变换成汉字机内码，其原因是为了区别汉字码和ASCII码，当最高位是0时，表示为ASCII码；当最高位是1时，表示为汉字码。

4. 计算机中数的表示

（1）计算机中数据的表示

在计算机中只能用数字化信息来表示数的正、负，人们规定用“0”表示正号，用“1”表示负号。例如，在机器中用8位二进制表示一个数+90，其格式为：

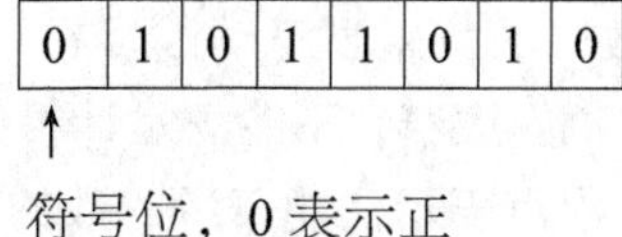

用8位二进制表示一个数-89，其格式为：

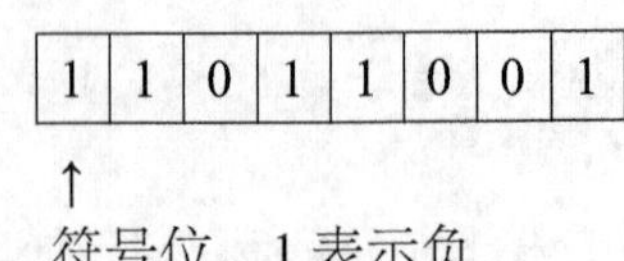

在计算机内部，数字和符号都用二进制码表示，两者合在一起构成数的机内表示形式，称为机器数，而它真正表示的数值称为这个机器数的真值。

（2）定点数和浮点数

① 机器数表示的数的范围受设备限制。

在计算机中，一般用若干个二进制位表示一个数或一条指令，把它们作为一个整体来处理、存储和传送。这种作为一个整体来处理的二进制位串，称为计算机字。表示数据的字称为数据字，表示指令的字称为指令字。

计算机是以字为单位进行处理、存储和传送的，所以运算器中的加法器、累加器及其他一些寄存器，都选择与字长相同位数。字长一定，则计算机数据字所能表示的数的范围也就确定了。

例如使用 8 位字长计算机，它可表示的无符号整数的最大值是$(255)_{10}=(11111111)_2$。运算时，若数值超出机器数所能表示的范围，就会停止运算和处理，这种现象称为溢出。

② 定点数。

计算机中运算的数，有整数，也有小数，那么如何确定小数点的位置呢？通常有两种约定：一种是规定小数点的位置固定不变，这时机器数称为定点数；另一种是小数点的位置可以浮动，这时的机器数称为浮点数。微型机多选用定点数。

数的定点表示是指数据字中的小数点的位置是固定不变的。小数点位置可以固定在符号位之后，这时，数据字就表示一个纯小数。假设机器字长为 16 位，符号位占 1 位，数值部分占 15 位，故下面机器数其等效的十进制数为-2^{-15}。

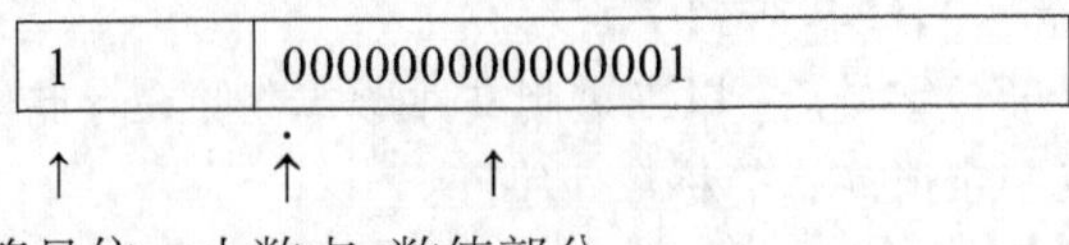

如果把小数点位置固定在数据字的最后，那么数据字就表示一个纯整数。假设机器字长为 16 位，符号占 1 位，数值部分占 15 位，故下面机器数其等效的十进制数为+32767。

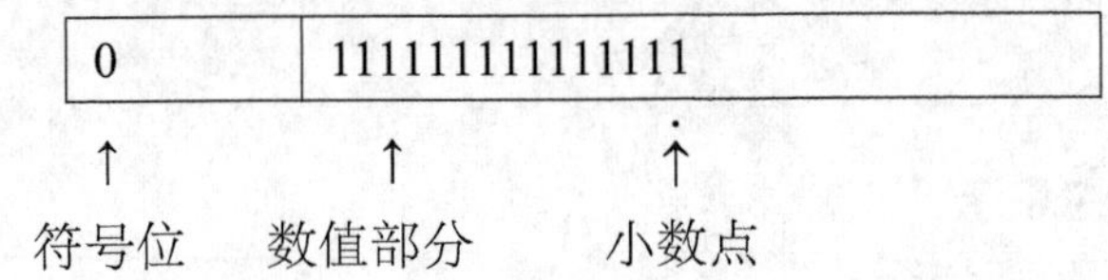

定点表示法表示的数的范围很有限，为了扩大定点数的表示范围，可以通过编程技术，采用多个字节来表示一个定点数，例如，采用 4 个字节或 8 个字节等。

③ 浮点数。

浮点表示法就是小数点在数中的位置是浮动的。在以数值计算为主要任务的计算机中，由于定点表示法表示的数的范围太窄，不能满足计算问题的需要，因此就要采用浮点表示法。在同样字长的情况下，浮点表示法能表示的数的范围扩大了。

计算机中的浮点表示法包括两个部分：一部分是阶码（表示指数，记作 E），另一部分是尾数（表示有效数字，记作 M）。设任意一数 N 可以表示为：$N=2^{E}M$。其中 2 为基数，E 为阶码，M 为尾数。浮点数在机器中的表示方法如下：

阶符	E	数符	M

阶码部分　　　　· 尾数部分

由尾数部分隐含的小数点位置可知，尾数总是小于 1 的数字，它给出该浮点数的有效数字。尾数部分的符号位确定该浮点数的正负。阶码给出的总是整数，它确定小数点浮动的位数，若阶符为正，则向右移动；若阶符为负，则向左移动。

假设机器字长为 32 位，阶码 8 位，尾数 24 位：

阶符	E	数符	M
↑		↑	·
1 位	7 位	1 位	23 位

其中左边 1 位表示阶码的符号，符号位后的 7 位表示阶码的大小。后 24 位中，有 1 位表示尾数的符号，其余 23 位表示尾数的大小。浮点数表示法对尾数的规定为 $1/2 \leqslant M<1$，即要求尾数中第 1 位数不为零，这样的浮点数称为规格化数。

当浮点数的尾数为零或者阶码为最小值时，机器通常规定，把该数看作零，称为“机器零”。在浮点数表示和运算中，当一个数的阶码大于机器所能表示的最大码时，产生“上溢”。上溢时机器一般不再继续运算而转入“溢出”处理。当一个数的阶码小于机器所能代表的最小阶码时产生“下溢”，下溢时一般当作机器零来处理。

1.3 计算机系统的组成

计算机系统是由硬件系统和软件系统两大部分组成的，如图 1-2 所示。硬件系统是计算机系统中由电子器件、光学器件或机电装置组成的计算机实体。软件系统是指运行在硬件基础上的各种程序或数据的总称。

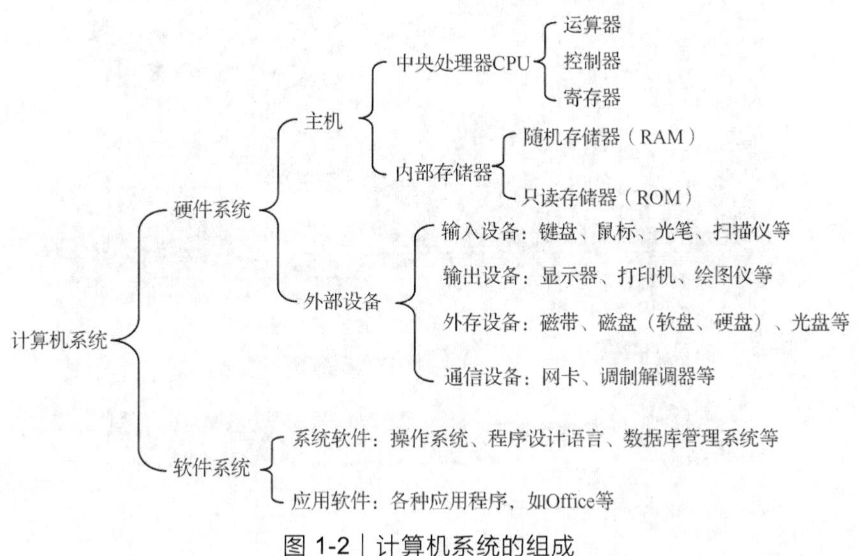

图 1-2 | 计算机系统的组成

1.3.1 计算机的硬件系统

根据冯·诺依曼提出的“程序存储和程序控制”的思想，计算机的硬件系统一般是由运算器、控制器、存储器、输入设备和输出设备五大部分组成的，如图 1-3 所示。

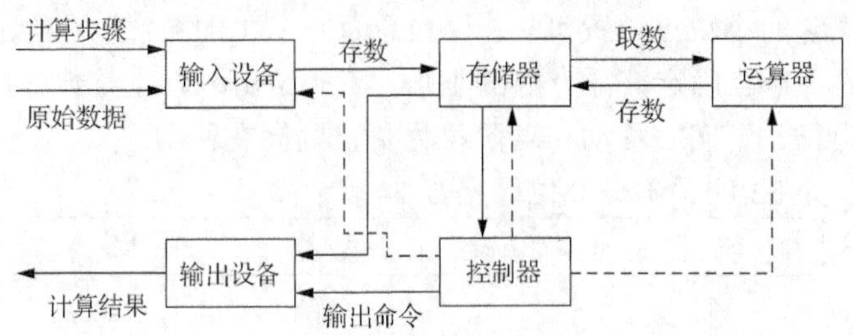

图 1-3 | 计算机的硬件系统

目前，使用最广泛的计算机是微型计算机，又称个人计算机。从实物来讲，一般由主机、输入设备、输出设备、外存储器等硬件组装而成。

1. 主机

计算机的主机是由主板、中央处理器（Central Processing Unit，CPU）、内存储器、机箱和电源等构成的。在主机箱内有主机板、硬盘驱动器、CD-ROM 驱动器、软盘驱动器、电源和显示适配器（显卡）等，主机箱从外观上分为卧式和立式两种。

（1）主板

主板（Mainboard 或 Motherboard，M/B）是计算机主机中最大的一块长方形电路板。主板是主机的躯干，CPU、内存、声卡、显卡等部件都固定在主板的插槽上，另外机箱电源上的引出线也接在主板的接口上。图 1-4 所示为主板。

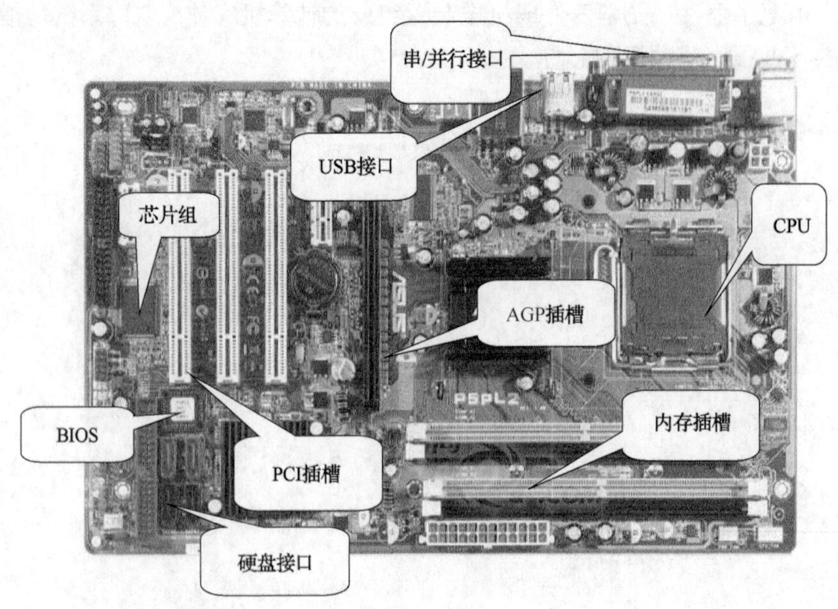

图 1-4 | 主板

（2）显卡

主板要把控制信号传送到显示器，并将数字信号转变为图像信号，就需要在主板和显示器之间安装一个中间通信连接部件，这就是显示适配器，简称为显卡。显卡和显示器共同构成了计算机的显示系统。图 1-5 所示为显卡。

图 1-5｜显卡

（3）声卡

声卡是多媒体计算机的核心部件，它的功能主要是处理声音信号并把信号传输给音箱或耳机，使它们发出声音来。图 1-6 所示为声卡。

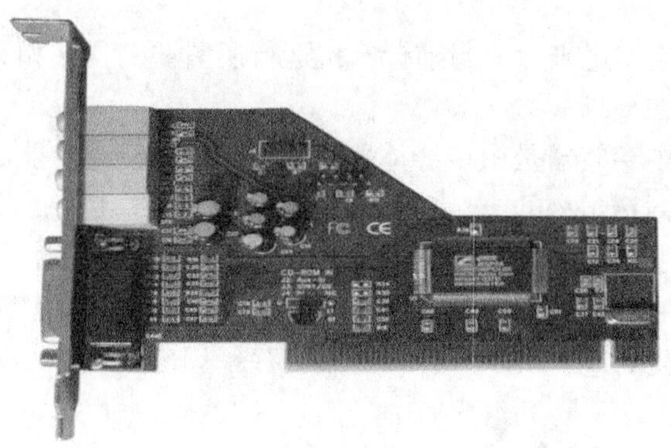

图 1-6｜声卡

（4）CPU

CPU 是计算机最核心、最重要的部件，它有三个重要性能指标，分别是主频、字长及指令系统。图 1-7 所示为 CPU。

图 1-7｜CPU

- 主频

主频就是 CPU 的时钟频率，简单地说就是 CPU 运算时的工作频率（1 秒内发生的同步脉冲数）的简称，单位是 Hz（赫兹）。一般说来，一个时钟周期完成的指令数是固定的，所以主频越高，CPU 的速度也就越快。主频是反映计算机速度的一个重要的间接指标，外频则是系统总线的工作频率，而倍频是指 CPU 外频与主频相差的倍数。用公式表示：主频=外频×倍频。我们通常说的赛扬 433、PIII 550 都是指 CPU 的主频。

- 字长

计算机技术中对 CPU 在单位时间内（同一时间）能一次处理的二进制数的位数叫字长。所以能处理字长为 8 位数据的 CPU 通常称为 8 位的 CPU。同理，32 位的 CPU 能在单位时间内处理字长为 32 位的二进制数据。对于不同的 CPU，其字长的长度也不一样。8 位的 CPU 一次只能处理一个字节，而 32 位的 CPU 一次能处理 4 个字节，同理，字长为 64 位的 CPU 一次可以处理 8 个字节。

- 指令系统

指令系统指一个 CPU 所能够处理的全部指令的集合，是一个 CPU 的根本属性。它在很大程度上决定了 CPU 的工作能力。所有采用高级语言编出的程序，都需要翻译（编译或解释）成为机器语言后才能运行，这些机器语言中所包含的就是一条条的指令。

（5）内存储器

内存储器简称内存，用来存放当前计算机运行所需要的程序和数据。内存容量的大小是衡量计算机性能的主要指标之一。

目前，计算机的内存储器是由半导体器件构成的。按使用功能的不同，内存分为：随机存储器（Random Access Memory，RAM），又称为读写存储器；只读存储器（Read Only Memory，ROM）。按照原理的不同，内存可以分为 SDRAM 内存、DDR 内存和 Rambus 内存。其中，DDR 内存和 Rambus 内存的运行频率、与 CPU 间的传输速率都高于 SDRAM 内存，已经成为主流。图 1-8 所示为计算机的内存条。

图 1-8 | 内存条

（6）机箱和电源

机箱是计算机主机的外衣，计算机大多数的组件都固定在机箱内部，机箱保护这些组件不受到碰撞，减少灰尘吸附，减小电磁辐射干扰。电源是主机的动力源泉，主机的所有组件都需要电源进行供电，因此，电源质量直接影响计算机的使用。如果电源质量比较差，输出不稳定，不但会导致死机、自动重新启动等情况，还可能会烧毁组件。图 1-9 所示为机箱内部图。

图 1-9｜机箱

2. 输入设备

（1）键盘

键盘是计算机不可缺少的输入设备。标准键盘共有 101 个按键，它可分为四个区域：主键盘区、小键盘区、功能键区和编辑键区。图 1-10 所示为键盘。

图 1-10｜键盘

常用的按键有以下几种。

- 换档键（Shift）

【Shift】键在主键盘区共有两个，分别在左侧和右侧。在主键盘区除了有 26 个英文字母键外，还有 21 个“双字符”键，即键面上标有两个字符。在一般情况下，单独按下一个“双字符”键，会显示下面的那个字符；但如果在按住【Shift】键的同时，再按下“双字符”键，会显示上面的那个字符。除了这个用处外，【Shift】键还可以用来转换字母大小写。

- 大写字母锁定键（Caps Lock）

每按一次该键后，将键入的英文字母的大小写状态会转换一次。这个键其实是个开关键，只对英文字母的大小写起作用。在整个键盘的右上角，有三个指示灯，其中一个是 Caps Lock 指示灯。通常情况下，指示灯灭表示英文字母的当前状态为小写；如果指示灯亮，则表示英文字母的当前状态为大写。

- 制表键（Tab）

每按一次该键，则在当前的位置向右跳过 8 个字符的位置。

- 退格键（Backspace）

每按一次该键，将删去当前光标的前一个字符，如果连续按下该键，将依次删除当前光标前的所有字符。

- 回车键（Enter）

这个键在主键盘区的第二排和第三排的右边。每按一次该键，将换到下一行的行首输入。

- 空格键（Space）

这个键位于主键盘区的最后一排中央，是一个条形键。每按一次该键，将在当前光标所在的位置空出一个字符的位置。

- 数字转换键（Num Lock）

这个键在小键盘区上方有一个 Num Lock 指示灯。当指示灯灭时，按下小键盘区的数字表示其编辑功能；但当按一次该键后，指示灯亮，表示此时输出的将是数字。

- 键盘指法

键盘指法如图 1-11 所示。

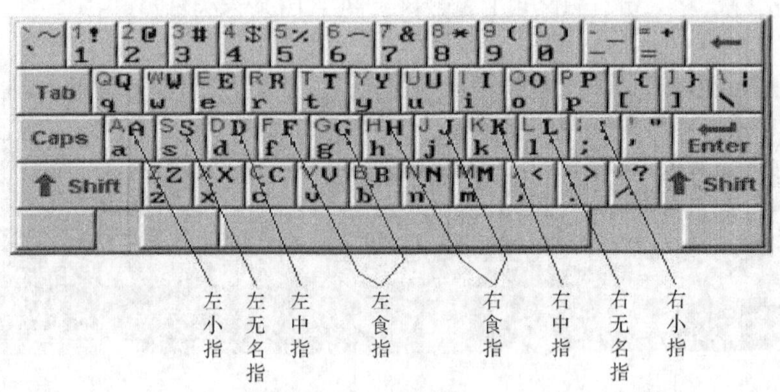

图 1-11 | 键盘指法

（2）鼠标

鼠标与计算机之间的接头目前常见有 PS/2（圆头）和 USB（扁头）两种，根据其使用原理可分为：机械鼠标、光电鼠标和光电机械鼠标。双键鼠标有左、右两键，左按键又叫作主按键，大多数的鼠标操作是通过主按键的单击或双击完成的；右按键又叫作辅按键，主要用于一些专用的快捷操作。

鼠标的基本操作有以下几种。

- 指向：指移动鼠标，将鼠标指针移到操作对象上。
- 单击：指快速按下并释放鼠标左键。单击一般用于选定一个操作对象。
- 双击：指连续两次快速按下并释放鼠标左键。双击一般用于打开窗口，启动应用程序。
- 拖动：指按下鼠标左键，移动鼠标指针到指定位置，再释放左键的操作。拖动一般用于选择多个操作对象、复制或移动对象等。

- 右击：指快速按下并释放鼠标右键。右击一般用于打开一个与操作相关的快捷菜单。

（3）扫描仪

扫描仪整体为塑料外壳，由顶盖、玻璃平台和底座构成。玻璃平台用于放置被扫描图稿；塑料上盖内侧有一黑色（或白色）的胶垫，其作用是在顶盖放下时以压紧被扫描文件，当前大多数扫描仪采用浮动顶盖，以适应扫描不同厚度的对象。图 1-12 所示为扫描仪。

图 1-12 | 扫描仪

3．输出设备

输出设备的作用是将计算机中的数据信息传送到外部媒介，并转化成某种为人们所需要的表示形式。在计算机系统中，最常用的输出设备有显示器和打印机。

（1）显示器

显示器是计算机最基本的输出设备，也是必不可少的输出工具。其工作原理与电视机的工作原理基本相同。常用的显示器有阴极射线管显示器（简称 CRT）、液晶显示器（简称 LCD）和等离子显示器，图 1-13 所示为显示器。显示器主要包括以下技术指标。

- 点距：屏幕上相邻两个同色点的距离。常见规格为 0.31mm、0.28mm、0.25mm。
- 分辨率：屏幕上像素（组成图像的最小单位）的数目。例如 1024×768、1280×1024 等。
- 扫描频率：完成一帧所花时间的倒数叫扫描频率。
- 带宽：每秒电子枪扫描过的图像点的个数。单位为 MHZ。带宽=最高分辨率×扫描频率。
- 显示面积：显像管可见部分的面积，显像管的大小以对角线的长度来衡量，单位为英寸。

CRT

LCD

图 1-13 | 显示器

（2）打印机

打印机（Printer）是计算机最基本的输出设备之一。它将计算机的处理结果打印在纸上。打印机按印字方式可分为击打式和非击打式两类。击打式打印机（dot matrix printer）是利用机械动作，将字体通过色带打印在纸上，如点阵式打印机（即 9 针打印机、24 针打印机等）；非击打式打印机是用各种物理或化学的方法印刷字符的，如激光打印机（Laser Printer）和喷墨式打印机（Inkjet Printer），图 1-14 所示为打印机。

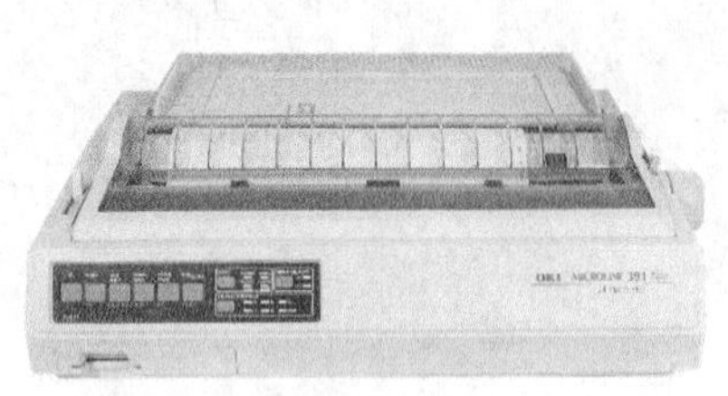

针式打印机

喷墨式打印机

激光打印机

图 1-14｜打印机

4. 外存储器

在一个计算机系统中，除了内存储器（也叫主存储器）外，一般还有外存储器（也叫辅助存储器）。内存储器最突出的特点是存取速度快，但是容量小、价格贵；外存储器的特点是容量大、价格低，但是存取速度慢。内存储器用于存放立即要用的程序和数据；外存储器用于存放暂时不用的程序和数据。内存储器和外存储器之间常常频繁地交换信息。

（1）硬盘

硬盘驱动器（Hard Disk Drive，HDD 或 HD）通常又被称为硬盘，由涂有磁性材料的铝合金圆盘组成。目前常用的硬盘是 3.5 英寸的，这些硬盘通常采用温彻斯特技术，即把磁头、盘片及执行机构都密封在一个整体内，与外界隔绝，所以这种硬盘也称为温彻斯特盘。硬盘的两个主要性能指标是硬盘的平均寻道时间和内部传输速率。一般来说，转速越高的硬盘，寻道的时间越短，而且内部传输速率也越高，不过内部传输速率还受硬盘控制器的缓冲存储器影响。目前市场上常见的硬盘转速一般有 5400rpm（转/分）、7200rpm 甚至 10000rpm。最快的平均寻道时间为 8ms，内部传输速率最高为 190MB/S。硬盘每个存储表面被划分成若干个磁道（不同硬盘，磁道数不同），每个磁道被划分成若干个扇区（不同的硬盘，扇区数不同）。每个存储表面的同一道形成一个圆柱面，称为柱面。柱面是硬盘的一个常用指标，图 1-15 所示为硬盘的内部构造。

图 1-15｜硬盘的内部构造

硬盘的存储容量计算公式为：存储容量=磁头数×柱面数×每扇区字节数×扇区数。

硬盘的容量有 320GB、500GB、640GB、1TB 等规格。

由于传统机械硬盘转速的限制，目前市面流行读写速度更快的固态硬盘（Solid State Drives），简称为固盘。固态硬盘用是固态电子存储芯片阵列而制成的硬盘，由控制单元和存储单元（FLASH 芯片、DRAM 芯片）组成。固态硬盘在接口的规范和定义、功能及使用方法上与传统硬盘完全相同，在产品外形和尺寸上也完全一致，但 I/O 性能相对于传统硬盘大大提升。

固态硬盘技术与传统硬盘技术不同，生产成本较高，但也正在逐渐普及到 DIY（手工制作）市场。很多生产厂商只需购买 NAND 存储器，再配合适当的控制芯片，就可以制造固态硬盘了。新一代的固态硬盘普遍采用 SATA-3 接口、M.2 接口、MSATA 接口、PCI-E 接口、SAS 接口、CFast 接口和 SFF-8639 接口。

固态硬盘长时间断电并在高温环境下放置可能会导致数据丢失，并且数据恢复的难度比传统机械式硬盘高。因此不建议使用固态硬盘来备份数据。

随着互联网的飞速发展，人们对数据信息的存储需求也在不断提升，现在多家存储厂商推出了自己的便携式固态硬盘，有的厂商还推出了支持 Type-C 接口的移动固态硬盘和支持指纹识别的固态硬盘，这些硬盘被广泛应用于军事、车载、工控、视频监控、网络监控、网络终端、电力、医疗、航空、导航设备等领域。

（2）软盘驱动器及软盘

软盘驱动器就是我们平常所说的软驱，英文名称叫作“floppy disk”，它是读取 3.5 英寸或 5.25 英寸软盘的设备。由于软盘读写寿命较短，目前市面已较少使用。

（3）光盘驱动器及光盘

光盘驱动器（CD-ROM）就是我们平常所说的光驱，是读取光盘信息的设备，也是多媒体计算机不可缺少的硬件配置。光盘存储容量大，价格便宜，保存时间长，适宜保存大量的数据，如声音、图像、动画、视频信息、电影等多媒体信息。普通光盘驱动器有三种，即 CD-ROM、CD-R 和 CD-RW。其中，CD-ROM 是只读光盘驱动器；CD-R 只能写入一次，以后不能改写；CD-RW 是可重复写、读的光盘驱动器。目前市场上常用到 DVD-ROM 及其盘片 DVD-R、DVD-RW。

衡量光驱的最基本指标是数据传输率（Data Transfer Rate），即倍速，单倍速（1X）光驱是指每秒光驱的读取速率为 150kB。同理，32X 驱动器理论上的传输率应该是：32×150=4 800kB/s。现在市面上的 CD-ROM 光驱一般都在 48X、50X 以上。

（4）优盘和移动硬盘

优盘（也称 U 盘、闪盘）和移动硬盘都是可移动的数据存储工具，它们具有容量大、读写速度快、体积小、携带方便等特点。

1.3.2 计算机的软件系统

软件是计算机中运行的各种程序、数据及相关的各种技术资料的总称。软件系统（Software Systems）是在硬件“裸机”的基础上，通过一层层软件的支持，从而为用户提供一套功能强大、操作方便的系统。软件分为系统软件和应用软件。用户通过应用软件、应用软件通过系统软件的支撑，从而实现对计算机硬件的操作。图 1-16 展示了用户、软件和硬件之间的关系。

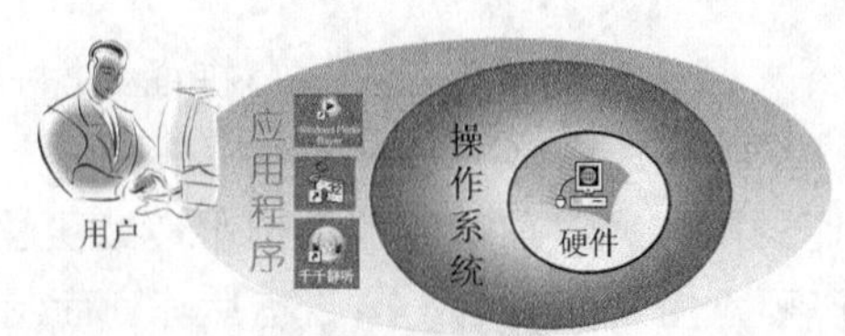

图 1-16｜用户、软件和硬件的关系

1. 系统软件

系统软件是监控和维护计算机资源的软件，包括操作系统、程序设计语言处理程序、数据库管理系统及网络系统等。

（1）操作系统

操作系统是最基本、最重要的系统软件，主要负责管理计算机系统的全部软件资源和硬件资源，有效地组织计算机系统各部分协调工作，为用户提供操作和编程界面。操作系统处于系统软件的核心地位，是硬件的第一级扩充，是用户和计算机之间的接口。操作系统主要功能将在第 2 章中详细介绍。

（2）程序设计语言处理程序

程序设计语言是软件系统的重要组成部分，一般分为机器语言、汇编语言和高级语言三类。而语言处理程序的主要功能是将高级语言编写的程序翻译成二进制机器指令，使计算机能够直接识别和执行。

机器语言：是一种用二进制代码“0”和“1”表示的且能够被计算机直接识别和执行的语言。这种语言执行速度较快。

汇编语言：是一种将机器语言指令进行符号化而得到的面向机器的程序设计语言。用这种语言编写的程序不能被计算机直接识别和执行，必须翻译成机器语言程序才能运行。

高级语言：是一种接近自然语言和数学表达式的计算机程序设计语言。用这种语言编写程序非常方便，通俗易懂，但是高级语言程序不能被计算机直接识别和执行，必须被翻译成机器语言。例如 Java、C、C++、C#、Python、Visual Basic 等都属于高级语言。

语言处理程序主要有两种工作方式：编译和解释。

编译：是指将高级语言编写的源程序通过编译系统一次性全部翻译成目标程序，然后通过连接程序形成可执行程序。

解释：是将源程序逐句翻译成机器指令，翻译一句执行一句，边翻译边执行，不产生目标程序，借助编译系统直接执行源程序本身。

（3）数据库管理系统

数据库是以一定的组织方式存储起来的、具有相关性的数据的集合。数据库管理系统是建立、维护和使用数据库，对数据库进行统一管理和控制的系统。它包括数据库和数据管理系统两部分。例如 Visual Foxpro 就是数据库管理系统软件。

（4）网络系统

计算机网络是通信技术和计算机技术相结合的产物，包括网络硬件、网络软件和网络信息构成。其中，网络系统包括网络操作系统、网络协议和各种网络应用软件等。

2. 应用软件

应用软件是指用户利用计算机及其提供的系统软件为解决各种实际问题而编制的计

算机程序，由各种应用软件包和面向问题的各种应用程序组成。目前计算机中常用的办公自动化软件、图形处理软件等都属于应用软件。

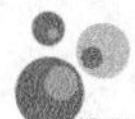

1.4 信息安全

信息安全是指信息系统（包括硬件、软件、数据、人、物理环境及其基础设施）受到保护，不受偶然的或者恶意的原因而遭到破坏、更改、泄露，系统连续可靠正常地运行，信息服务不中断，最终实现业务连续性。

1.4.1 信息安全范围与需求

1. 信息安全范围

信息安全主要包括五方面的内容，即需保证信息的保密性、真实性、完整性、未授权复制和所寄生系统的安全性。

信息安全本身包括的范围很大，其中包括如何防范企业机密泄露、青少年对不良信息的浏览以及个人信息的泄露等。网络环境下的信息安全体系是保证信息安全的关键，包括计算机安全操作系统、各种安全协议、安全机制（数字签名、消息认证、数据加密等）、安全系统（如 UniNAC、DLP）等。

信息安全学科可分为狭义安全与广义安全两个层次，狭义的安全是建立在以密码论为基础上的计算机安全领域，早期中国信息安全专业通常以此为基准，辅以计算机技术、通信网络技术与编程等方面的内容；广义的信息安全是一门综合性学科，从传统的计算机安全到信息安全，不但是名称的变更，也是对安全发展的延伸，安全不再是单纯的技术问题，而是将管理、技术、法律等问题相结合的产物。信息安全专业培养能够从事计算机、通信、电子商务、电子政务、电子金融等领域的信息安全高级专门人才。

2. 信息安全分类

（1）个人安全

个人安全问题包括网络钓鱼（一种网络欺诈行为）问题、支付的安全问题、木马病毒问题等。解决方式主要是安装安全防护软件。

（2）企业安全

企业的信息安全是一个很复杂的体系结构工程，企业安全问题包括以下方面。

- 木马/黑客/病毒。
- 系统漏洞。
- 电子商务安全。

企业要具有较强的网络安全防护能力，企业内部要有安全、完善的安全管理机制，并且要定期巡查，并要注意电子商务安全。

（3）国家信息安全

国家信息安全主要包括三个方面，一是充分研究网络攻击技术；二是全面掌握网络防技术，例如，强身份认证技术，基于生物特征的生物认证技术；三是建立健全完备的应急响应机制。

3. 信息安全体系

信息安全体系接入方式多样化，联网对象广泛，安全形势严峻。安全防御主要有以下几个阶段。

事前防御：网络隔离，访问控制，实时监测。

实时监测：病毒检测，入侵监控，系统/用户行为监测。

事后响应：报警、急救、取证、问责、修复、加固。

保护阶段：加密解密，身份认证，访问控制，防火墙，操作系统安全。

监测阶段：入侵监测，漏洞检测。

反应阶段：电子取证，入侵追踪。

恢复阶段：数据恢复，系统恢复。

4. 信息安全新技术

信息安全技术依赖于计算机科学新技术的发展，目前主要有以下新技术研究领域。

计算能力：量子计算，DNA 计算。

计算与应用模式：云计算（数据隔离、隐私保护），物联网（安全体系、信息控制、隐私保护）。

信息对抗：信息战，电子对抗（包含的内容有信息战理论研究、新型电子对抗技术研究、新型网络对抗技术研究等）。

通信技术：下一代互联网，未来网络。

1.4.2 信息安全法规

随着全球信息化和信息技术的不断发展，信息化应用的不断推进，信息安全显得越来越重要，信息安全形势日趋严峻：一方面，信息安全事件发生的频率大规模增加；另一方面，信息安全事件造成的损失越来越大。另外，信息安全问题日趋多样化，客户需要解决的信息安全问题不断增多，解决这些问题所需要的信息安全手段不断增加。

确保计算机信息系统和网络的安全，特别是国家重要基础设施信息系统的安全，已成为信息化建设过程中必须解决的重大问题。正是在这样的背景下，信息安全被提到空前的高度。国家也从战略层次对信息安全的建设提出指导要求。

为尽快制订适应和保障我国信息化发展的计算机信息系统安全总体策略，全面提高安全水平，规范安全管理，国家有关部门从 1994 年起制定发布了一系列信息系统安全方面的法规，这些法规是指导我们进行信息安全工作的依据。部分法规的名称和发布的时间，读者可自行查阅相关资料。

1.4.3 计算机的安全与维护常识

计算机安全是指对计算机系统的硬件、软件、数据等加以严密的保护，使之不因偶然的或恶意的原因而遭到破坏、更改、泄露，保证计算机系统的正常运行。它包括以下几个方面。

实体安全：是指计算机系统的全部硬件以及其他附属设备的安全。其中也包括对计算机机房的要求，如地理位置的选择、建筑结构的要求、防火及防盗措施等。

软件安全：是指防止软件的非法复制、非法修改和非法执行。

数据安全：是指防止数据的非法读出、非法更改和非法删除。

运行安全：是指计算机系统在投入使用之后，工作人员对系统进行正常使用和维护的措施，以保证系统的安全运行。

随着计算机技术的迅速发展，特别是微电子技术的进步，使得微型计算机的应用日趋深入和普及。只有正确、安全地使用计算机，加强维护保养，才能充分发挥计算机的功能，延长其使用寿命。

1. 计算机的使用环境

计算机的使用环境是指计算机对其工作的物理环境方面的要求。一般的微型计算机对工作环境没有特殊的要求，通常在办公室条件下就能使用。但是，为了使计算机能正常工作，提供一个良好的工作环境也是很重要的。下面是计算机工作环境的一些基本要求。

（1）环境温度

微型计算机在室温 15～35℃一般都能正常工作。但若低于 15℃，则软盘驱动器对软盘的读写容易出错；若高于35℃，则由于机器散热不好，会影响机器内各部件的正常工作。在有条件的情况下，最好将计算机放置在有空调的房间内。

（2）环境湿度

在放置计算机的房间内，其相对湿度最高不能超过 80%，否则会使计算机内的元器件受潮变质，甚至会发生短路而损坏机器。相对湿度也不能低于 20%，否则会因为过分干燥而产生静电干扰，导致计算机的元器件被损坏。

（3）洁净要求

通常应保持计算机机房的清洁。如果机房内灰尘过多，灰尘附落在磁盘或磁头上，不仅会造成对磁盘读写错误，而且会缩短计算机的使用寿命。因此，在机房内一般应备有除尘设备。

（4）电源要求

微型计算机对电源有两个基本要求：一是电压要稳，二是在机器工作时供电不能间断。电压不稳不仅会造成磁盘驱动器运行不稳定而引起读写数据错误，而且对显示器和打印机的工作有影响。为了获得稳定的电压，可以使用交流稳压电源。为防止突然断电对计算机工作的影响，计算机最好装备不间断供电电源（UPS），以便断电后能继续工作一段时间，操作人员也能及时处理完计算工作或保存好数据。

（5）防止干扰

计算机附近应避免磁场干扰。计算机正在工作时，还应避免附近存在强电设备的开关动作。因此，工作人员在机房内应尽量避免使用电炉、电视或其他强电设备。

除了要注意上述几点之外，在使用计算机的过程中，还应避免频繁开关计算机，并且要经常使用计算机，不要长期闲置。

2. 微型机的维护

微型机虽然在一般的办公室条件下就能正常使用，但要注意防潮、防水、防尘、防火。在使用时应注意通风，不用时应盖好防尘罩。机器表面要经常用软布沾中性清洗剂擦拭。

除了上述这些日常性的维护外，还应注意以下几个方面。

（1）开关机

由于系统在开机和关机的瞬间会有较大的冲击电流，因此开机时应先对外部设备加电，然后再对主机加电。关机时应先关主机，然后再关外部设备。

在加电情况下，机器的各种设备不要随意搬动，也不要插拔各种接口卡。外部设备和主机的信号电缆也只能在关机断电的情况下进行装卸。

每次开机与关机之间应有一定的时间间隔。

（2）U盘

正确插拔U盘，绝对不要在U盘的指示灯闪烁时拔出U盘，因为这时U盘正在读取或写入数据，中途拔出可能会造成硬件、数据的损坏。不要在备份文档完毕后立即关闭相关的程序，因为此时U盘上的指示灯还在闪烁，说明程序还没完全结束，这时拔出U盘，很容易影响备份。同样道理，在系统提示“无法停止”时也不要轻易拔出U盘，这样也会造成数据遗失。

注意将U盘放置在干燥的环境中，不要让U盘口接口长时间暴露在空气中，否则容易造成表面金属氧化，降低接口敏感性。

不要将长时间不用的U盘一直插在USB接口上，否则一方面容易引起接口老化，另一方面对U盘也是一种损耗。

（3）硬盘

通常，硬盘的容量要比软盘大得多，存取的速度也更快，关机后其中的数据不会丢失，因此，很多大型文件的存取可以直接通过硬盘进行。但是，硬盘中的重要文件也必须在软盘中进行备份。

硬盘驱动器的机械结构比较复杂，其盘片与读写磁头被密封在一个腔体内，不能轻易取下来更换。用户使用硬盘时，只能注意保护，不能随意打开修理，否则空气中的灰尘会进入腔体，损伤磁盘表面，使之无法正常工作。

由于硬盘中的磁头夹在盘面上下，因此，硬盘驱动器最忌震动，否则会损坏盘面。在移动机器前应先使磁盘复位，然后再关机。

3. 计算机的安全管理

为了安全使用计算机，我们应当注意以下问题。

（1）不要将来路不明的程序复制到自己的计算机系统，只有正版软件才能在计算机上运行，如果别的程序确需使用，必须经过严格的检查和测试才能使用。

（2）不要轻易将各种游戏软件装入计算机系统，它可能通过存储介质将计算机病毒带入系统。

（3）不能随意将本系统与外界系统接通，以防其他系统的程序和数据文件在本系统使用时，计算机病毒乘机侵入。

（4）经常对系统中的程序进行比较、测试和检查，检测是否有病毒侵入，发现病毒要通过杀毒软件进行清除，实在无法清除则必须进行格式化。

（5）在可能的条件下，尽量不用软盘引导，采用软件引导造成病毒感染的机会要多一些，使用硬盘引导则比较安全。

（6）在使用软件时，要注意写保护，特别是可执行程序和数据文件的写保护，同时要建立系统的应急计划，以防系统遭到破坏，可把系统遭受的损失降低到最小程度。

1.4.4　计算机病毒的预防与消除

计算机病毒（Computer Viruses）是人为设计的程序，通过非法入侵而隐藏在可执行程序或数据文件中，当计算机运行时，它可以把自身精确复制或有修改地复制到其他程序体内，具有相当大的破坏性。

1. 计算机病毒的定义

计算机病毒是一种人为蓄意制造的、以破坏为目的的程序。它寄生于其他应用程序或系统的可执行部分，通过部分修改或移动别的程序，将自我复制加入其中或占据原程序的部分并隐藏起来，到一定时候或适当条件时发作，对计算机系统起破坏作用。之所以称之为“计算机病毒”，是因为它具有生物病毒的某些特征——破坏性、传染性、寄生性、潜伏性和激发性。

2. 计算机病毒特点

（1）破坏性

计算机病毒的破坏性因计算机病毒的种类不同而差别很大。有的计算机病毒仅干扰软件的运行而不破坏该软件；有的则无限制地侵占系统资源，使系统无法运行；有的可以毁掉部分数据或程序，使之无法恢复；有的恶性病毒甚至可能毁坏整个系统，导致系统崩溃。据统计，全世界因计算机病毒所造成的损失每年以数百亿计。

（2）传染性

计算机病毒具有很强的繁殖能力，能通过自我复制到内存、硬盘和软盘，甚至传染到所有文件中。尤其目前互联网的日益普及，数据共享使得不同地域的用户可以共享软件资源和硬件资源，但与此同时，计算机病毒也通过网络迅速蔓延到联网的计算机系统。传染性即自我复制能力，是计算机病毒最根本的特征，也是病毒和正常程序的本质区别。

（3）寄生性

病毒程序一般不独立存在，而是寄生在磁盘系统区或文件中。侵入磁盘系统区的病毒称为系统型病毒，其中较常见的是引导区病毒，如 2078 病毒等。寄生于文件中的病毒称为文件型病毒，如以色列病毒（黑色星期五）等。还有一类既寄生于文件中又侵占磁盘系统区的病毒称为混合型病毒，如“幽灵”病毒、Flip 病毒等。

（4）潜伏性

计算机病毒可以长时间地潜伏在文件中，并不立即发作。在潜伏期中，它并不影响系统的正常运行，只是悄悄地进行传播、繁殖，使更多的正常程序成为病毒的“携带者”。一旦满足触发条件，病毒立即发作，将显示出其巨大的破坏威力。

（5）激发性

激发的实质是一种条件控制，一个病毒程序可以按照设计者的要求，如指定的日期、时间或特定的条件出现时在某个点上激活并发起攻击。

3. 计算机病毒的类型

按照计算机病毒的特点及特性，计算机病毒的分类方法有许多种。

（1）按照计算机病毒的破坏情况分类

良性病毒：指只表现自己而不破坏系统数据，不会使系统瘫痪的一种计算机病毒，但在某些特定条件下，如交叉感染时，良性病毒也会带来意想不到的后果。

恶性病毒：这类病毒的目的在于人为地破坏计算机系统的数据，其破坏力和危害之大是令人难以想象的，如删除文件、格式化硬盘或对系统数据进行修改等。例如剧毒病毒diskkiller，当病毒发作时会自动格式化硬盘，致使系统瘫痪。

（2）按照计算机病毒的传染方式分类

利用磁盘引导区传染的计算机病毒：主要是用计算机病毒的全部或部分来取代正常的引导记录，而将正常的引导记录隐蔽在磁盘的其他存储空间，进行保护或不保护。

利用操作系统传染的计算机病毒：就是利用操作系统提供的一些程序而寄生或传染的计算机病毒。

利用一般应用程序传染的计算机病毒：寄生于一般的应用程序，并在被传染的应用程序执行时获得控制权，且驻留内存并监视系统的运行，寻找可以传染的对象进行传染。

4. 计算机病毒的主要传染方式

计算机病毒有直接传染和间接传染两种方式。

病毒程序的直接传染方式，是由病毒程序源将病毒分别直接传播给程序 P1，P2，…，Pn。

病毒程序的间接传染方式，是由病毒程序将病毒直接传染给程序 P1，然后染有病毒的程序 P1 再将病毒传染给程序 P2，染有病毒的程序 P2 再将病毒传染给程序 P3，依次类推继续传播下去。

实际上，计算机病毒在计算机系统内往往是用直接或间接两种方式，即纵横交错的方式进行传染的，以令人吃惊的速度进行病毒扩散。

5. 计算机病毒的主要症状

计算机病毒在传播和潜伏期，常常会有以下症状出现。

（1）经常出现死机现象。

（2）系统启动时间比平常长。

（3）磁盘访问时间比平常长。

（4）有规律地出现异常画面或信息。

（5）打印出现问题。

（6）可用存储空间比平常小。

（7）程序或数据神秘地丢失了。

（8）可执行文件的大小发生变化。

出现以上情况，表明计算机可能染上了病毒，需要做进一步的病毒诊断。

6. 计算机病毒的传播途径

计算机病毒是通过传染媒介传染的。一般来说，计算机病毒的传染媒介有以下三种。

（1）计算机网络。网络中传染的速度是所有传染媒介中最快的一种，特别是随着互联网的日益普及，计算机病毒会通过网络从一个节点迅速蔓延到另一个节点。例如曾经大肆泛滥的“梅丽莎”病毒，看起来就像是一封普通的电子邮件，一旦打开邮件，病毒将立即侵入计算机的硬盘；还有后来出现的标有“I love you”邮件名的电子邮件，一旦打开邮件，病毒立即侵入计算机的硬盘。

（2）磁盘。磁盘是病毒传染的一个重要途径。只要带有病毒的磁盘在健康的计算机上一经使用，就会传染到该机的内存和硬盘，凡是在带有病毒的计算机上使用过的磁盘又会被病毒感染。

（3）光盘。计算机病毒也可通过光盘进行传染，尤其是盗版光盘。

7．计算机病毒的防治

对计算机病毒应该采取“预防为主，防治结合”的策略，牢固树立计算机安全意识，防患于未然。

（1）预防病毒

一般来说，可以采取如下预防措施。

- 保证计算机系统启动盘无毒启动。
- 不要使用不安全的磁盘、光盘或网络数据，定期对所使用的磁盘进行病毒的检测。
- 发现计算机系统的任何异常现象，应及时采取检测和消毒措施。
- 对网络用户必须遵守网络软件的规定和控制数据共享。
- 对于一些来历不明的邮件或链接，应该先用杀毒软件检查一遍。

（2）检测病毒

主动预防计算机病毒，可以大大遏制计算机病毒的传播和蔓延，但是目前还不可能完全预防计算机病毒。因此在“预防为主”的同时，不能忽略病毒的清除。

发现病毒是清除病毒的前提。通常计算机病毒的检测方法有两种。

- 人工检测。人工检测是指通过一些软件工具（如 DEBUG.COM）进行病毒的检测。这种方法比较复杂，需要检测者熟悉机器指令和操作系统，因而不易普及。
- 自动检测。自动检测是指通过一些诊断软件来判断系统或软盘是否带有病毒的方法。自动检测比较简单，一般用户都可以进行。

（3）清除病毒

一般用户多采用反病毒软件的方法来查杀病毒。目前市面上有很多杀毒软件，如腾讯电脑管家、360 杀毒软件等。

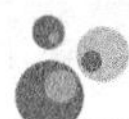

本章小结

本章主要介绍信息技术与计算机的发展、计算机中的信息表示方法、计算机系统的硬件组成和软件分类，以及信息安全技术和计算机病毒知识等内容。要求学生在此理论基础上，学会个人计算机的正确开关机，键盘和鼠标的使用方法，掌握汉字拼音输入法，并学会简单的个人计算机安全维护，了解信息安全的重要性及相关法规。这将为后面章节的学习打下坚实基础。

习题

1. 若一台计算机的字长为 4 个字节，这意味着它（　　）。

A. 能处理的数值最大为 4 位十进制数 9999

B. 能处理的字符串最多由 4 个英文字母组成

C. 在 CPU 中作为一个整体加以传送处理的代码为 32 位

D. 在 CPU 中运行的结果最大为 2 的 32 次方

2. 计算机中地址的概念是内存储器各存储单元的编号，现有一个 32kB 的存储器，用十六进制数对它的地址进行编码，则编号从 0000H 到（　　）H。

A. 32767　　B. 7FFF　　C. 8000　　D. 8EEE

3. 下面关于 ROM 的说法中，不正确的是（　　）。

A. CPU 不能向 ROM 随即写入数据

B. ROM 的内容在断电后不会消失

C. ROM 是只读存储器的英文缩写

D. ROM 是只读的，所以它不是内存而是外存

4. 微机内存容量的基本单位是（　　）。

A. 字符　　B. 字节　　C. 二进制位　　D. 扇区

5. 目前，DVD 盘上的信息是（　　）。

A. 可以反复读写　　B. 只能读出　　C. 可以反复写　　D. 只能写入

6. 外存与内存有许多不同之处，外存相对于内存来说，以下叙述（　　）不正确。

A. 外存不怕停电，外存可长期保存

B. 外存的容量比内存大很多，甚至可以说是海量的

C. 外存速度慢，内存速度快

D. 内存和外存都是由半导体器件构成的

7. 主板上的 CMOS 芯片的主要用途是（　　）。

A. 管理内存与 CPU 的通信

B. 增加内存的容量

C. 存储时间、日期、硬盘参数与计算机配置信息

D. 存放基本输入输出系统程序，引导程序和自检程序

8. 下面关于计算机的说法中，正确的是（　　）。

A. 微机内存容量的基本计量单位是字符

B. 1GB=1024kB

C. 二进制数中右起第 10 位上的 1 相当于 2 的 10 次方

D. 1TB=1024GB

9. 十进制数 92 转换为二进制数和十六进制数分别为（　　）。

A. 01011100，5C　　B. 01101100，6C

C. 10101011，5D　　D. 01011000，4F

10. 使用 Cache 可以提高计算机的运行速度，这是因为（　　）。

A. Cache 增加了内存的容量　　B. Cache 扩大了硬盘的容量

C. Cache 缩短了 CPU 的等待时间　　D. Cache 可以存放程序和数据

11. 下列关于存储器读写速度的排列，正确的是（　　）。

A. RAM>Cache>硬盘>软盘　　B. Cache> RAM>硬盘>软盘

C. Cache>硬盘>RAM>软盘　　D. RAM>硬盘>软盘> Cache

12. 一张软盘上原存的有效信息会丢失的环境是（　　）。

A. 通过海关监视器的 X 射线的扫描　　B. 放在盒子里半年没有使用

C. 放在强磁场附近　　D. 放在零下 10℃的库房中

13. 发现计算机病毒后，彻底的清除方法是（　　）。

A. 删除磁盘上的所有文件　　B. 及时用杀毒软件处理

C. 用高温蒸汽消毒　　D. 格式化软盘

14. 有关二进制的论述中，错误的是（　　）。

A. 二进制数只有 0 和 1 两个数码

B. 二进制数运算逢二进一

C. 二进制数各位上的权分别为 0, 2, 4, …

D. 二进制数只有二位数组成

15. 一个完整的计算机系统包括（　　）。

A. 计算机及其外部设备　　B. 主机、键盘和显示器

C. 系统软件和应用软件　　D. 硬件系统和软件系统

16. 微型计算机的硬件系统包括（　　）。

A. 主机、内存和外存　　B. 主机和外设

C. CPU、输入设备和输出设备　　D. CPU、键盘和显示器

17. CPU 通常包括（　　）。

A. 控制器、运算器　　B. 控制器、运算器和存储器

C. 内存储器和运算器　　D. 控制器和存储器

18. 计算机主机是指（　　）。

A. CPU 和运算器　　B. CPU 和内存储器

C. CPU 和外存储器　　D. CPU、内存储器和 I/O 接口

19. 微型机中的运算器的主要功能是进行（　　）。

A. 算术运算　　B. 逻辑运算

C. 算术运算和逻辑运算　　D. 科学运算

20. 断电后会使数据丢失的存储器是（　　）。

A. ROM　　B. RAM　　C. 磁盘　　D. 光盘

21. 微型机中必不可少的输入/输出设备是（　　）。

A. 键盘和显示器　　B. 键盘和鼠标器

C. 显示器和打印机　　D. 鼠标器和打印机

22. 下列设备中属于输入设备的是（　　）。

A. 显示器　　B. 打印机　　C. 鼠标　　D. 绘图仪

23. 操作系统的功能是（　　）。

A. 把用户程序进行编译、执行并给出结果

B. 对各种文件目录进行保管

C. 管理和控制计算机系统硬件、软件和数据资源

D. 对计算机的主机和外设进行连接

24. 计算机能直接识别的语言是（　　）。

A. 汇编语言　B. 自然语言　C. 机器语言　D. 高级语言

25. 计算机的内存比外存（　　）。

A. 存储容量大　B. 存取速度快

C. 便宜　D. 不便宜但能存储更多的信息

26. 通常所说的 24 针打印机属于（　　）。

A. 激光打印机　B. 喷墨打印机　C. 击打式打印机　D. 热敏打印机

27. 硬盘工作时，应避免（　　）。

A. 强烈震动　B. 噪声

C. 光线直射　D. 环境卫生不好

28. 下列软件属于系统软件的是（　　）。

A. 人事管理软件　B. Windows

C. Word　D. 股票分析软件

29. 下列描述中，正确的是（　　）。

A. CPU 可以直接执行外存储器中的程序

B. RAM 是外部设备，不能直接与 CPU 交换信息

C. 外存储器中的程序，只有调入内存后才能运行

D. 软盘驱动器和硬盘驱动器都是内存储设备

30. 系统软件中最主要的是（　　）。

A. 数据库管理系统　B. 编译程序　C. 语言处理程序　D. 操作系统

31. 一台计算机中了特洛伊木马病毒后，下列说法错误的是（　　）。

A. 计算机上的有关密码可能被他人窃取

B. 计算机上的文件内容可能被他人篡改

C. 病毒会定时发作，从而破坏计算机上的信息

D. 没有上网时，计算机上的信息不会被窃取

32. 以下正确的是（　　）。

A. USB 表示通用并行总线接口

B. 使用 U 盘时要与计算机并行接口相连

C. U 盘上的数据在断电时不能保存

D. U 盘是采用闪存作为存储介质的

第 2 章 Windows 操作系统

理论要点：

1. 操作系统的主要功能；
2. 软、硬件资源的管理；
3. 声音、图像、视频等多媒体数据格式。

技能要点：

1. 文件与文件夹的使用；
2. Windows 7 的安装、设置及用户管理；
3. 软件安装（卸载）与硬件的添加（删除）。

2.1 Windows 概述

操作系统（Operating System，OS）是最重要的系统软件，其作用主要是管理和控制计算机上的软、硬件资源，帮助用户方便地使用计算机。目前 OS 产品有很多，它们应用在不同场合与硬件上，应用最为广泛的操作系统是 Windows 系列，它支持几乎所有的计算机硬件和大部分的流行软件，在许多行业的计算机应用中居于主要地位。

2.1.1 操作系统的功能

操作系统具备以下主要功能。

（1）处理器管理：操作系统管理处理器（CPU）资源，提高其工作效率。

（2）存储器管理：操作系统对内存储器进行分配、保护和扩充。

（3）设备管理：操作系统对外部设备进行分配、回收与控制。

（4）文件管理：操作系统对文件存储空间进行分配和回收，对文件目录进行管理。

（5）作业管理：作业是指用户提交给计算机系统的一个独立的计算机任务，作业管理就是要求操作系统能够智能地调度和管理这些作业。

2.1.2 常用的操作系统

1. Windows 系列

Windows 是一个支持多用户、多任务的图形界面的操作系统，它具有比较完整的网络功能及多媒体处理能力。

2. UNIX 操作系统

UNIX 操作系统也是一个强大的支持多用户、多任务的操作系统，支持多种处理器架构。按照操作系统的分类，UNIX 操作系统属于分时操作系统。

3. Linux 操作系统

Linux 操作系统是一种开放源代码的操作系统，产品有 Debian Linux、Red Hat Linux、Fedora Linux、红旗 Linux 等。

4. Mac OS

Mac OS 是苹果计算机专用的操作系统，它是首个在商用领域成功的图形用户界面。

2.1.3 Windows 7 的优点

Windows 版本比较多。随着计算机硬件和软件的不断升级， Windows 也在不断升级，从架构的 16 位、32 位再到 64 位，系统版本从最初的 Windows 1.0 到熟知的 Windows 95、Windows 98、Windows ME、Windows 2000、Windows 2003、Windows XP、Windows Vista、Windows 7、Windows 8、Windows 8.1、Windows 10 和 Windows Server 服务器企业级操作系统，不断持续更新。本书主要以 Windows 7（简称为 Windows）为例。

Windows 7 相对于之前 Windows 版本的一些优点，现列举部分如下。

- 主题丰富，系统资源的开销小，启动和开机时间较短。
- 对多核和多线程的设备支持更好。
- 兼容性比以往版本更好。
- 任务栏更方便，还可以全屏预览，当鼠标移动到任务栏上的图标时，可以显示全屏预览。
- 快速访问更方便，只要用鼠标右键单击任务栏的图标，就可以显示最近访问的文件。
- 新增特色鼠标的拖曳功能，支持调整窗口布局和显示桌面的透明化处理。
- 智能化的窗口缩放，放在窗口上按住鼠标左键并晃动，其他窗口可以最小化。
- 字体预览更直接。
- 计算器功能更全面，增加了生活计算簿和历史操作栏。
- 对固态硬盘的支持优化，减少读盘次数，提高性能和延长硬盘寿命。

2.1.4 Windows 7 的家族成员

Windows 7 包含 6 个版本，分别为初级版（Windows 7 Starter）、家庭普通版（Windows 7 Home Basic）、家庭高级版（Windows 7 Home Premium）、专业版（Windows 7 Professional）、企业版（Windows 7 Enterprise）和旗舰版（Windows 7 Ultimate）。

1. 初级版

初级版是功能最少的版本，包含新增的 Jump List（跳转列表）功能，可以加入家庭组（Home Group），但是不能更改背景、主题颜色、声音方案、Windows 欢迎中心、登录界面等，没有 Windows 媒体中心和移动中心。初级版仅适用于拥有低端机型的用户，并且还限制了某些特定类型的硬件。其最大的优势就是简单、易用、便宜。

2. 家庭普通版

家庭普通版是简化的家庭版，新增加的特性包括无线应用程序、增强视觉体验、高级网络支持、移动中心（Mobility Center）、支持多显示器等。家庭普通版没有玻璃特效功能、实时缩略图预览、Internet 连接共享等，只能加入而不能创建家庭组。

3. 家庭高级版

家庭高级版是面向家庭用户开发的一款操作系统，可使用户享有最佳的计算机娱乐体验，可以很轻松地创建家庭网络，使多台计算机间共享打印机、照片、视频和音乐等。家庭高级版可以通过特色鼠标拖曳和 Jump List 等功能，让计算机操作更简单；可以按照用户喜欢的方式更改桌面主题和任务栏上排列的程序图标，自定义 Windows 的外观；计算机启动、关机、从待机状态恢复和响应的速度更快；充分发挥 64 位计算机硬件的性能，有效利用可用内存。

4. 专业版

专业版提供办公和家用所需的一切功能。它替代了 Windows Vista 下的商业版，支持高级网络备份等数据保护功能、位置感知打印技术（可在家庭或办公网络上自动选择合适的打印机）等，加强了脱机文件夹、移动中心（Mobility Center）、演示模式（Presentation Mode）等。

5. 企业版

企业版提供企业级增强功能，包括 BitLocker、内置和外置驱动器数据保护、AppLocker、锁定非授权软件运行、DirectAccess、无缝连接基于 Windows Server 2008 R2 的企业网络、网络缓存等。该版本主要是面向企业市场的高级用户，可满足企业数据管理、共享、安全等需求。

6. 旗舰版

旗舰版具备 Windows 7 家庭高级版和专业版的所有功能，同时增加了高级安全功能，以及在多语言环境下工作的灵活性。该版本对计算机的硬件要求也是最高的。

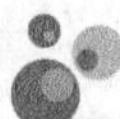

2.2 Windows 7 操作系统安装

2.2.1 Windows 7 的硬件配置要求

Windows 7 的基本硬件配置要求如表 2-1 所示。

表 2-1 Windows 7 的基本硬件配置要求

硬件名称	基本需求	建议与基本描述
CPU	1GHz 及以上	安装 64 位 Windows 7 需要更高 CPU 支持
内存	1GB 及以上	推荐 2GB 及以上
硬盘	16GB 及以上可用空间	安装 64 位 Windows 7 需要至少 20GB 及以上硬盘可用空间
显卡	DirectX®9 显卡支持 WDDM 1.0 或更高版本。如果低于此标准，Aero 主题特效可能无法实现	无
其他设备	DVD-R/RW 驱动器	选择光盘安装时

2.2.2 Windows 7 的安装

计算机接入 Windows 7 安装源（DVD 或者 USB）设备，启动之后进行以下操作。

（1）载入镜像文件下载，如图 2-1 所示。

图 2-1｜载入镜像文件下载

（2）加载完之后出现安装界面，如图 2-2 所示。

（3）单击【下一步】出现现在安装提示，如图 2-3 所示。

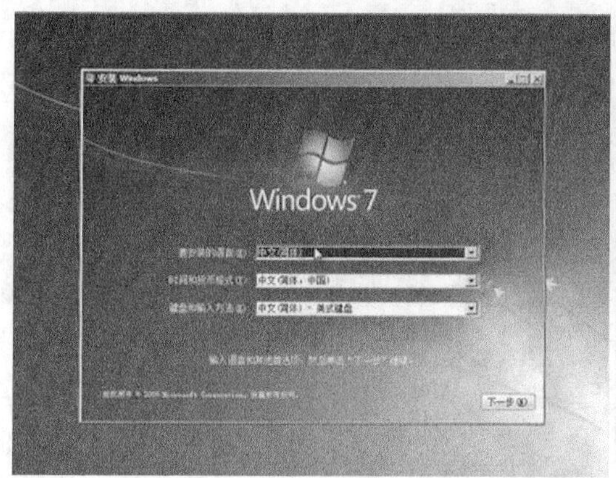

图 2-2｜安装界面

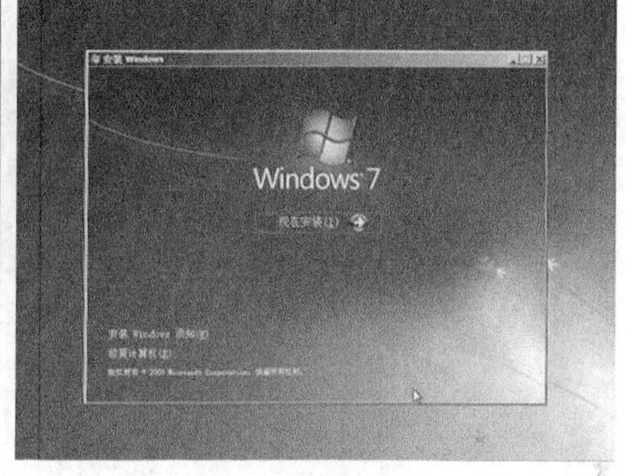

图 2-3｜现在安装提示

（4）接受条款，如图 2-4 所示。

（5）进入选择安装磁盘界面，如图 2-5 所示。

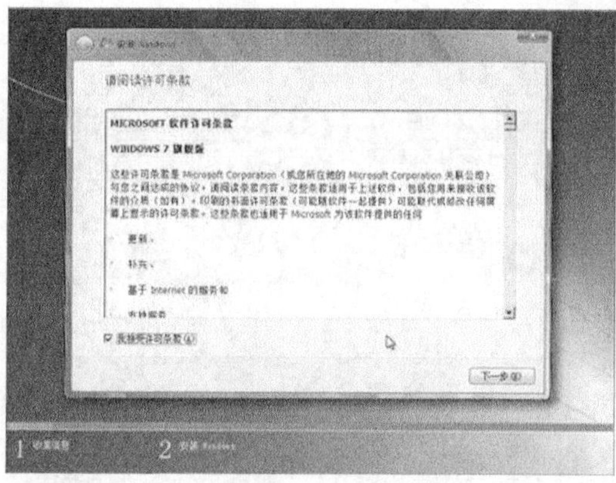

图 2-4｜接受条款

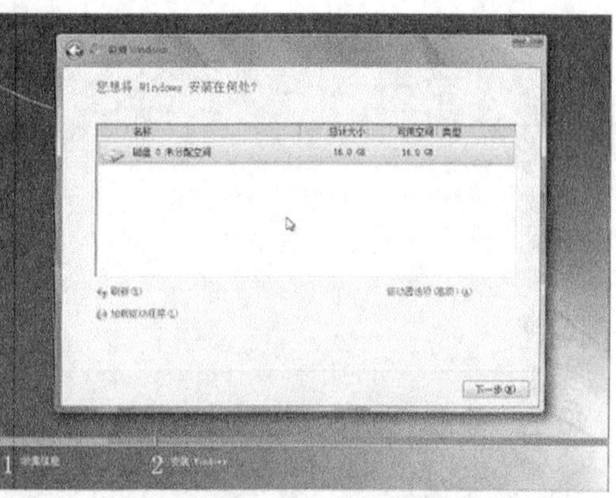

图 2-5｜选择安装磁盘

（6）进入开始安装界面，如图 2-6 所示。

（7）计算机重启，如图 2-7 所示。

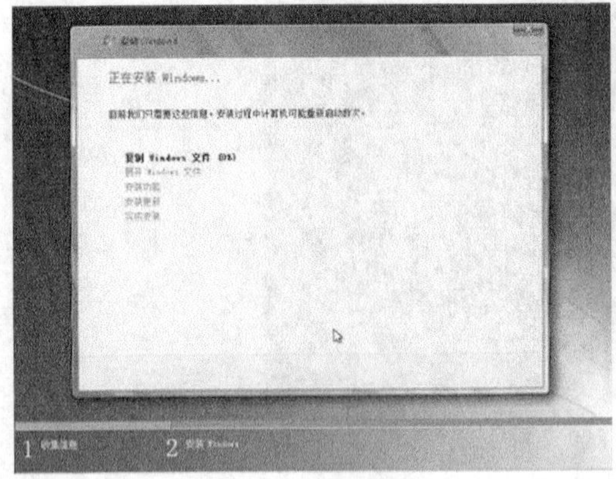

图 2-6 | 开始安装

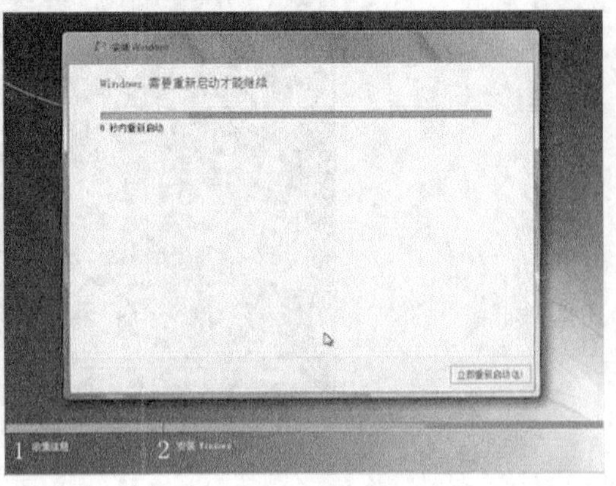

图 2-7 | 计算机重启

（8）设置用户名，如图 2-8 所示。

（9）设置时区、日期和时间，如图 2-9 所示。

图 2-8 | 设置用户名

图 2-9 | 设置时区、日期和时间

（10）根据实际使用场景选择网络环境，如图 2-10 所示。

（11）进入安装完成桌面，如图 2-11 所示。

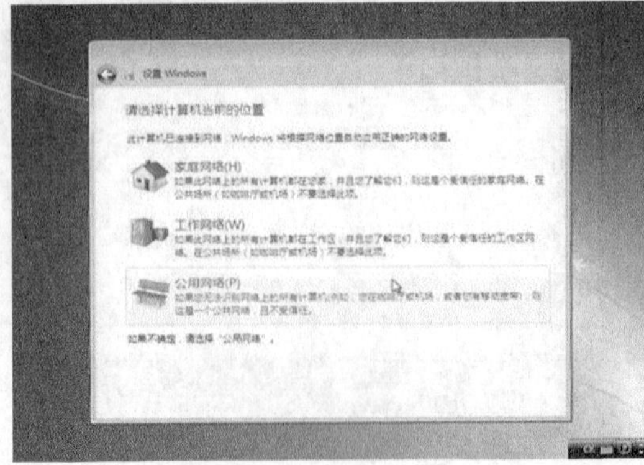

图 2-10 | 选择网络环境

图 2-11 | 安装完成桌面

2.3 Windows 7 基本操作

2.3.1 Windows 7 的启动和关闭

1. 启动

Windows 7 的启动步骤如下。

（1）依次打开计算机外部设备的电源开关和主机电源开关。

（2）单击要登录的用户名，输入用户密码，继续完成启动，出现 Windows 7 系统桌面，启动成功。

2. 关闭

单击桌面左下角的【开始】按钮，接着在打开的【开始】菜单中单击右下角的右三角按钮，此时就可以从弹出列表中查看切换用户、注销、锁定、重新启动、睡眠等选项。单击【关机】按钮，即可完成系统的关闭操作。

2.3.2 Windows 7 的桌面显示

Windows 7 启动后，首先显示的是 Windows 桌面。Windows 桌面有自己的背景，也可以在其上放置各种图标，桌面底部有任务栏，任务栏上有【开始】菜单、程序按钮区及其他显示信息，如时间等。

1.【开始】菜单

用户可以通过【开始】菜单完成计算机的大部分管理工作，单击任务栏最左侧的【开始】按钮即可弹出【开始】菜单，如图 2-12 所示。【开始】菜单包括以下区域。

图 2-12 |【开始】菜单

（1）常用程序区域：显示最常用的程序。

（2）安装程序区域：包含所有安装的程序。

（3）搜索区域：可以查找所需文件。

（4）系统设置区域：包含用于系统设置的工具。

（5）关机区域：可实现关机、注销、重新启动等操作。

2. 任务栏

任务栏是位于桌面底部的条状区域，如图 2-13 所示，主要由以下部分构成。

（1）【开始】按钮：单击即可打开【开始】菜单。

（2）已运行程序按钮：快速切换已打开的程序或文件。

（3）语言栏：显示当前的输入法状态。

（4）通知栏：包括网络、音量、时间、已运行程序等提示信息。

（5）【显示桌面】按钮：鼠标移动到该按钮上可以预览桌面，单击则可以快速回到桌面。

图 2-13｜任务栏

缩略图预览是 Windows 7 新增的功能，单击已运行程序按钮时，如有多个文档在该程序中打开，会先显示缩略图，让用户选择需要打开的文档；跳转列表也是新增功能，当用鼠标右键单击已运行程序按钮时，会显示该程序最有可能用到的文档或文件，方便用户快速地打开。

3. 桌面图标

桌面图标由形象的图标和相关文字说明组成。双击这些图标，可以快速打开文件、文件夹或者应用程序。

4. 小工具

小工具由 Windows 边栏演变而来，是一组可以在桌面上显示的常用小工具。默认情况下，小工具不显示在桌面上，可以用鼠标右键单击桌面空白处，在弹出的快捷菜单中选择【小工具】选项，将小工具添加到桌面上，而且小工具在桌面上可以自由移动。

2.3.3 Windows 7 的个性化设置

用鼠标右键单击 Windows 7 桌面空白处，在弹出的快捷菜单中选择【个性化】选项，即可对主题进行设置，包括屏幕保护程序、声音、桌面背景及窗口颜色等。主题中可以包含不同的背景，利用 Windows 7 的另一项新功能【桌面幻灯片放映】，可以选择若干张不同的图像作为背景，系统会自动循环显示背景，默认每隔 30 分钟更换一张图。这里可以使用【更改图片时间间隔】选项设置此时间，如图 2-14 所示。

图 2-14｜设置【更改图片时间间隔】选项

2.3.4　Windows 7 的地址栏按钮

Windows 7 的地址栏与过去其他版本相比，无论是其易用性还是功能性都更加强大。通过全新的地址栏，不仅可以获取当前目录的路径结构、名称，实现目录的跳转或者跨越跳转操作，还可以在路径中加入命令参数。

例如，打开目录的路径为“计算机\本地磁盘（C:）\Program Files\Intel”，查看地址栏的目录名称和按钮，如图 2-15 所示。如果需要跳到本地磁盘（C:），直接单击本地磁盘（C:）选项即可，同时如需跳转到其他平行目录，只需单击相应目录即可。

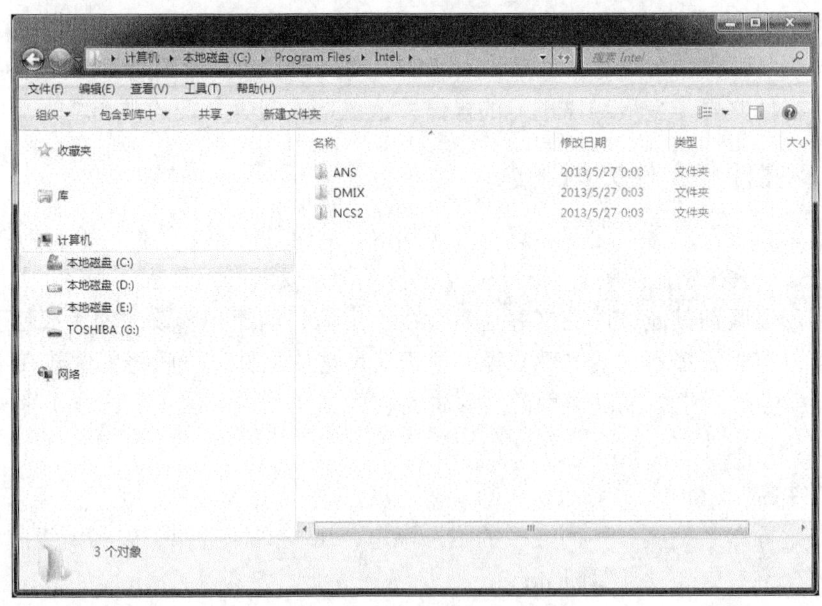

图 2-15｜查看地址栏

2.3.5 Windows 7 的工具栏和菜单栏

菜单栏在窗口中已经不再全部出现，取而代之的是常用的工具栏按钮，可以通过【组织】下拉菜单找到，如图 2-16 所示。

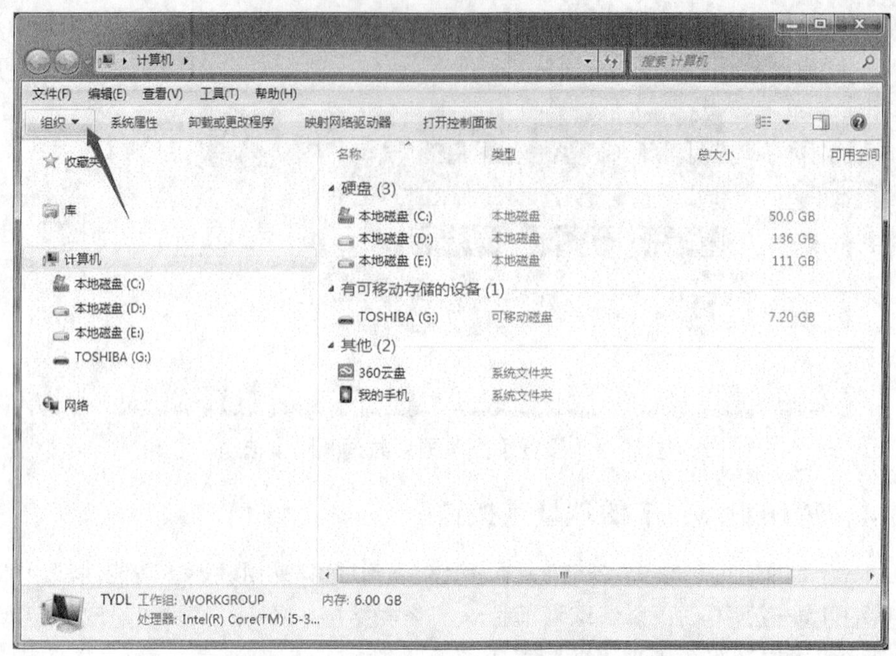

图 2-16｜单击【组织】下拉菜单查看工具栏

2.4 Windows 7 文件和文件夹操作

程序和数据都是以文件的形式存放在外存储器（硬盘、U 盘）上的，是计算机系统的软件资源。用户可通过文件的名称来访问所需要的文件。文件管理是任何操作系统的基本功能之一。文件夹操作是最经常进行的操作，这也是入门者必备的技能之一。

2.4.1 文件和文件夹的概念

文件是计算机在磁盘中存储信息的最小单位。编辑的文章、信件、绘制的图形等都是以文件的形式存放在磁盘中的，Windows 7 操作系统及安装的各种应用程序也是一些文件。文件的名字用以区别其他文件，文件还有大小、类型、创建和修改时间等属性。

磁盘可以存放很多不同的文件。为了便于使用这些文件，一般将文件放在不同的“文件夹”中，就像生活中把不同类型的文件资料装入不同的档案袋（档案盒）里一样，文件夹里还可以包含文件夹，称为“子文件夹”。

1. 文件名

文件名是操作系统区分不同文件的唯一标志，由主文档名和扩展名两组成，即“<主文档名>[.扩展名]”，如“计算机.doc”。

文件夹与文件起名规则相同，但习惯上不用扩展名。

2. 通配符

通配符用以代替文件或文件夹名称中字符的符号，可以代表多个文件或文件夹，主要用于对文件的搜索。它有两个符号："?"代替所在位置上的任一字符，"*"代替从所在位置起的任意一串字符。

3. 命名规则

文件、文件夹命名时，应遵守以下规则。

（1）文件、文件夹的名称不能超过 255 个字符（一个汉字占 2 个字符）。

（2）文件、文件夹名中可以包含空格，但不能使用"\""/""*""?""″""<"">"":""|"这 9 个字符。

（3）文件、文件夹名不区分英文字母大小写。

（4）在同一个文件夹中，不允许存在同名的文件或文件夹。

4. 盘符

盘符即驱动器编号，由字母加冒号":"组成。

在计算机中，盘符"A:""B:"表示软盘，从盘符"C:"到盘符"Z:"表示硬盘、光盘及移动存储器。在计算机网络中，有"本地驱动器"和"网络驱动器"之分，网络盘符默认从"F:"到"Z:"，所以有"A:"为第一软盘、"C:"为第一硬盘、"F:"为第一网络盘之说。

在对计算机的软件、硬件管理或设置中，常常会用到【资源管理器】和【计算机】。例如对文件或文件夹进行打开、复制、移动等操作。

1. 资源管理器

【资源管理器】是 Windows 系统提供的资源管理工具，用来查看本台计算机的所有资源，特别是树形的文件系统结构，能更清楚、更直观地认识计算机的文件和文件夹。打开【资源管理器】的方法如下。

方法一：单击【开始】|【所有程序】|【附件】|【Windows 资源管理器】命令，如图 2-17 所示。

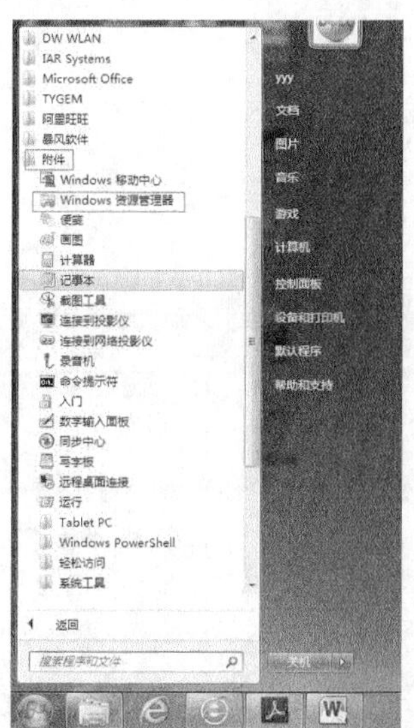

图 2-17｜单击【Windows 资源管理器】命令

方法二：用鼠标右键单击【开始】按钮，在弹出的快捷菜单中选择【打开 Windows 资源管理器】命令，如图 2-18 所示。使用这种方式打开【资源管理器】更为快捷。

图 2-18 | 选择【打开 Windows 资源管理器】命令

2. 计算机

用户使用【计算机】可以显示整个计算机的文件及文件夹的信息；可以启动应用程序，执行打开、查找、复制、删除、重命名、创建文件及文件夹等操作，实现计算机的文件资源管理。用户可以双击桌面上的【计算机】图标，打开【计算机】窗口；也可以选择【开始】菜单中的【计算机】命令，打开【计算机】窗口，如图 2-19 所示。在【计算机】窗口中显示了有效的驱动器。双击启动器图标，窗口将显示该驱动器下包含的所有文件和文件夹。

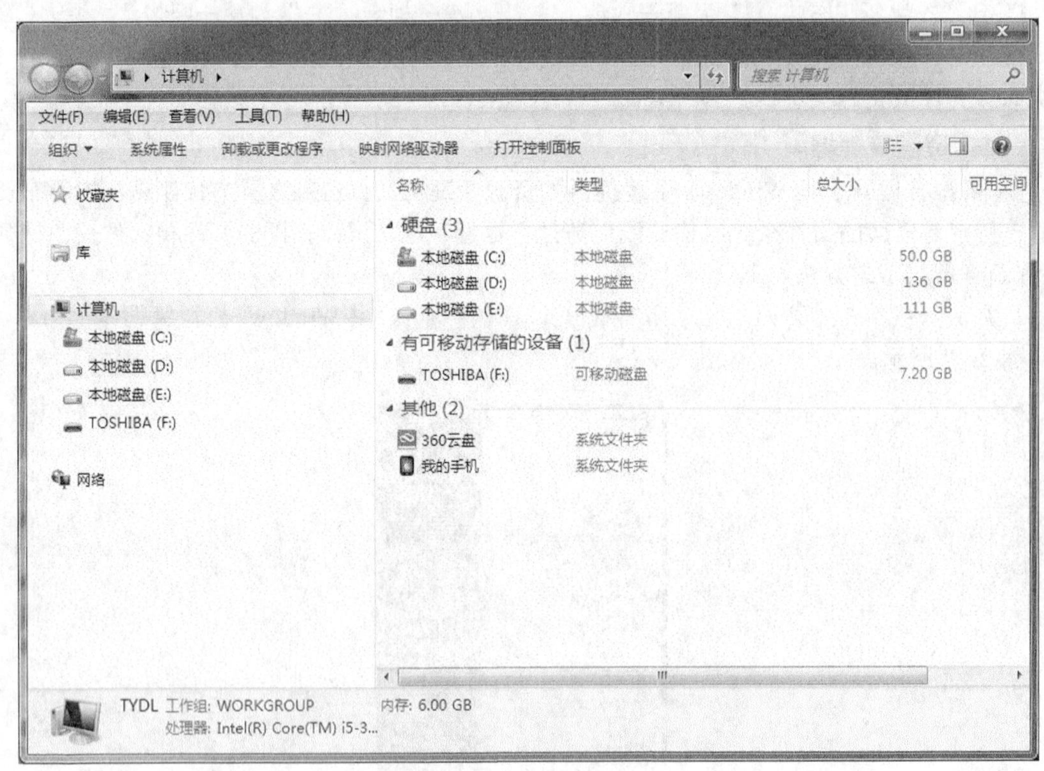

图 2-19 | 【计算机】窗口

2.4.2 管理文件和文件夹

文件和文件夹管理都可以在【资源管理器】或【计算机】里完成。文件和文件夹的主要操作有创建、删除、移动、复制、重命名、查找、修改属性等。这些操作可以通过多种方式来完成，现列举如下。

- 用菜单中的命令。
- 用工具栏中的命令按钮。
- 用操作对象的快捷按钮。
- 在【计算机】或【资源管理器】窗口中拖动。
- 用组合键。

每种操作方式有各自优缺点，熟练后可组合使用，以提高操作效率与准确性，下面具体介绍管理文件或文件夹的操作步骤。

1. 选择文件和文件夹

文件或文件夹的操作，首先要完成“选择”或“选中”操作，然后才能进行其他操作。

（1）选择单个文件或文件夹

选择单个文件或文件夹很简单，只要单击相应的文件或文件夹即可。这时被选中的文件或文件夹是高亮显示的。

（2）选择多个文件或文件夹

按住【Ctrl】键的同时单击，就可以选择不连续的文件或文件夹；按【Shift】键的同时单击文件或文件夹，就可以选择连续的文件或文件夹。若要取消选择，只需在空白处单击即可。

2. 建立新文件夹

用户可以建立新文件夹来存放不同类型的文件。在【资源管理器】或【计算机】窗口中，单击想创建文件夹的位置，或单击工具栏上的【新建文件夹】按钮，在窗口中会出现一个名为“新建文件夹”的高亮文件夹，输入新文件夹的名称，再按【Enter】键或在其他地方单击进行新文件夹名称的确认。

创建文件夹的另一种方式，就是在想创建文件夹的位置单击鼠标右键，在弹出的快捷菜单中选择【新建】|【文件夹】命令，在文件列表窗口底部将会出现一个名为“新建文件夹”的图标。输入新文件夹的名字，按【Enter】键或单击其他地方进行新文件夹名称的确认。

3. 创建新文档

新文档的创建一般由应用程序来完成，也可以在【计算机】窗口中直接创建特定类型的文档。创建新文档的步骤与创建新文件夹的步骤类似，只需在【新建】菜单的下级子菜单中选择新建文档的类型即可。

4. 文件或文件夹的重命名

在 Windows 7 中重命名文件时，用户会发现系统默认排除扩展名部分的字符而仅选取单纯的主文件名部分。

对文件或文件夹重命名的方法有两种：一种是先选中要重命名的文件或文件夹，选择【文件】|【重命名】命令或用鼠标右键单击该对象，在快捷菜单中选择【重命名】命令，直接输入新的名称，按【Enter】键或单击其他地方进行新名称的确认；另一种是先选定对象，再单击该对象，在文件名处出现加亮，在此处输入新的文件名，按【Enter】键或单击

其他地方进行新名称的确认。

5. 复制、移动文件或文件夹

方法一：使用【剪贴板】

【剪贴板】是 Windows 7 中一个非常有用的编辑工具，是在 Windows 7 程序和文档之间传递信息的临时存储区。【剪贴板】不仅可以存储文字，还可以存储图像、声音等信息。

使用【剪贴板】复制、移动文件或文件夹的步骤如下。

（1）选定要复制或移动的对象，选择【编辑】菜单或右键快捷菜单中的【复制】或【剪切】命令，此时被选中对象被复制到【剪贴板】。

（2）打开目标文件夹，选择【编辑】菜单或右键快捷菜单中的【粘贴】命令，即可将【剪贴板】中的文件或文件夹粘贴到目标位置，如图 2-20 所示。

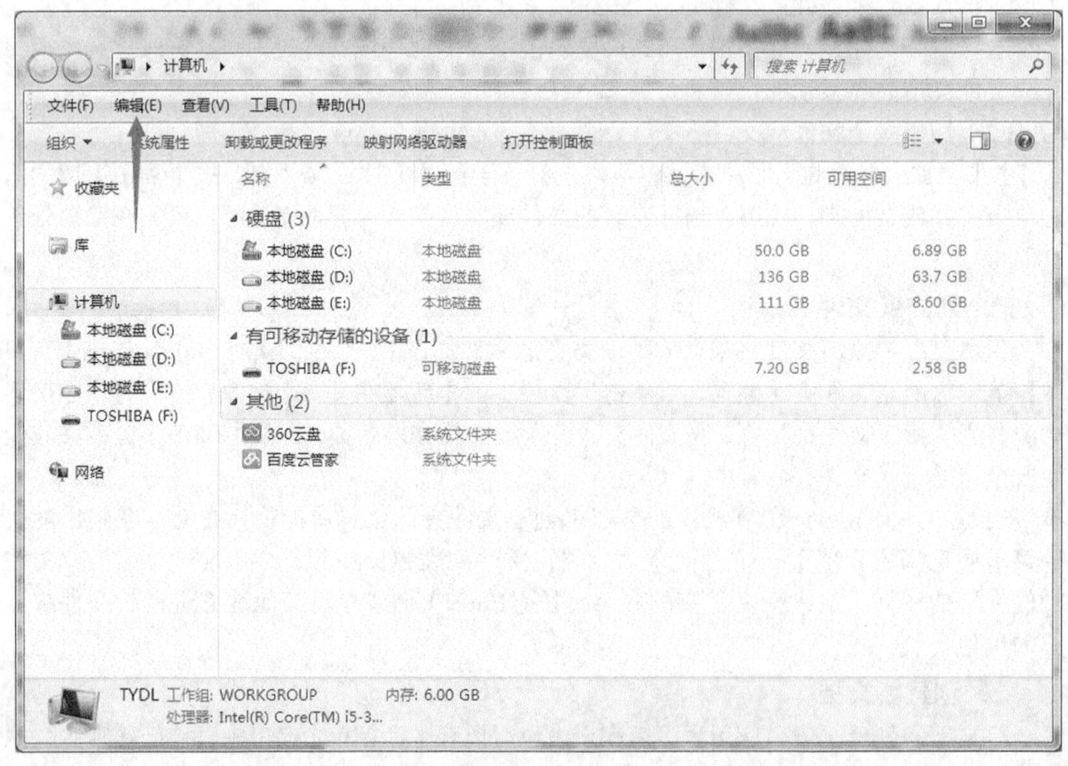

图 2-20｜使用【剪贴板】移动、复制文件和文件夹

复制与移动的区别：移动是把文件移到新的位置，复制是把文件移到新的位置，同时原来的位置还保留源文件。

方法二：使用鼠标拖放

使用鼠标拖放的方法，需要保证源文件和目标文件夹同时显示在桌面上，再采取以下的两种方式之一进行拖放操作。

（1）在被选中对象上按住鼠标右键不放，拖曳到目标位置处释放鼠标，会弹出一个菜单，用户根据需要选择复制或移动操作，如图 2-21 所示。

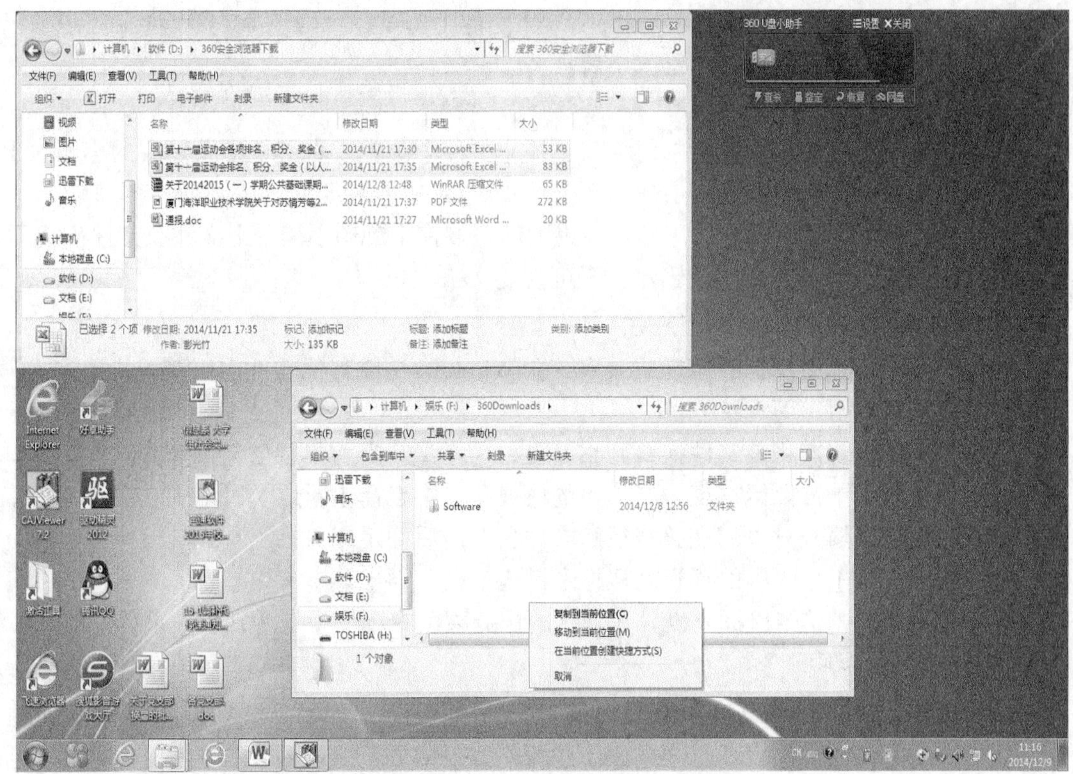

图 2-21｜使用鼠标拖放实现文件或文件夹的移动或复制

（2）当在同一驱动器上进行复制或移动操作时，按住鼠标左键直接将源文件拖曳到目标位置，实现文件或文件夹的移动操作；若拖曳时同时按住【Ctrl】键，则实现复制操作。如果操作是在不同的驱动器之间进行，直接拖放可实现复制操作，在拖动的同时按住【Shift】键可实现移动操作。

此外，也可以利用键盘上的快捷键实现复制或移动操作，操作方法是：选中对象，按【Ctrl+C】组合键（复制）或【Ctrl+X】组合键（剪切），将对象复制到【剪贴板】，再打开文件夹，按【Ctrl+V】组合键将【剪贴板】中对象粘贴到目标位置。

6. 删除文件或文件夹

删除不需要的文件或文件夹，也是文件操作中常用的操作。为了防止误操作带来的损失，系统将删除分为两步进行：先将准备删除的文件放入【回收站】，这种删除称作逻辑删除，如需要恢复还可进行还原操作，重新找回所删除文件或文件夹；如果进一步对【回收站】中的文件进行删除操作，那文件将不可恢复，这种删除称作物理删除。

（1）将文件或文件夹放入【回收站】

选定要删除的文件或文件夹，然后按下述方法之一删除已选对象。

① 选择【文件】菜单或右键快捷菜单中的【删除】命令。

② 按【Delete】键。

③ 用鼠标将文件或文件夹直接拖曳到【回收站】。

（2）恢复【回收站】里的文件或文件夹

打开【回收站】，选定要恢复的对象，在【文件】菜单或右键快捷菜单中选择【还原】命令，选定的对象就被恢复到原来的位置。

（3）彻底删除文件或文件夹

在【回收站】里选定要删除的对象，选择【文件】菜单或右键快捷菜单中的【删除】命令，选定的对象将从磁盘上彻底删除。

如果在选择【删除】命令或用鼠标拖曳的同时按住【Shift】键，则文件或文件夹将不保存在回收站中，而是直接彻底删除，不可恢复。

7. 创建文件或文件夹快捷方式

为提高命令或程序执行的速度或效率，在 Windows 7 或其他软件中可使用快捷方式。创建快捷方式可以用下面几种方法。

（1）按住鼠标右键将该文件拖曳到桌面上，选择【在当前位置创建快捷方式】命令。

（2）在桌面上单击鼠标右键，在弹出的快捷菜单中选择【新建】|【快捷方式】命令，在打开的对话框中输入对象的完整路径和文件名，最后确定即可。

（3）将【开始】菜单中的项目用鼠标左键拖曳到桌面上。

（4）选定对象，单击鼠标右键，在弹出的快捷菜单中选择【发送到】子菜单中的【桌面快捷方式】命令即可。

8. 查看、修改文件或文件夹的属性

属性表明文件或文件夹是否为只读、隐藏或者存档等。该如何查看呢？

选定要查看、修改属性的文件或文件夹，再选择【文件】|【属性】菜单，或在右键快捷菜单中选择【属性】命令，打开对话框，如图 2-22 所示。在【属性】栏中修改属性。不同 Windows 7 版本的属性页显示可能有些区别。

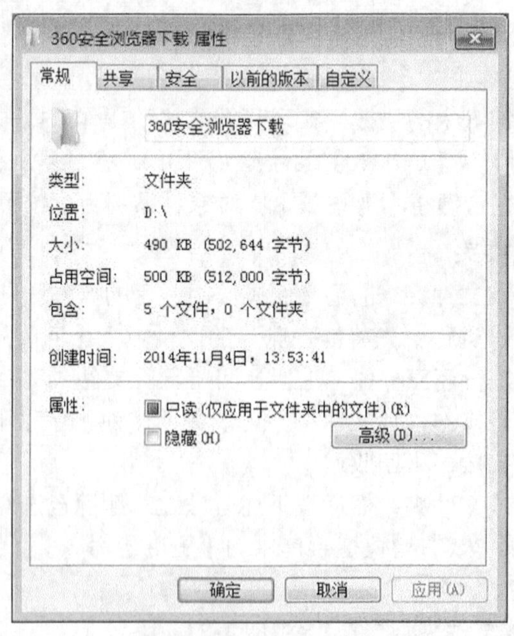

图 2-22 | 属性对话框

9．查找文件或文件夹

Windows 7 操作系统中提供了查找文件和文件夹的多种方法，在不同的情况下可以使用不同的方法。

（1）使用【开始】菜单中的搜索框来查找存储在计算机上的文件、文件夹、程序和电子邮件等。

（2）使用文件夹或库中的搜索框。

搜索框位于文件夹或库窗口的顶部，可根据输入的文本筛选当前的视图，搜索包括所选驱动器或库中的所有文件夹及子文件夹。

例如，要搜索包含“zh”的文件，如图 2-23 所示。在窗口右上角输入“zh”，输入完毕自动进行筛选，可以看到窗口下方列出了所有包含“zh”的文件。

图 2-23 | 使用文件夹或库中的搜索框

2.4.3 压缩文件

Windows 7 系统自带的压缩程序可以实现文件压缩功能。压缩后的文件更适于网络传输，并且节省大量的磁盘空间。压缩文件的主要操作步骤如下。

（1）选择需要压缩的文件并用鼠标右键单击，在弹出的快捷菜单中选择【发送到】|【压缩（zipped）文件夹】命令，如图 2-24 所示。

（2）弹出【正在压缩】对话框，并显示压缩的进度，如图 2-25 所示。

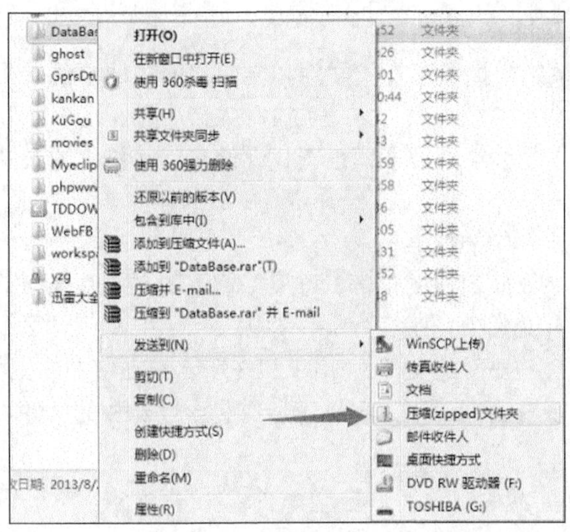

图 2-24｜使用右键快捷菜单中的压缩命令

图 2-25｜压缩进度条

（3）完成压缩后系统自动关闭对话框。双击压缩文件可以查看文件的相关内容，如图 2-26 所示。

图 2-26｜查看压缩文件

2.4.4 库

Windows 7 引入了一种新方法【库】来管理文件和文件夹，这种方法的实质是从用户的使用角度出发来管理文档、音乐、图片或其他分类文件。用户可以使用与在文件夹中浏览文件相同的方式浏览文件，也可以查看按属性（如日期、类型和作者）排列的文件。

在某些方面，库类似于文件夹。例如，打开库时将看到一个或多个文件。但与文件夹不同的是，库可以收集存储在多个位置中的文件。这是一个细微但重要的差异。库实际上不存储项目，而是监视包含项目的文档夹，并允许用户以不同的方式访问和排列这些项目。例如，如果在硬盘和外部驱动器上的文件夹中有音乐文件，则可以使用音乐库同时访问所有音乐文件。

注意　默认情况下，每个用户账户具有四个预先填充的库：【文档】【音乐】【图片】和【视频】。图 2-27 中还有用户在安装应用程序后自己创建的“迅雷下载”等库。如果用户不小心删除了其中的一个默认库，则可以在【导航】窗口中用鼠标右键单击【库】，然后在弹出的快捷菜单中选择【还原默认库】命令，可将其还原为原始状态。

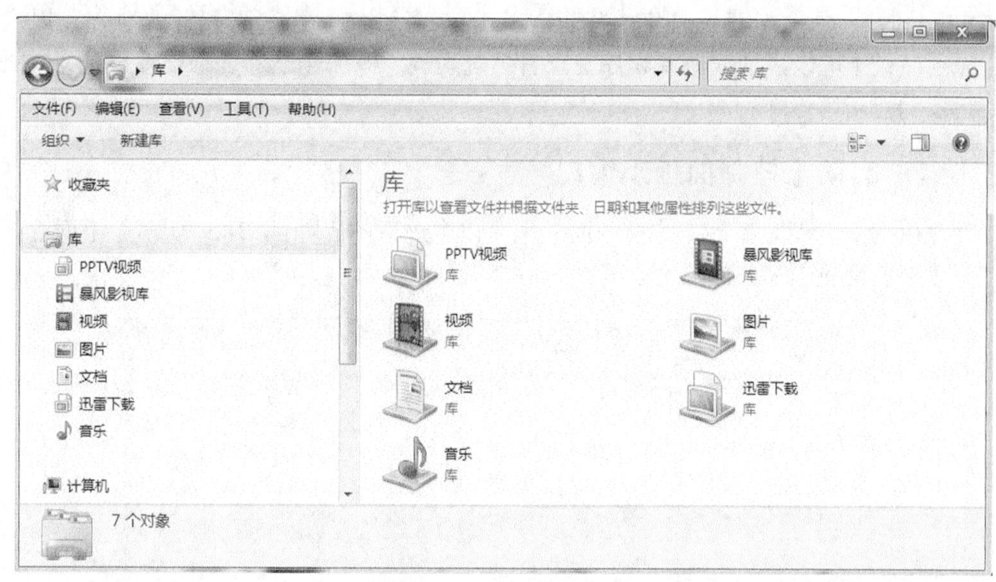

图 2-27 | 默认库

用户还可以在资源管理器中向库中添加其他文件夹，有两种方法可以实现这个功能：用鼠标右键单击要添加到库中的文件夹，并在弹出的快捷菜单中选择【包含到库中】命令，然后选择要添加的该文件夹的库类型；也可以用鼠标右键单击库，在弹出的快捷菜单中选择【属性】命令，然后在打开的【文档属性】对话框中单击【包含文件夹】按钮来添加相应的文件夹到该库中，如图 2-28 所示。

注意　可移动媒体设备（如 CD、U 盘）上的文件夹不能包含到库中，可以将来自不同位置的文件夹包含到库中，如 D 盘、外置硬盘驱动器或网络。

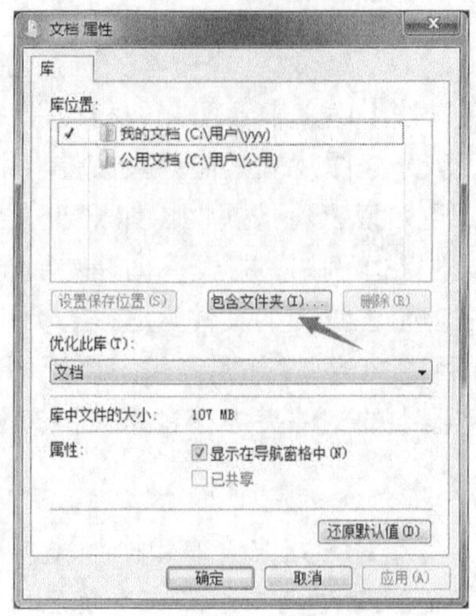

图 2-28｜添加文件夹到库中

2.5 Windows 7 控制面板

Windows 7 的控制面板是集中设置 Windows 各种属性和调整配置的地方，用户通过【控制面板】可以添加或删除程序、查看系统属性、添加和删除各种硬件设备，并进行网络设备的控制等操作。

2.5.1 启动【控制面板】窗口

计算机的很多设置都是在【控制面板】窗口中进行的，如图 2-29 所示。下面介绍三种打开【控制面板】窗口的方法。

图 2-29｜【控制面板】窗口

（1）双击桌面上的【控制面板】图标，如图 2-30 所示。

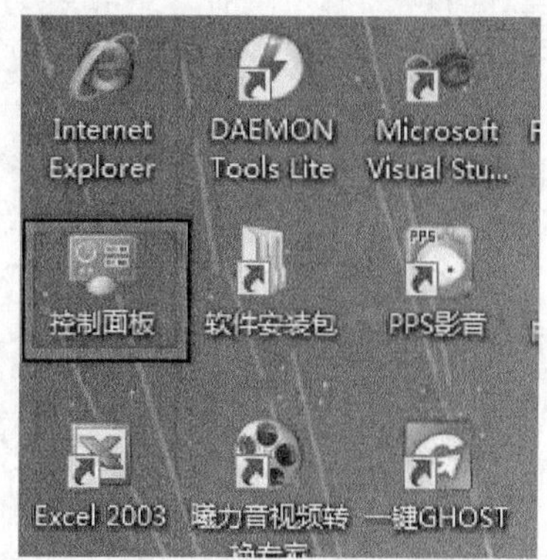

图 2-30｜双击桌面上的【控制面板】图标打开控制面板

（2）在【开始】菜单中单击【控制面板】按钮，如图 2-31 所示。

（3）用鼠标右键单击【计算机】图标，在弹出的快捷菜单中选择【控制面板】命令，如图 2-32 所示。

图 2-31｜通过【开始】菜单打开控制面板

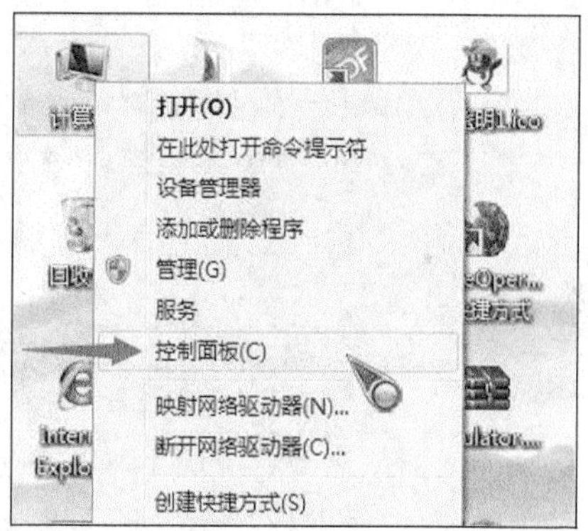

图 2-32｜右键快捷菜单打开控制面板

2.5.2 添加或删除程序

Windows 可以管理所有的应用程序，其中最重要就是安装和卸载应用程序。在 Windows 7 中安装或卸载应用程序，也称作添加或删除程序，除可以通过应用程序安装程序来完成外，还可以在【控制面板】窗口中完成。

（1）单击【控制面板】窗口中的【程序和功能】按钮，如图 2-33 所示，在打开的窗口中完成添加或删除程序。

（2）打开【计算机】窗口，单击工具栏中的【卸载或更改程序】按钮，如图 2-34 所示。在打开的窗口中能卸载或修复安装的程序，如图 2-35 所示。

图 2-33 |【控制面板】的【程序和功能】

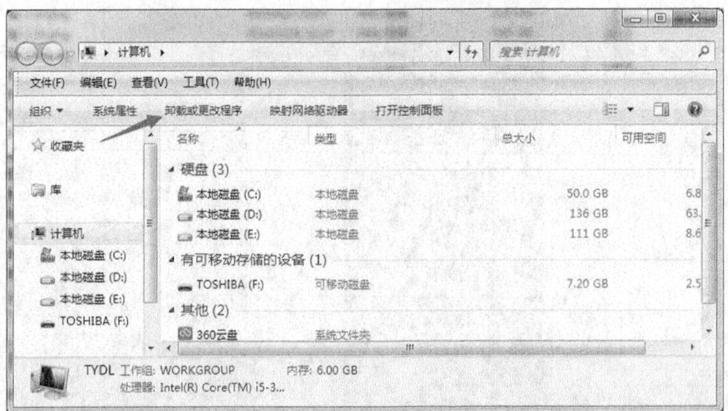

图 2-34 | 在【计算机】窗口中单击【卸载或更改程序】按钮

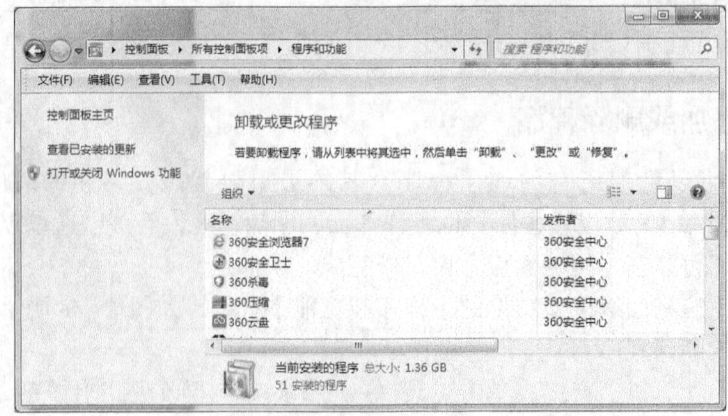

图 2-35 | 卸载或更改程序

2.5.3 在计算机中添加新硬件

Windows 7 的兼容性比较好，当计算机连接或安装了新硬件时，Windows 将自动查找并安装适当的驱动程序，保证设备能正常使用。如果 Windows 在系统驱动程序库中未找到合适的驱动程序，会提示用户插入随设备附带的驱动程序光盘或 U 盘。硬件设备安装驱动程序时要注意这些方面：某些 USB 设备有电源开关，用户应该在连接它们之前将其打开；安装时要注意设备尽量固定连接到同一个 USB 端口，驱动程序正常安装完成，下次再插入设备时可以使用任何端口；多数情况下，将设备与计算机连接后，Windows 可自动查找并安装设备驱动程序，或提示用户插入包含驱动程序的光盘或 U 盘进行安装。但是，当新设备无法被 Windows 识别，并且没有附带驱动程序时，用户可以尝试通过网络查找设备驱动程序，或者直接在设备制造商的官方网站下载驱动程序安装后使用。

2.5.4 用户管理与安全防护

用户认证是 Windows 系统安全保护的重要手段之一，因此用户管理中最重要的就是新建用户并设置权限和登录密码，其主要的操作步骤如下。

（1）打开【控制面板】窗口，找到并单击【用户账户和家庭安全】按钮，如图 2-36 所示。

图 2-36｜单击【用户账户和家庭安全】按钮

（2）在【用户账户和家庭安全】窗口中，单击【添加或删除用户账户】按钮，如图 2-37 所示。

（3）在【管理账户】窗口中，单击【创建一个新账户】链接，如图 2-38 所示。

（4）打开【创建新账户】窗口，填写账户名，并设置好账户类型后，单击【创建账户】按钮即可，如图 2-39 所示。

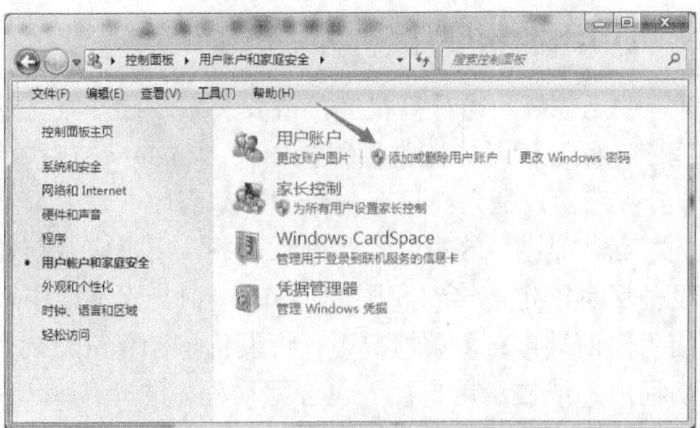

图 2-37 | 单击【添加或删除用户账户】按钮

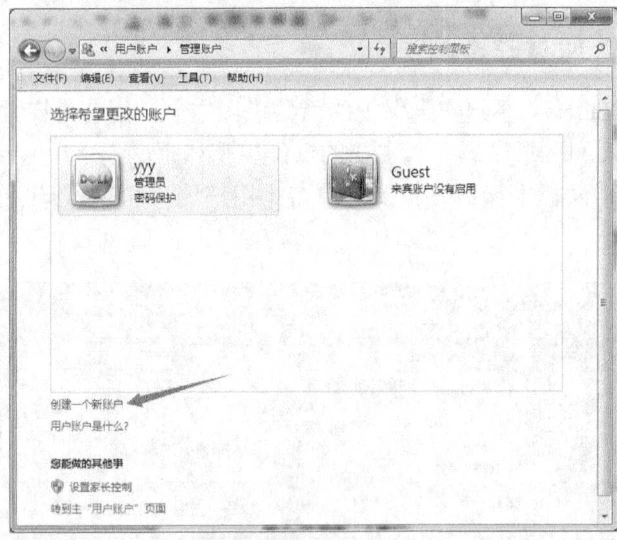

图 2-38 | 创建一个新账户

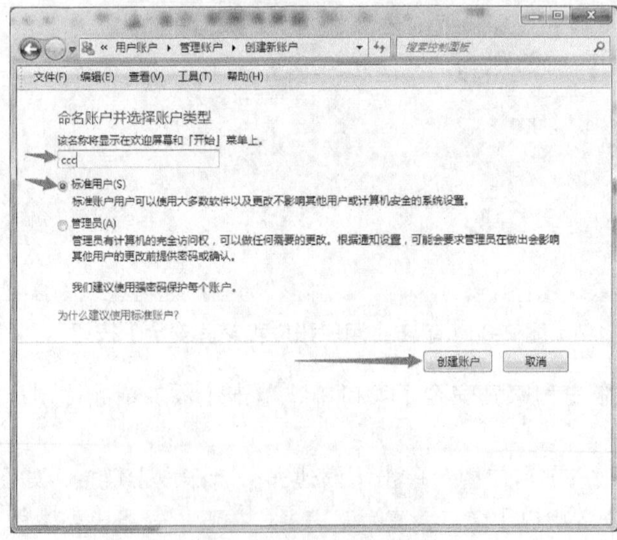

图 2-39 | 设置账户类型

（5）返回【管理账户】窗口，单击想要设置密码的账户，进入【更改账户】窗口，即可创建这个账户的密码，或者更改账户名称和账户类型等，如图 2-40 所示。

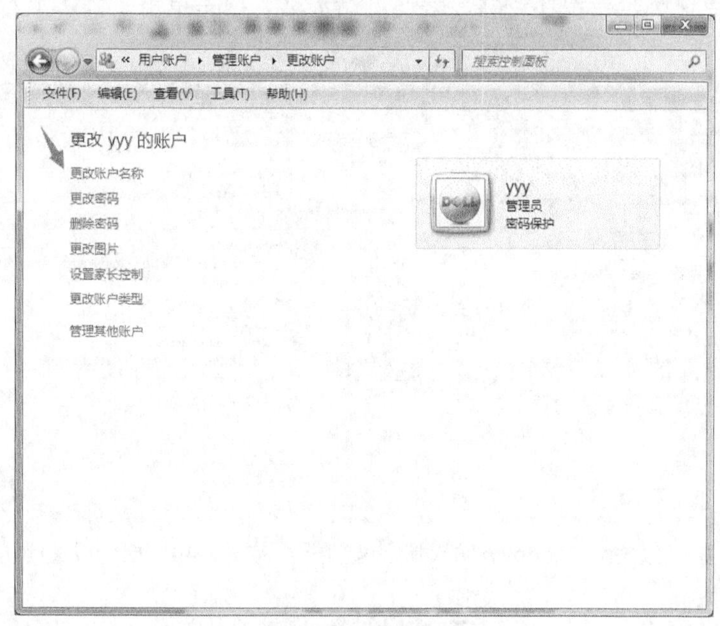

图 2-40｜更改用户账户

2.5.5 Windows 7 防火墙

Windows 7 防火墙可以防止网络上的一些非授权的访问和恶意软件的互相传播。下面介绍防火墙的打开和关闭方法，操作步骤如下。

（1）单击桌面左下角的【开始】按钮，在弹出的菜单中单击【控制面板】按钮，然后在【控制面板】窗口中选择【网络和 Internet】下的【查看网络状态和任务】选项，如图 2-41 所示。

（2）在新的窗口中选择左下角的【Windows 防火墙】选项，如图 2-42 所示。

图 2-41｜选择【查看网络状态和任务】选项

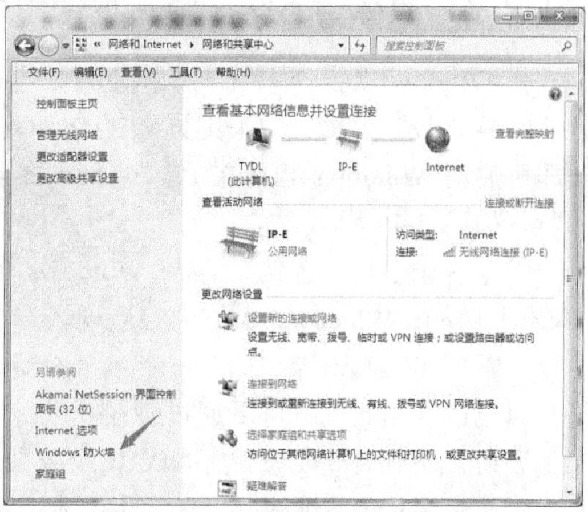

图 2-42｜选择【Windows 防火墙】选项

（3）在新的窗口中选择左侧边栏的【打开或关闭 Windows 防火墙】选项，如图 2-43 所示。

（4）根据自己的需要选择打开或者关闭防火墙，然后单击【确定】按钮即可，如图 2-44 所示。

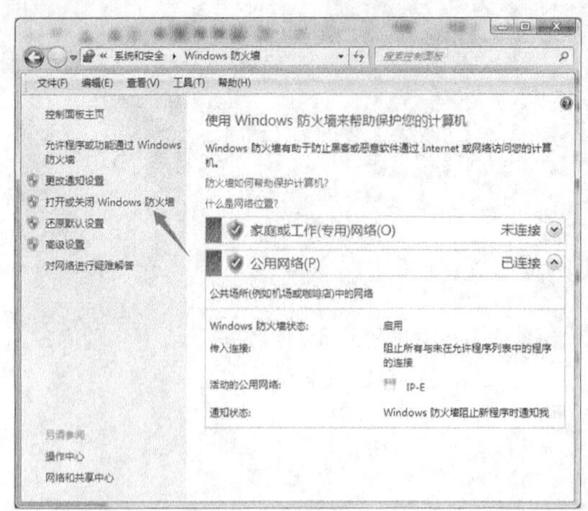

图 2-43｜选择【打开或关闭 Windows 防火墙】选项

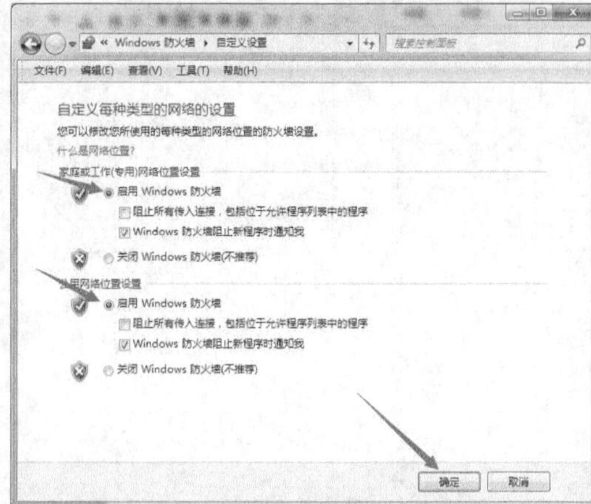

图 2-44｜启用或关闭防火墙

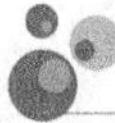

2.6 Windows 7 多媒体

在 Windows 7 的多媒体特性中，Windows 媒体中心（Windows Media Center）无疑是最为引人注目的功能之一。它除了能够提供 Windows Media Player 的全部功能之外，还在多媒体功能上进行了全新的打造，为用户提供了一个从图片、音频、视频到通信交流等的全方位应用平台。Windows 媒体中心的所有操作都基于炫酷的图形化效果，可以以电影幻灯片的形式查看照片、通过封面浏览音乐集，轻松播放 DVD、观看并录制各类视频等。通过 Windows 媒体中心即可在 PC 端设备或电视上欣赏完整庞大的多媒体库，尽享极致快乐。下面介绍 Windows 7 中的媒体中心等多媒体功能。

2.6.1 媒体中心初体验：视觉与功能的完美结合

在 Windows 7 操作系统中单击【开始】按钮，接着在搜索框中输入“media center”或者“媒体中心”等相关的关键词，Windows 7 即会启动搜索功能，只要单击搜索出来的选项即可启动 Windows 媒体中心。Windows 媒体中心带来了有趣且极具视觉冲击力的外观体验，如图 2-45 所示。

以【音乐】功能为例，查看 Windows 媒体中心所提供的媒体播放和管理功能。进入【音乐】功能，Windows 媒体中心展现了一个十分美观的界面，在默认显示的【唱片集】中可以看到 Windows 7 自带的一些音乐资源，它们按照不同的专辑进行显示，每一张专辑都有自己的专辑封面，可以通过键盘、鼠标或者遥控器切换不同专辑的选择。当选中一个专辑后可以看到专辑名、歌手和专辑中歌曲的情况，如图 2-46 所示。

除了【唱片集】视图外，还有【艺术家】【流派】【年份】等多种视图。例如【艺术家】视图可以根据音乐的不同演唱者，条理清晰地排列音乐。

图 2-45｜Windows 媒体中心梦幻般的主界面

图 2-46｜以艺术家视图查看音乐资源

单击【唱片集】进入专辑的界面，其中列出了该专辑下的所有歌曲列表，在此可以通过鼠标、遥控器或者键盘的方式来进行播放。单击界面右上角的两个箭头标志，可以切换到音乐其他命令的显示界面，在此可以编辑唱片集信息、刻录 CD/DVD 和删除唱片集，如图 2-47 所示。

同样单击右上角的箭头标志，即可回到音乐的查看界面。随意单击歌曲或者选择整张唱片集进行播放，这时 Windows 媒体中心会展现新的界面：Windows 媒体中心的每个唱片集的封面都汇聚于此，整个界面看起来像一面音乐墙，让用户在欣赏音乐的同时又可以体验到美妙的视觉效果。

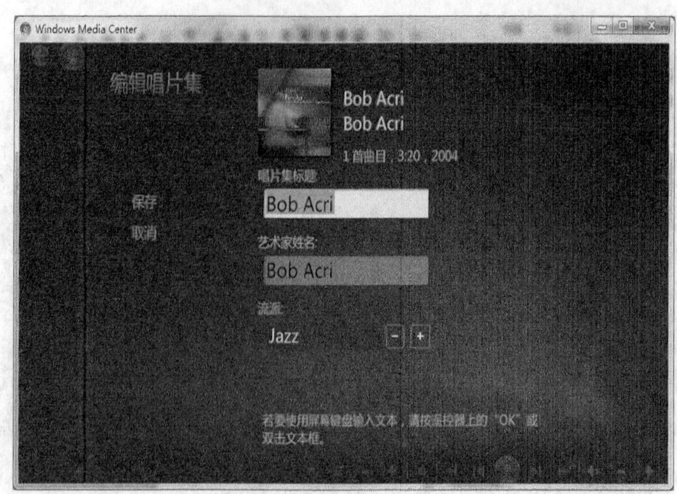

图 2-47 | 编辑唱片集

2.6.2 Windows Media Player

Windows Media Player 一直是 Windows 操作系统中的一个重要组件，在 Windows 7 中同样不可忽视。自从 Windows 3.1 开始附带 Media Player 后，微软的播放器就开始不断地变化，到 Windows 7 系统中的 Windows Media Player 12（以下简称 WPM 12），它不仅在界面有着显著的变化，而且在功能上有更好的体验。

在 WMP 12 中，最大的改变之一就是将媒体库和播放窗口进行了分离。当打开 WMP 12 时，首先看到的是媒体库，如图 2-48 所示。单击右下角的切换按钮，可以调出原来的播放界面。

图 2-48 | WMP 12 启动后的界面

WMP 12 与 Windows 媒体中心的媒体库是互通的，在 Windows 媒体中心里创建的媒体库在 WMP 12 中同样会显示，对于音乐同样可以按【艺术家】【唱片集】【年份】等进行分类排序浏览。

1. 播放方式

WMP 12 有两种播放模式：【播放机库】模式和【正在播放】模式。

（1）【播放机库】模式。在【播放机库】模式下，用户可以全面控制播放机的大多数功能，可以访问并整理数字媒体收藏集，选择要在细节窗格中查看的类别（如音乐、图片或视频）。

（2）【正在播放】模式。【正在播放】模式提供简化媒体视图，让用户在观看视频或听音频时，更加容易控制。

（3）若要从【播放机库】模式切换至【正在播放】模式，只需单击播放机右下角的【切换到正在播放】按钮。若要返回【播放机库】模式，单击播放机右上角的【切换到媒体库】按钮。

2. 复制 CD 与刻录

一般情况下，CD 盘在计算机中不能通过【复制】命令来复制，通过 Windows Media Player 则可复制 CD 并将其作为数字文件存储在计算机上，从而将音乐添加到播放机库中，此过程也称为“翻录”。如果想在计算机以外的设备欣赏各种类型的音乐，可以将这些音乐刻录在 CD 中，连接刻录机并重启播放器后就可以刻录了。

2.6.3 Windows DVD Maker

Windows DVD Maker 用来把视频、音频、图片等制作成 DVD 视频，然后记录成 DVD 光盘，就可以在任何 DVD 播放机上播放，如图 2-49 所示。

图 2-49 | Windows DVD Maker 刻录 DVD

Windows DVD Maker 可直接发布成 MPEG-2 格式，直接从视频摄像机刻录 DVD。同时支持对电影使用各种发布样式，重点突出电影内容并可创建自定义外观。还可选择通过添加光盘标题和注释页面并编辑菜单文本来自定义 DVD。此外，在进行编码时，允许选择和控制视频文件的大小和质量，可以选择标准或宽频格式来发布幻灯片或电影。

2.7 Windows 7 磁盘设备的使用和管理

2.7.1 磁盘格式化

对于新硬盘必须进行格式化才能使用，磁盘格式化是在磁盘上划分磁道和扇区，以便在磁盘上存储信息。但是格式化磁盘是一项危险的操作，如果磁盘上已存有信息，在格式化之前一定要先备份出来，否则格式化后所有信息都会丢失，而且可能永远都无法恢复，所以一定要慎重。

在【计算机】窗口中，选定磁盘图标，这里选择本地磁盘（E:），然后单击鼠标右键，在弹出的快捷菜单中选择【格式化】命令，会弹出【格式化 本地磁盘（E:）】对话框，在此进行格式化，如图 2-50 所示。

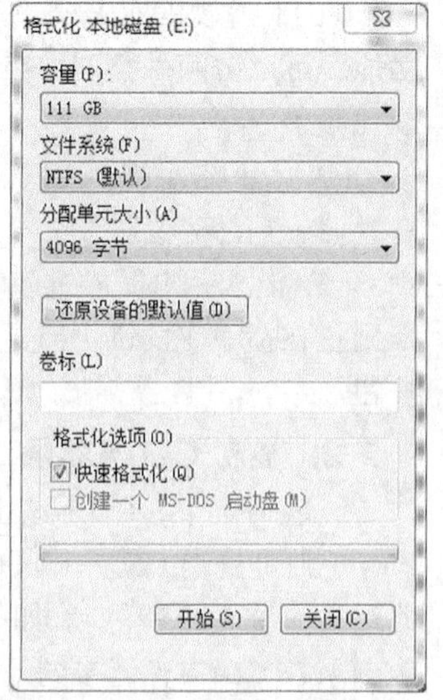

图 2-50｜对磁盘进行格式化

2.7.2 磁盘属性

磁盘属性用来显示磁盘的容量和可用空间，显示和修改磁盘的卷标，进行磁盘维护操作等。

在【我的电脑】窗口中选定磁盘图标，用鼠标右键单击，在弹出的快捷菜单中选择【属性】命令，显示磁盘属性对话框，如图 2-51 所示。

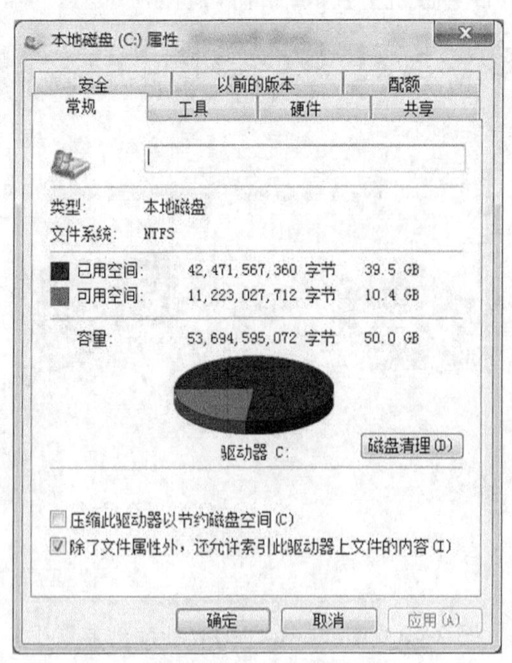

图 2-51｜查看磁盘属性

2.7.3 磁盘碎片整理工具

用户经常对磁盘进行复制、删除等各种操作，会在磁盘上形成大量的碎片。碎片是指磁盘上的非连续的存储空间。磁盘碎片过多会使系统的磁盘读写速度变慢，使系统的整体性能降低。这时就需要通过系统自带的磁盘碎片整理工具，将磁盘的空间分布重新调整，使之连续分布，提高系统的读写效率。

单击【程序】菜单的【附件】中的【磁盘碎片整理工具】命令，弹出【磁盘碎片整理程序】窗口，如图 2-52 所示。在该窗口中，选择要整理的磁盘，先单击【分析磁盘】按钮，对磁盘的碎片进行分析并显示碎片的分布情况。如果磁盘碎片数量过多，系统会提示进行碎片整理，这时单击【磁盘碎片整理】按钮，开始对磁盘碎片进行整理。

图 2-52 | 【磁盘碎片整理程序】窗口

本章小结

本章主要介绍 Windows 7 操作系统的安装、设置及重要管理功能，重点讲解通过资源管理器来管理与配置计算机中的文件（文件夹）及其他资源，使用控制面板来管理计算机，如何使用媒体播放器和 Windows 媒体中心，最后介绍磁盘的管理操作，为管理操作系统和维护计算机打下理论与实践基础。

习题

1. 下列软件中属于系统软件的是（　　）。

A. Windows Media Center　　B. Internet Explorer

C. Microsoft Word 2010　　D. Mac OS X

2. 下列软件中属于应用软件的是（　　）。

A. Red Flag Linux　　B. Sun Solaris

C. Windows Phone　　D. Adobe Acrobat XI

3. 可执行程序的扩展名是（　　）。

A. exe　　B. gif　　C. jpg　　D. docx

4. 控制面板的查看方式有多种：类别、大图标和（　　）。

A. 小图标　　B. 详细信息　　C. 超大图标　　D. 列表

5. Windows 7 系统中自带的电源管理计划包括：平衡、节能和（　　）。

A. 高性能　　B. 超节能　　C. 美观　　D. 高亮度

6. Windows 7 系统是一个（　　）操作系统。

A. 单用户单任务　　B. 多用户多任务

C. 多用户单任务　　D. 单用户多任务

7. 用户可以更改现有文件和文件夹，但不能创建新文件和文件夹的权限级别是（　　）。

A. 完全控制　　B. 修改　　C. 读取和执行　　D. 写入

8. 在 Windows 7 的各个版本中，支持的功能最少的是（　　）。

A. 家庭普通版　　B. 家庭高级版　　C. 专业版　　D. 旗舰版

9. 文件的类型可以根据（　　）来识别。

A. 文件的大小　　B. 文件的用途

C. 文件的扩展名　　D. 文件的存放位置

10. 在 Windows 7 操作系统中，将打开窗口拖动到屏幕顶端，窗口会（　　）。

A. 关闭　　B. 消失　　C. 最大化　　D. 最小化

第 3 章

计算机网络基础与互联网

理论要点：

1. 计算机网络的概念、功能、分类以及组成；
2. 计算机网络的协议及其作用；
3. 互联网接入、IP 地址、域名；
4. 网络安全基本知识及技术。

技能要点：

1. 浏览、保存及收藏互联网上的信息；
2. 使用 Outlook Express 收发、管理电子邮件；
3. 个人计算机的安全。

3.1 认识计算机网络

3.1.1 计算机网络的概念

计算机网络是现代计算机技术与通信技术密切结合的产物，是随着社会对信息共享和信息传递的日益增强的需求而发展起来的，而互联网（Internet）是全球最大、应用最广泛的计算机网络。

1. 什么是计算机网络

计算机网络就是利用通信设备和线路将地理位置不同、功能独立的多个计算机系统连接起来，以功能完善的网络软件实现网络中的资源共享和信息传输的系统。最简单、最小的计算机网络可以是两台计算机的互联，最复杂的、最大的计算机网络是全球范围的计算机的互联。最普遍的、最通用的计算机网络是一个局部地区乃至一个国家的计算机的互联。

2. 计算机网络的功能

（1）资源共享

资源包括硬件资源（包括大型存储器、外部设备等）、软件资源（包括语言处理程序、服务程序和应用程序）和数据信息（包括数据文件、数据库和数据库软件系统）。资源共享是指网络上的用户可以部分或全部地享受这些资源，从而大大提高系统资源的利用率。

（2）信息传送和集中处理

信息传送可以用来实现计算机与终端或其他计算机之间各种数据信息的传输。用户可以利用这一功能，通过计算机网络对地理位置分散的生产单位或业务部门进行集中的控制与管理。

（3）均衡负荷与分布处理

网络中的各台计算机可以通过网络彼此互为后备机，系统的可靠性大大提高。当网络中的某台计算机任务过重时，网络可以将新的任务转交给其他较空闲的计算机来完成，也就是均衡各计算机的负载，提高每台计算机的可用性，从而达到均衡使用网络资源，实现分布处理的目的。

（4）综合信息业务

计算机网络可以向全社会提供各种经济信息、科研情报和咨询服务。例如，WWW 就是最典型的应用。还有综合业务数字网（ISDN），它将电话机、传真机、电视机和复印机等办公设备纳入计算机网络中，向用户提供数字、语音、图形和图像等多种信息的传输服务。

3. 计算机网络的应用

计算机网络除了拥有基本的数据交换功能外，还具有下列方面的功能。

（1）远程登录

从一个地点的计算机上可以登录到另一个地点的计算机上，进行交互对话、数据交换等。

（2）电子邮件

通过网络发送和接收电子邮件，邮件中可以包含文字、声音、图形和图像等信息。

（3）电子数据交换

电子数据交换是计算机在商业中的应用。通过网络进行交易时，它以共同认可的数据格式，在贸易双方的计算机之间传输数据，提高效率。

（4）联机会议

会议人员可在各自的计算机上参加会议的讨论与发言，并可以将文本、声音和图像等信息传送到其他的计算机上。

4. 计算机网络的组成

从系统功能的角度来看，计算机网络主要由资源子网和通信子网两大部分组成。

（1）资源子网

资源子网由拥有资源的主计算机和终端组成。资源子网负责全网的数据处理，提供网络资源和网络服务。

- 主计算机（Host）：大型机、中型机、小型机、终端工作站。
- 终端（Terminal）：简单的输入、输出终端设备。

（2）通信子网

通信子网由网络节点、通信链路等设备组成。通信子网负责提供网络通信功能，完成数据的传输、交换、控制。

- 网络节点：交换机、集线器、路由器等信息交换设备。
- 通信链路：通信介质，双绞线、同轴电缆、光导纤维、红外线、无线电、微波等。

图 3-1 所示为资源子网和通信子网结构。

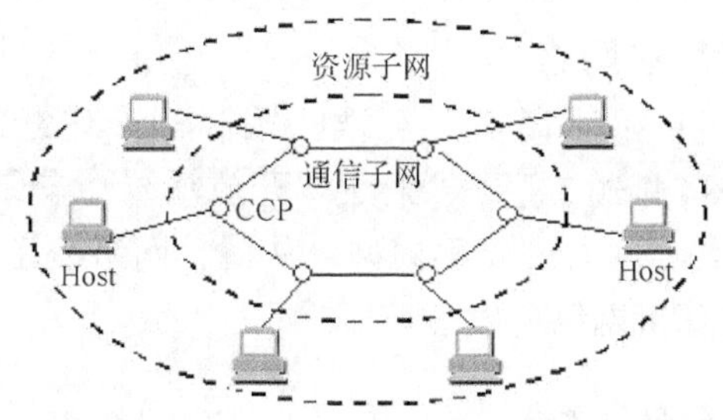

图 3-1｜计算机网络的组成

3.1.2 计算机网络演变与发展

计算机网络出现的历史不长，但发展很快，经历了一个从简单到复杂的演变过程。它的演变过程，可以概括为面向终端的计算机网络、计算机—计算机网络和开放式标准化计算机网络三个阶段。

1. 面向终端的计算机网络

以单个计算机为中心的远程联机系统，构成面向终端的计算机网络。用一台中央主机连接大量的地理上处于分散位置的终端，如 20 世纪 50 年代初美国的 SAGE 系统。图 3-2 所示为面向终端的计算机网络结构。

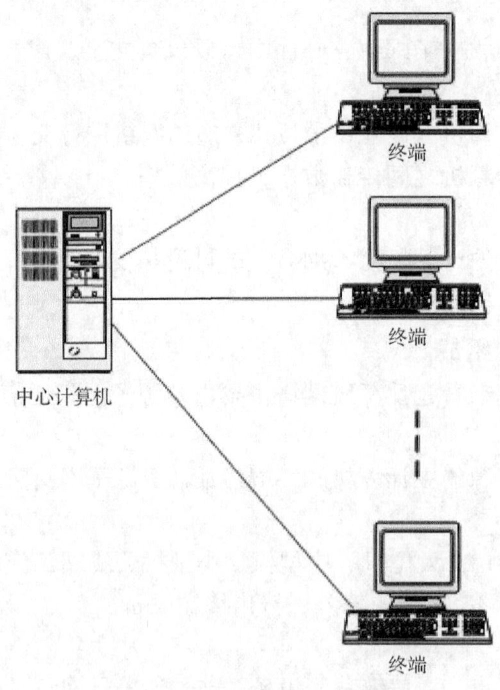

图 3-2 | 面向终端的计算机网络结构

2. 计算机—计算机网络

20 世纪 60 年代中期，出现了多台计算机互连的系统，开创了“计算机—计算机”通信时代，并存多处理中心，实现资源共享。例如，美国的 ARPA 网、IBM 的 SNA 网、DEC 的 DNA 网都是成功的典例。这个时期的网络产品是相对独立的，未有统一标准。

3. 开放式标准化计算机网络

由于相对独立的网络产品难以实现互连，国际标准化组织（Internation Standards Organization，ISO）于 1984 年颁布了一个称为“开放系统互连参考模型”的国际标准 ISO 7498，简称 OSI/RM，即著名的 OSI 7 层模型。从此，网络产品有了统一标准，促进了企业的竞争，大大加速了计算机网络的发展。

3.1.3 计算机网络的分类

计算机网络有不同的方法。常见的分类方法有以下几种。

1. 按地理范围分类

按地理范围分类，计算机网络可以分为广域网、局域网和城域网三种。

（1）广域网（Wide Area Network，WAN）

广域网又称远程网，其分布范围可达数百千米乃至更远，可以覆盖一个地区、一个国家，甚至全世界。

（2）局域网（Local Area Network，LAN）

局域网是将小区域内的计算机及各种通信设备连接在一起的网络，其分布范围局限在一个办公室、一个建筑物或一个企业内。

（3）城域网（Metropolitan Area Network，MAN）

城域网分布范围介于局域网与广域网之间，其目的是在一个较大的地理区域内提供数据、声音和图像的传输。

2. 按交换方式分类

按网络交换方式分类，计算机网络可以分为电路交换网、报文交换网和分组交换网三种。

（1）电路交换网（Circuit Switching）

电路交换网类似于传统的电话交换方式，用户在开始通信之前，必须申请建立一条从发送端到接收端的物理通道，并且在双方通信期间始终占用该通道。

（2）报文交换网（Message Switching）

该方式的数据单元是要发送一个完整报文，其长度不受限制。报文交换网采用存储转发原理，这点类似古代的邮驿，邮件由途中的驿站逐个存储转发。每个报文中含有目的地址，每个用户节点要为途径的报文选择适当的路径，使其能最终达到目的端。

（3）分组交换网（Packet Switching）

分组交换也称包交换方式，采用分组交换网通信前，发送端先将数据划分为一个个等长的单位（即分组），这些分组逐个由各中间节点采用存储转发方式进行传输，最终达到目的端。这些分组由于长度有限，可以在中间节点机的内存中进行存储处理，其转发速度可大大提高。

3. 按拓扑结构分类

从拓扑学的观点看，计算机网络是由一组节点和链路组成的几何图形，这种几何图形就是计算机网络的拓扑结构，它反映了网络中各种实体间的结构关系。网络拓扑结构设计是构建计算机网络的第一步，也是实现各种网络协议的基础，它对网络的性能、可靠性和通信费用等都有很大的影响。按拓扑结构分类，计算机网络可以分为总线型网、环形网、星形网和网状形网。

（1）总线型网

总线型拓扑结构由单根电缆组成，该电缆连接网络中所有节点。单根电缆称为总线，所有节点共享总线的全部带宽。在总线型网中，当一个节点向另一个节点发送数据时，所有节点都将被动地侦听该数据，只有目标节点接收并处理发送给它的数据，其他节点将忽略该数据，如图3-3（a）所示。

总线型网很容易实现，而且组建成本很低，但其扩展性较差。当网络中的节点数量增加时，网络的性能将下降。此外，总线型网的容错能力较差，总线上的某个节点中断或故障将会影响整个网络的数据传输。因此，很少有网络采用一个单纯的总线型拓扑结构。

（2）环形网

在环形拓扑结构中，每个节点与两个最近的节点相连接以使整个网络形成一个环形，数据沿着环向一个方向发送。环中的每个节点如同一个能再生和发送信号的中继器，它们接收环中传输的数据，再将其转发到下一个节点，如图 3-3（b）所示。

与总线型网相同，当环形中的节点不断增加时，响应时间也就变长。因此，单纯的环形网非常不灵活或不易于扩展。此外，在一个简单的环形网中，单个节点或一处线缆发生故障将会造成整个网络瘫痪。因此，一些网络采用双环结构以提高容错能力。

（3）星形网

在星形网中，网络中的每个节点通过一个中央设备，如集线器连接在一起。网络中的每个节点将数据发送到中央设备，再由中央设备将数据转发到目标节点。

一个典型的星形网所需的线缆和配置稍多于环形网或总线型网。由于在星形网中任何单根电线只连接两个设备（如一个工作站和一个集线器），因此电缆问题最多影响两个节点。单个电缆或节点发生故障，不会导致整个网络的通信中断，但中央设备的失败将会造成一个星形网瘫痪，如图 3-3（c）所示。

由于使用中央设备作为连接点，星形网可以很容易地移动、隔绝或与其他网络连接，这使得星形网更易于扩展。因此，星形网是目前局域网中最常用一种网络拓扑结构，现在的以太网都使用星形拓扑结构。

（4）网状形网

在网状形网中，每两个节点之间都直接互连。网状形网常用于广域网，在这种情况下，节点指地理场所。由于每个地点都是互连的，数据能够从发送地直接传输到目的地。如果一个连接出了问题，将能够轻易并迅速地更改数据的传输路径。由于对两点之间的数据传输提供多条链路，因此，网状形网是最具容错性的网络拓扑结构，如图 3-3（d）所示。

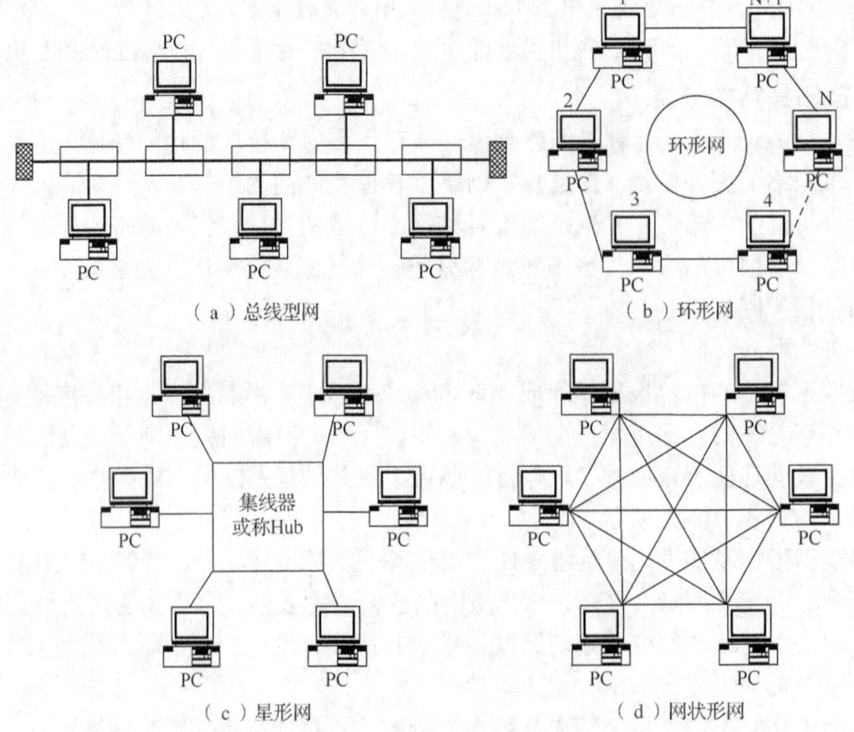

图 3-3｜网络拓扑结构示意图

网状形网的一个缺点是成本问题。将网络中的每个节点与其他节点相连接需要大量的专用线路。为缩减开支，可以选择半网状。在半网状形网中，网络中关键的节点直接连接，而通过星形网或环形网连接次要的节点。与全网状形网相比，半网状形网更加实用，因而在当前的实际应用中更加广泛。

4. 按通信传输介质分类

传输介质是指数据传输系统中发送装置和接收装置间的物理媒体。按通信传输介质分类，计算机网络可以分为有线网和无线网两大类。

（1）有线网

传输介质采用有线介质连接的网络称为有线网，常用的有线传输介质有双绞线、同轴电缆、光纤。

（2）无线网

采用无线介质连接的网络称为无线网。目前无线网主要采用三种技术：微波通信、红外线通信和激光通信。这三种技术都是以大气为介质的。其中，微波通信用途最广，目前的卫星网就是一种特殊形式的微波通信，它利用地球同步卫星作中继站来转发微波信号，一个同步卫星可以覆盖地球三分之一以上表面，3 个同步卫星就可以覆盖地球上全部通信区域。

除了以上分类方法以外，计算机网络还可按所采用的传输媒体分为双绞线网、同轴电缆网、光纤网、无线网；按信道的带宽分为窄带网和宽带网；按不同用户分为科研网、教育网、商业网和企业网等。

3.1.4 计算机网络的协议及其作用

通过通信信道和设备互连起来的多个不同地理位置的计算机系统，要使其能协同工作以实现信息交换和资源共享，它们之间必须具有共同的语言。交流什么、怎样交流及何时交流，都必须遵循某种互相都能接受的规则。

1. 网络协议

两个计算机间通信时对传输信息内容的理解、信息表示形式以及各种情况下的应答信号都必须进行一个共同的约定，我们称之为协议（Protocol）。一般来说，协议要由如下三个要素组成。

语义（Semantics）：涉及用于协调和差错处理的控制信息，解决“讲什么”。

语法（Syntax）：涉及数据及控制信息的格式、编码及信号电平等，解决“怎么讲”。

定时（Timing）：涉及速度匹配和排序等，解决“何时讲”。

协议本质上是一种网上交流的约定，由于联网的计算机类型各不相同，各自使用的操作系统和应用软件也不尽相同。

2. OSI（开放系统互联参考模型）

由于各种局域网的不断出现，迫切需要异种网络及不同机种互联，以满足信息交换、资源共享及分布式处理等需求，而这就要求计算机网络体系结构的标准化。

1984 年，国际标准化组织公布了一个作为未来网络体系结构的模型，该模型被称为开放系统互联参考模型（Open System Interconnection，OSI）。这一系统标准将所有互联的开放系统划分为功能上相对独立的 7 层，从最基本的物理连接到最高层次的应用。

OSI 参考模型描述了信息流自上而下通过源设备的 7 个结构层次，然后自下而上穿过目标设备的 7 层模型，如图 3-4 所示。

信息交换在底下 3 层由硬件完成，而到了高层（4 至 7 层）则由软件实现。例如通信线路及网卡就是承担物理层和数据链路层两层协议所规定的功能。

采用层次思想的计算机网络体系结构的标准化，为网络的构成提供了最终的数据，成为各类网络软件的设计基础。

3. Internet 协议

目前，全球最大的网络是互联网（Internet），它所采用的网络协议是 TCP/IP。它是互联网的核心技术。TCP/IP 具体来说就是传输控制协议（Transmission Control Protocol，TCP）和网际协议（Internet Protocol，IP）。其中，TCP 用于负责网上信息的正确传输，而 IP 则是负责将信息从一处传输到另一处。

TCP/IP 组织信息传输的方式是一种 4 层的协议方式。图 3-5 所示为简化的 OSI 层次模型。

第七层	应用层
第六层	表示层
第五层	会话层
第四层	传输层
第三层	网络层
第二层	数据链路层
第一层	物理层

图 3-4｜OSI 参考模型

应用层	Telnet、FTP 和 E-mail 等
传输层	TCP 和 UDP
网络层	IP、ICMP 和 IGMP
链路层	设备驱动程序及接口卡

图 3-5｜简化的 OSI 层次模型

3.1.5 计算机网络的硬件设备

计算机网络的硬件是由网络传输介质、网络互连设备和资源设备构成的。

1. 计算机网络的传输介质

计算机网络常用的传输介质有同轴电缆、双绞线和光缆，以及在无线 LAN 情况下使用的辐射媒体。

（1）同轴电缆

同轴电缆在实际中应用很广，如有线电视网就使用同轴电缆。同轴电缆可分为粗缆和细缆两类，不论是粗缆还是细缆，其中央都是一根铜线，外面包有绝缘层。同轴电缆由内部导体环绕绝缘层以及绝缘层外的金属屏蔽网和最外层的护套组成，如图 3-6 所示。这种结构的金属屏蔽网可防止中心导体向外辐射电磁场，也可用来防止外界电磁场干扰中心导体的信号。

粗缆传输距离长，性能高，但成本高，主要用于大型局域网干线。细缆传输距离短，相对便宜。

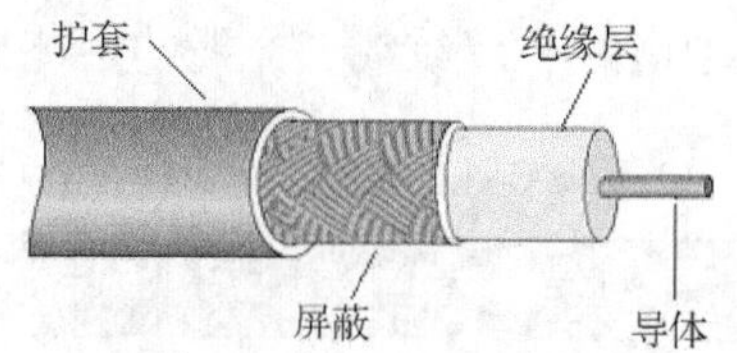

图 3-6｜同轴电缆结构

（2）双绞线

双绞线（Twisted Pairwire，TP）是综合布线工程中最常用的一种传输介质，由相互按一定扭矩绞合在一起的类似于电话线的传输媒体，每根线加绝缘层并有色标来标记，如图 3-7 所示。成对线的扭绞旨在使电磁辐射和外部电磁干扰减到最小。目前，双绞线可分为非屏蔽双绞线（Unshielded Twisted Pair，UTP）和屏蔽双绞线（Shielded Twisted Pair，STP）。用户平时一般接触比较多的就是 UTP 线。局域网中常用的 UTP 双绞线分为 3 类、4 类、5 类、超 5 类和 6 类等。

使用双绞线组网，双绞线和其他网络设备（如网卡）连接必须是 RJ45 接头（也叫水晶头）。图 3-8 所示是 RJ45 接头。

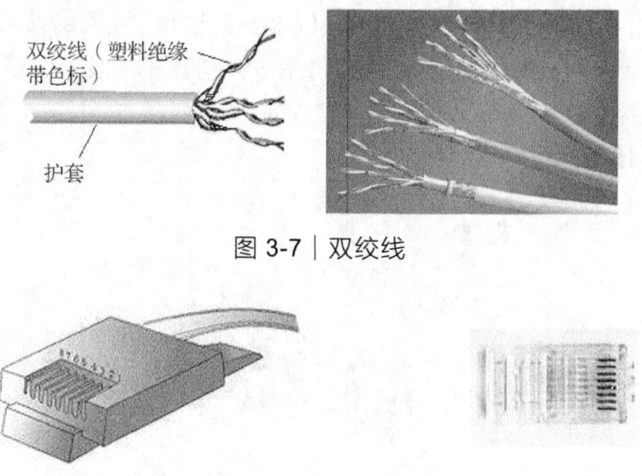

图 3-7｜双绞线

图 3-8｜RJ45 接头

（3）光缆

光缆是由许多细如发丝的塑胶或玻璃纤维外加绝缘护套组成的，图 3-9 所示为光缆结构，光束在玻璃纤维内传输，防磁防电，传输稳定，质量高，适于高速网络和骨干网。光纤与电导体构成的传输媒体最基本的差别是，它的传输信息是光束，而非电气信号。因此，光纤传输的信号不受电磁的干扰。

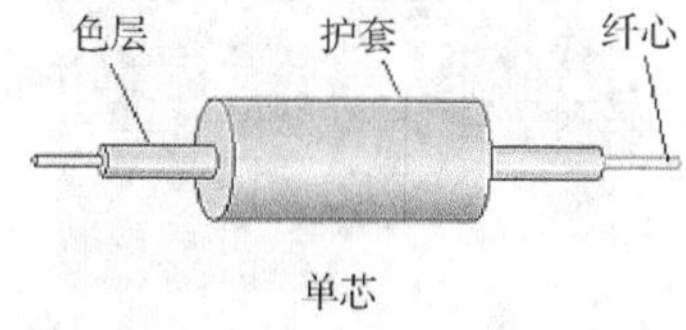

图 3-9｜光纤结构

表 3-1 是三种传输媒介同轴电缆、双绞线、光缆的性能比较。

表 3-1　性能比较表

传输媒介	价格	电磁干扰	频带宽度	单段最大长度（米）
UTP	最便宜	高	低	100
STP	一般	低	中等	100
同轴电缆	一般	低	高	500
光缆	最高	没有	极高	上万

（4）无线媒体

无线媒体不使用电子或光学导体，可解决很多特殊场所下不便使用有线介质的问题，应用于难以布线的场合或远程通信。大多数情况下，地球的大气便是数据的物理性通路。无线媒体有三种主要类型：无线电、微波及红外线。

2. 计算机网络的互联设备

（1）网卡

网卡（Network Interface Card，NIC）又称网络适配器或网络接口卡，是计算机联网的设备。网卡插在计算机主板插槽中，负责将用户要传递的数据转换为网络上其他设备能够识别的格式，然后通过网络介质传输。网卡接收数据的方式分有线和无线两种，后者称为无线网卡。图 3-10 所示为有线网卡。

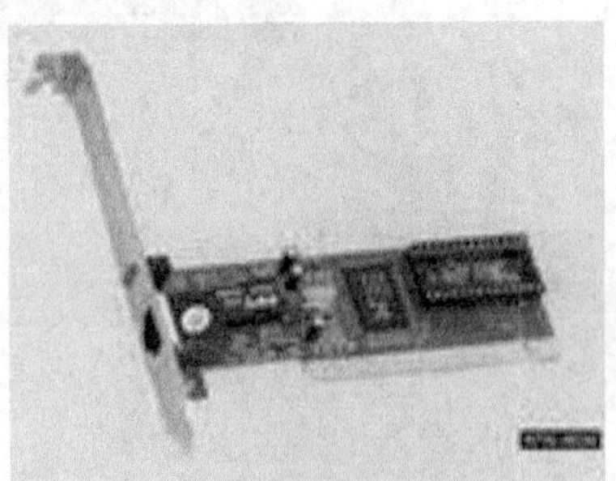

图 3-10｜有线网卡

（2）中继器

中继器（Repeater）用于同一网络中两个相同网络段的连接。对传输中的数字信号进行再生放大，用以扩展局域网中连接设备的传输距离，如图 3-11 所示。

图 3-11｜中继器

（3）集线器

集线器（Hub）用于局域网内部多台微机终端（或工作站）与服务器之间的连接。图3-12所示为集线器上提供多个微机连接端口。使用集线器可以减轻网络布线工作量，也便于故障的定位与排除。集线器还具有再生放大和管理多路通信的功能。集线器工作在OSI的第一层，即物理层。

图 3-12 | 集线器

（4）交换机

交换机（Switch）用于网络设备的多路对多路的连接，采用全双工的传输方式，与集线器一对多的连接方式相比，交换机的多对多连接增加了通信的保密性，在两点之间通信时对第三方完全屏蔽。图 3-13 所示为多台交换机堆叠。交换机具有路由的功能，它工作在OSI的第二层，即数据链路层。

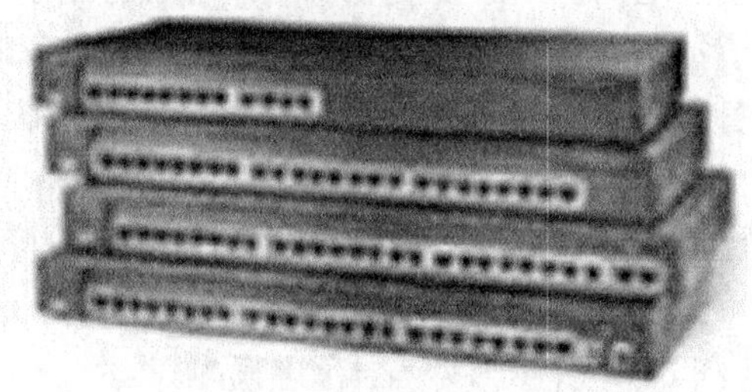

图 3-13 | 多台交换机堆叠

（5）网桥

网桥适用于同种类型局域网间的连接设备。它将一个网的帧格式转换为另一个网的帧格式并进入另一个网中。网桥可以将大范围的网络分成几个相互独立的网段，使某一网段的传输效率提高，而各网段之间还可以通过网桥进行通信和访问。用户可以通过网桥连接局域网，提高各子网的性能和安全性。网桥工作在OSI的第二层，即数据链路层。

（6）路由器

路由器具有判断网络地址、选择路径、数据转发和数据过滤的功能，它在复杂的网络互联环境中建立非常灵活的连接。在网络层中，路由器对数据链路层的数据包“拆包”，查看网络层的IP地址，确定数据包的路由，然后再对数据链路层信息“打包”，最后将该数据包转发。路由器工作在OSI的第三层，即网络层上实现多个网络互联的设备。路由器的功能可以由硬件实现，也可以由软件实现，或者一部分功能由软件实现，另一部分功能由硬件实现。

由路由器互联的网络经常被用于多个局域网、局域网与广域网及不同类型网络的互连。图 3-14 所示为有线路由器和无线路由器。

图 3-14 | 有线路由器和无线路由器

（7）网关

网关具有路由器的全部功能，它连接两个不兼容的网络，主要的职能是通过硬件和软件完成由于不同操作系统的差异引起的不同协议之间的转换。网关工作在网络传输层或更高层，主要用于不同体系结构的网络或局域网同大型计算机的连接，如局域网需要通过网关连接到广域网，即互联网上。

（8）调制解调器

用户要通过电话线拨号上网，就需要使用调制解调器。调制解调器的作用是把计算机输出的数字信号转换为模拟信号，这个过程称作“调制”。经调制后的信号通过电话线路进行传输，把从电话线路中接收到的模拟信号转换为数字信号输入计算机，这个过程称作“解调”。

调制解调器分为内置式和外置式。内置式调制解调器是一个可以插入计算机主板扩展槽的板卡；外置式调制解调器需要外接电源，用通信电缆与计算机的通信口（COM1、COM2、USB）相连接。图 3-15 所示为外置式调制解调器。

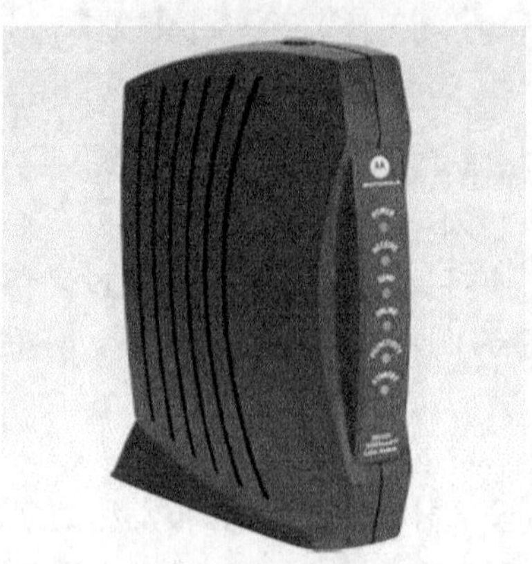

图 3-15 | 外置式调制解调器

3. 资源设备

（1）服务器

服务器（Server）是为网络上的其他计算机提供信息资源的功能强大的计算机。根据服务器在网络中所起的作用，其可进一步划分为文件服务器、打印服务器、通信服务器等。

文件服务器可提供大容量磁盘存储空间，为网上各微机用户共享；打印服务器负责接收来自客户机的打印任务，管理安排打印队列和控制打印机的打印输出；通信服务器负责网络中各客户机对主计算机的联系，以及网与网之间的通信等。

在基于 PC 的局域网中，网络的核心是服务器。服务器可由高档微机、工作站或专门设计的计算机（即专用服务器）充当。各类服务器的职能主要是提供各种网络上的服务，并实施网络的各种管理。

（2）客户机

客户机（Client）是网络中用户使用的计算机，可使用服务器所提供的各类服务，从而提高单机的功能。

（3）网络操作系统

网络操作系统（Network Operating System）是网络用户与计算机网络之间的接口，是管理网络软件、硬件的灵魂。网络操作系统除了具有一般操作系统的处理机管理、存储管理、设备管理、作业管理、文件管理的功能外，还应具有网络通信、网络服务（如远程作业、文件传输、电子邮件、远程打印等）的功能。

目前广泛使用的计算机网络操作系统有 UNIX、Windows Server 及 Linux 等。UNIX 网络操作系统可跨越微机、小型机、大型机；Windows Server 是 Microsoft 公司推出的可运行在微机和工作站上的、面向分布式图形应用的网络操作系统；Linux 是一个开源的网络操作系统，目前广泛运用于企业服务器中。

3.2 认识及使用互联网

3.2.1 互联网简介

互联网（Internet）是一个建立在网络互连基础上的最大的、开放的全球性网络。互联拥有数千万台计算机和上亿个用户，是全球信息资源的超大型集合体。所有采用 TCP/IP 的计算机都可以加入互联网，实现信息共享和互相通信。与传统的书籍、报刊、广播、电视等传播媒体相比，互联网使用更方便，查阅更快捷，内容更丰富。

互联网起源于 20 世纪 60 年代中期由美国国防部高级研究计划局（ARPA）资助的 ARPANET，此后提出的 TCP/IP 为互联网的发展奠定了基础。1986 年，美国国家科学基金会（NSF）的 NSFNET 加入互联网主干网，由此推动互联网的发展。但是，互联网的真正飞跃发展应该归功于 20 世纪 90 年代的商业化应用。此后，世界各地无数的企业和个人纷纷加入，终于发展演变成今天成熟的互联网。

我国正式接入互联网是在 1994 年 4 月，当时为了发展国际科研合作的需要，中国科学院高能物理研究所和北京化工大学开通了到美国的互联网专线，相关历史知识请学生自行查阅。

3.2.2 IP 地址与域名

互联网中每一台上网计算机是靠分配的标识来定位的，互联网为每一个入网用户单位分配一个识别标识，这样的标识可表示成 IP 地址或域名地址。

1. IP 地址

IP 地址可以视为网络上的门牌号码，它唯一地标识出主机所在的网络（网络地址部分）和网络中位置的编号（主机地址部分），可以表示为如下形式。

IP 地址=网络地址+主机地址

目前互联网使用的地址大部分是 IPV4 地址。

IP 地址的长度为 32 位二进制数，分成 4 个 8 位二进制组，由“.”分隔，为了便于阅读，每个 8 位组用十进制数 0～255 表示，这种格式称为点分十进制。

例如，IP 地址用二进制表示为 11010010.00100000.10000101.10010110，用点分十进制表示为 210.32.133.150。

互联网的网络地址分为 5 类，即 A、B、C、D 和 E，目前常用的为前 3 类。每类网络中 IP 地址的网络号长度和主机号长度都有所不同，如图 3-16 所示。

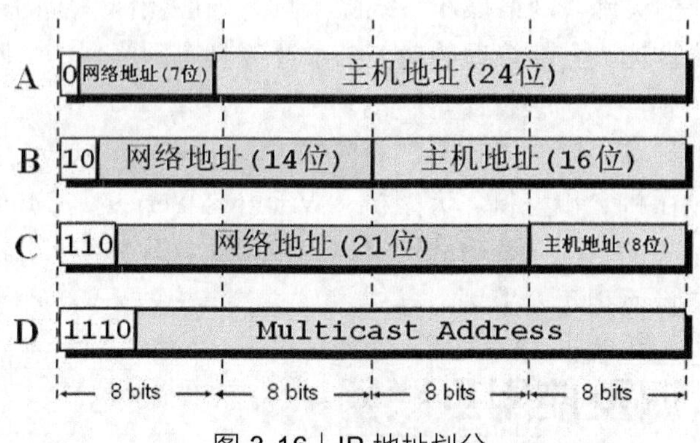

图 3-16 | IP 地址划分

A 类的网络号占 1 个字节，即最高 8 位，其中最高位固定为 0，所以 A 类的网络号范围是 1～126，主机号多达 16387046 个，因此适用于网络数较少而网内配置大量主机的情况。

B 类的网络号占 2 个字节，即前两个 8 位，其中最高两位固定为 10，所以 B 类的网络号范围是 128.0～191.255，每个网络号可连接的主机有 64516 个，因此适用于中等规模网络配置的情况。

C 类网络号占 3 个字节，即前三个 8 位，其中最高三位固定为 110，所以 C 类的网络号范围是 192.0.0～223.255.255，此类地址共有 2097151 个，每个可连接的主机数为 254 个，适合于可连接主机数少的情况。

A 类地址：1.0.0.0～127.255.255.255

B 类地址：128.0.0.0～191.255.255.255

C 类地址：192.0.0.0～223.255.255.255

2. 域名

32 位二进制数 IP 地址对计算机来说是十分有效的，但记忆一组并无意义的且无任何特征的 IP 地址是困难的。为此，Internet 引进了字符形式的 IP 地址，即域名。域名采用层次结构的基于“域”的命名方案，每一层由一个子域名组成，子域名之间用“.”分隔，其格式为：机器名.网络名.机构名.最高域名。

Internet 的域名由域名系统（Domain Name System，DNS）统一管理。DNS 是一个分布式数据库系统，由域名空间、域名服务器和地址转换请求程序三部分组成。有了 DNS，凡域名空间中有定义的域名都可以有效地转换为对应的 IP 地址；同样，IP 地址也可通过 DNS 转换成域名。

在 Internet 上，域名和 IP 地址都是唯一的。

通常，最高域名可以是国名（或地区名）或领域名。国家名（或地区名）有如：CN 代表中国、JP 代表日本；领域名有如：GOV 代表政府机构、COM 代表商业机构、EDU 代表教育机构、AC 代表科研机构等。另外，由于互联网起源于美国，所以美国的域名没有国家部分。在互联网中，每个域都有各自的域名服务器，它们管辖着注册到该域的所有主机，是一种树形结构的管理模式，在域名服务器中建立了本域中的主机名与 IP 地址的对照表。当该服务器收到域名请求时，将域名解释为对应的 IP 地址，对于本域内不存在的域名则回复没有找到相应域名项信息；而对于不属于本域的域名则转发给上级域名服务器去查找对应的 IP 地址。

3.2.3 互联网接入方式

对一般用户而言，要想使用互联网就必须将其计算机连接到互联网网络，或者通过公共的互联网服务提供商（Internet Service Provider，ISP）接入互联网，或者通过单位的网络中心接入互联网。连接 Internet 的方法有两种，一种是拨号上网，另一种是局域网直接连接。

1. 通过局域网直接连接

通过局域网直接连接需要的条件是必须连接到一个与互联网连接的网络，这需要安装网络适配卡，还需在计算机上安装 TCP/IP，如系统运行的是 Windows 系统，则还需要 Winsock 的支持。所能得到的服务是互联网所能提供的各种服务，如电子邮件、新闻、Gopher 服务、各种环球网信息服务 Web 等。

2. 终端仿真拨号上网

在硬件方面，要采用电话和调制解调器，通过调制解调器拨号登录到互联网上的一台主机上，将本地计算机仿真为远端主机的远程终端，利用远程主机的软件来使用互联网，这时本地的计算机没有一个独立的 IP 地址，而网络上的用户也根本不知道有一台计算机连上互联网。用户使用这种方式能享受的互联网服务取决于远程主机。远程主机不能提供的服务，本地用户无法享用。现在这种接入方式已经很少使用，更多的拨号用户都使用点对点协议（Point to Point Protocol，PPP）的直接连接方式。

3. 采用 SLIP/PPP 上网

这种方式虽然也是通过调制解调器和电话线登录，但它不是仿真终端，它是通过在 PPP 上运行 TCP/IP，与自己的 ISP 或单位网络中心的远程访问服务器建立连接，进入 ISP 或网络中心的局域网，然后通过路由器连入 Internet 网络。本地计算机成为互联网上的一台主机，可以有自己的 IP 地址，除了 ISP 或网络中心不能提供的服务以外，基本上互联网的服务均能享用。

3.2.4 互联网提供的服务

1. 万维网

万维网（World Wide Web，WWW）是瑞士日内瓦欧洲粒子实验室最先开发的一个分布式超媒体信息查询系统，目前是 Internet 上最为先进、交互性能最好、应用最为广泛的信息检索工具。万维网是以超文本标记语言（Hyper Text Markup Language，HTML）与超文本传输协议（Hyper Text Transfer Protocol，HTTP）为基础，提供面向互联网服务的用户界面的信息浏览系统，包括各种各样的信息，如文本、声音、图像、视频等。

2. 电子邮件

电子邮件（Electronic mail，E-mail）是 Internet 上使用最广泛的一种服务。电子邮件可以在两个用户之间交换，也可以向多个用户发送同一封邮件，或将收到的邮件转发给其他用户。电子邮件中除文本外，还包含声音、图像、应用程序等各类计算机文件。此外，用户还可以以邮件方式在 Internet 上订阅电子杂志、获取所需文件、参与有关的公告和讨论组等。

3. 文本传输协议

文本传输协议（File Transfer Protocol，FTP）是 Internet 上文件传输的基础，通常所说的 FTP 是基于该协议的一种服务。FTP 文本传输服务允许 Internet 上的用户将一台计算机上的文件传输到另一台计算机上，几乎所有类型的文件，包括文本文件、二进制可执行文件、声音文件、图像文件、数据压缩文件等，都可以用 FTP 传送。

4. 远程登录

远程登录（Telnet）是远程登录服务的一个协议，该协议定义了远程登录用户与服务器交互的方式。远程登录允许用户在一台联网的计算机登录到一个远程分时系统时，然后像使用自己的计算机一样使用该远程系统。

5. 专题讨论

专题讨论（Usenet）是一个有众多趣味相投的用户共同组织起来的各种专题讨论组的集合，通常也将之称为全球性的电子公告板系统（BBS）。Usenet 用于发布公告、新闻、评论及各种文章供网上用户使用和讨论。讨论内容按不同的专题分类组织，每一类为一个专题组，称为新闻组，其内部还可以分出更多的子专题。

6. Internet 闲谈

Internet 闲谈（Internet Relay Chat，IRC）是互联网上的一个实时通信业务，它可以使接收者和发送者都处于联机状态，使他们直接在互联网上进行交谈。目前国内较著名的中文聊天软件有腾讯公司的微信、QQ 等。

3.2.5 使用 IE 浏览器浏览信息

1. 打开网页的方法

在 Windows 系统中双击浏览器（Internet Explorer，IE）图标可进入 IE 窗口，窗口中显示主页。主页是浏览的起点，从它出发可连接到其他资源。图 3-17 所示为在 IE 中打开厦门海洋职业技术学院主页。

如果要打开某一网页，有以下几种方法。

方法 1：在浏览器的地址栏中输入该网页的地址。IE 具有自动地址补偿功能，如果用户以前访问过该网页，则再输入该网页时，只要输入地址的前面内容，便会显示所有访问过的以此开头的网址，找到后用鼠标选中即可确认网址。

方法 2：对于访问过的网址，还可以单击地址栏右侧的下拉按钮，就会弹出地址栏的下拉列表，这一列表中列出了以前输入过的 URL 地址，单击一个 URL，即可打开该 Web 服务器的主页。

方法 3：单击浏览器的【收藏夹】按钮，可以访问已收藏的网页。

方法 4：在浏览器所显示的网页中，可以看到一些带下划线的文字和图表，它们被称为“超链接”，用于帮助用户寻找相关内容的其他网页资源。当鼠标移近某个“超链接”时，鼠标指针会变成小手形状，此时单击，便可激活并打开另一网页。这种链接的技术，可以使用户以任意的顺序、突破空间的限制，组织和浏览自己感兴趣的网页，这就是超文本所带来的方便之处。

图 3-17｜厦门海洋职业技术学院主页

2. 保存网页信息

浏览网页时，用户可将感兴趣的相关内容保存到自己计算机的硬盘上，便于以后能脱机浏览。

（1）保存当前网页

① 选择【文件】菜单中的【另存为】命令，打开【保存网页】对话框，如图 3-18 所示。

② 选择准备用于保存网页的文件夹，在【文件名】框中输入文件名。

③ 在【保存类型】下拉列表中选择合适的保存类型，单击【保存】按钮。

（2）保存超链接指向的网页

对于网页中超链接指向的网页，可在不打开的情况下，直接存入硬盘。操作步骤如下。

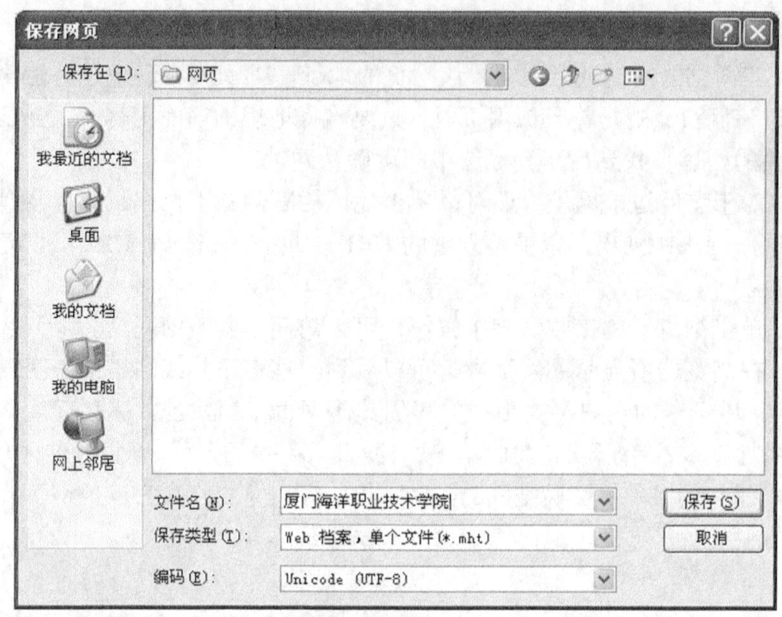

图 3-18 |【保存网页】对话框

① 用鼠标右键单击指向的网页超链接。

② 在弹出的快捷菜单中选择【目标另存为】命令，打开【另存为】对话框。

③ 选择用于保存网页的文件夹，在【文件名】框中输入名称，然后单击【保存】按钮。

（3）保存网页中的图像或背景图片

如果需要将网页中的图像保存到硬盘中，可按下列步骤操作。

① 用鼠标右键单击网页中的图像。

② 在弹出的快捷菜单中选择【图片另存为】命令，打开【保存图片】对话框。

③ 在【保存图片】对话框中选择合适的文件夹，并在【文件名】框中输入文件名称，然后单击【保存】按钮。

如果需要保存网页背景图片，可按下列步骤操作。

① 用鼠标右键单击网页中没有插图也没有超链接的任意区域。

② 在弹出菜单中选择【背景另存为】命令，打开【保存图片】对话框。

③ 在【保存图片】对话框中选择合适的文件夹，并在【文件名】框中输入文件名称，然后单击【保存】按钮。

3. 收藏夹的使用

IE 浏览器的收藏夹可以帮助用户保存自己喜欢的站点地址，在需要时，打开收藏夹便可快速链接到所要的网页。收藏夹是一个专用的文件夹，网页地址以链接文件的方式保存在其中。

（1）添加收藏夹

当用户在 IE 浏览器上找到某个喜欢的网页时，若要将它添加到收藏夹中，只要单击【收藏夹】菜单栏上的【添加到收藏夹】命令，弹出【添加收藏】对话框，如图 3-19 所示，在【名称】栏中给出该网页的标题，用户可以将之改成自己喜欢的任何名称，然后单击【添加】按钮即可。用户也可以根据需要，单击【新建文件夹】按钮，重新创建一个新的收藏夹。

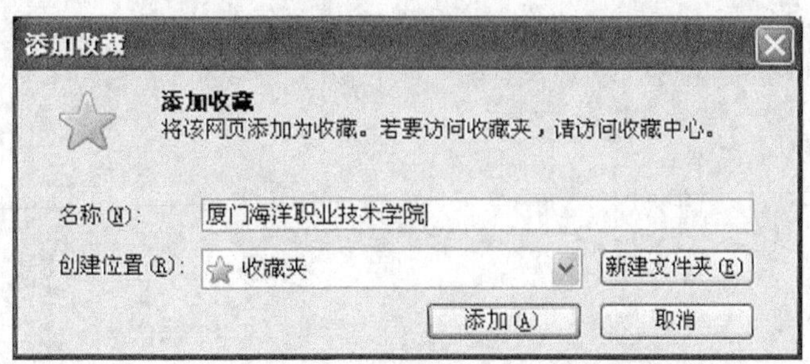

图 3-19 |【添加收藏】对话框

（2）查看收藏夹

将自己喜欢的网页添加到收藏夹的目的是为了在下次浏览时能够快速访问到该网页。下面介绍两个方法：一是单击【收藏夹】菜单，可以看到收藏夹的内容和目录结构，然后找到需要访问的网页，单击该网页地址，IE 就会自动链接到该网页；二是直接单击【收藏夹】工具栏 收藏夹 按钮，在 IE 浏览器的左边将会打开【收藏夹】面板，如图 3-20 所示。

图 3-20 | 查看【收藏夹】面板

4. 互联网上的资源搜索

使用 IE 的搜索功能，可以方便地在互联网上查找需要的资源，具体操作步骤如下。

① 在 IE 浏览器的左上角的文本框中输入需要查找的资源。

② 单击【搜索】按钮 旁边的下三角按钮，选择喜欢的搜索引擎进行搜索，如图 3-21 所示。

图 3-21｜使用搜索

③ 在搜索结果列表中，单击任何链接都可以在浏览器窗口的另一选项卡中显示相应的网页。

3.2.6 使用电子邮件

1. 电子邮件原理

电子邮件是互联网上使用最广泛的一种服务。电子邮件是以电子方式存放在计算机中，称为报文（Message）。计算机网络传送报文的方式与普通邮电系统传递信件的方式类似，采用存储转发方式。如同信件从源地址到达目的地地址要经过许多邮局转发一样。报文从源节点出发后，也要经过若干网络节点的接收和转发，最后到达目的节点，而且接收方收到电子报文阅读后，还可以以文件的方式保存下来，供今后查阅。由于报文是经过计算机网络传送的，其速度要比普通邮政快得多，收费也相对低廉，因而为人们提供了一种人际通信的良好手段。电子邮件报文中除了包含文字信息外，还可以包含声音、图形和图像等多媒体形式的信息。

（1）电子邮件使用的协议

邮件服务器使用的协议有简单邮件传输协议（Simple Message Transfer Protocol，SMTP）、电子邮件扩展协议（Multipurpose Internet Mail Extensions，MIME）和邮局协议（Post Office Protocol，POP）。

（2）邮箱地址及其格式

使用电子邮件系统的用户首先要有一个电子邮件信箱，该信箱在 Internet 上有唯一的地址，以便识别。电子邮件信箱和普通的邮政信箱一样也是私有的，任何人可以将邮件投递到该信箱，但只有信箱的主人才能够阅读信箱中的邮件内容，或从中删除和复制邮件。

电子邮件的信箱地址有规范的地址格式，其格式为：用户标识@主机域名。前一部分为用户标识，可以使用该用户在该计算机上的登录名或其他标识，只要能够区分该计算机上的不同用户即可，如“lisi”；后一部分为用户信箱所在的计算机的域名，如“sohu.com”（搜狐邮件服务器主机域名）。“lisi@sohu.com”就是一个电子邮件的地址。

2. 配置邮件账号

一般说来，账号就是邮箱的用户名，这里介绍使用 Outlook Express 收发邮件。

（1）Outlook Express 简介

Microsoft Outlook Express 是当前常用的一种电子邮件收发软件，包括 Internet 邮件客户程序、新闻阅读程序和 Windows 通信簿，图 3-22 所示为【Outlook Express】主窗口。Microsoft Outlook Express 收发邮件方便易用，可同时管理多个邮件和新闻账号，具备脱机撰写邮件、在通信簿中存储和检索电子邮件地址、使用数字标识对邮件进行数字签名和加密、在邮件中添加个人签名或信纸以及预订和阅读新闻组等多种功能。

图 3-22 【Outlook Express】主窗口

（2）添加邮件账号

在 Outlook Express 中添加邮件账号的步骤如下。

① 选择【工具】下拉菜单中的【账号】命令，打开【Internet 账户】对话框，如图 3-23 所示。

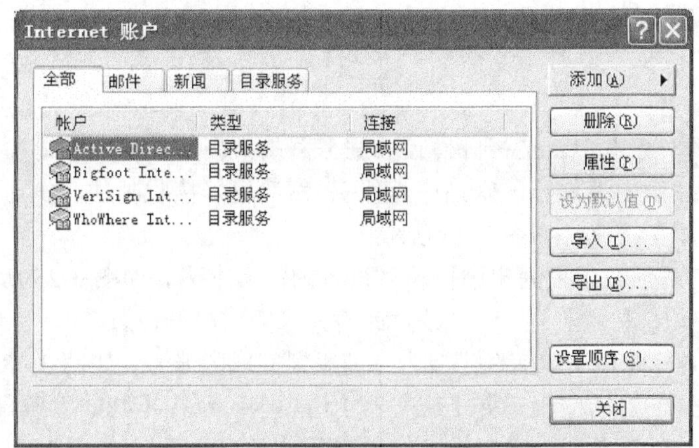

图 3-23 添加账号

② 单击【添加】按钮，选择【邮件】命令，打开【Internet 连接向导】对话框，在【显示名】文本框中填入姓名，然后单击【下一步】按钮，如图 3-24 所示。

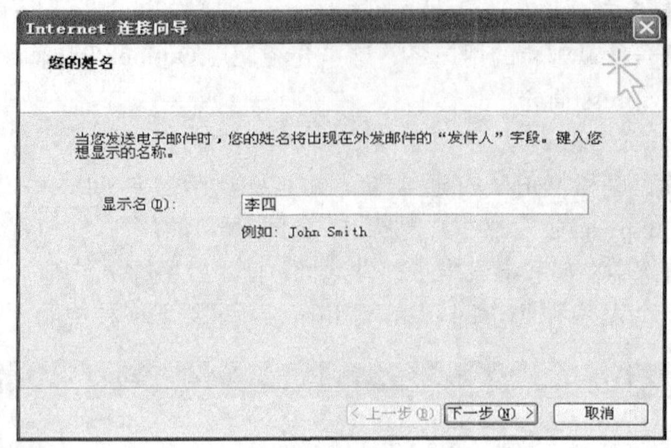

图 3-24｜邮件署名

③ 打开图 3-25 所示的对话框，输入已经从邮件服务器网站上申请的电子邮件地址，单击【下一步】按钮。

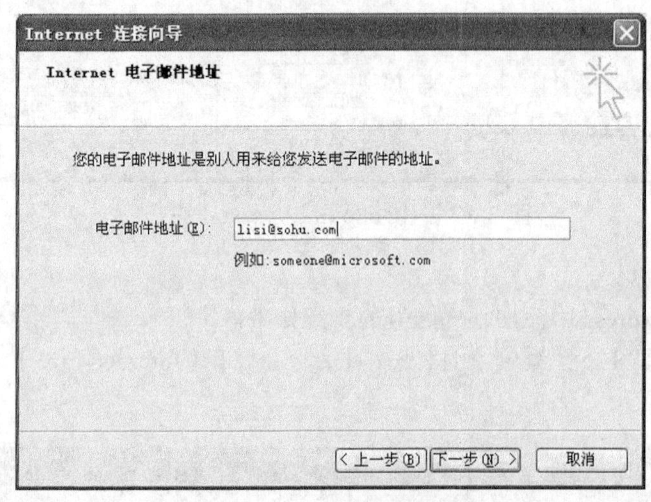

图 3-25｜输入电子邮件地址

④ 在打开的对话框中，选择邮件接收服务器的类型（如果不知道所使用邮件接收服务器类型，可以登录申请信箱的网站中查找），然后填好接收邮件、发送邮件的服务器域名，单击【下一步】按钮，如图 3-26 所示。

⑤ 在打开的对话框中填入申请信箱时设置的信箱密码，如图 3-27 所示，单击【下一步】按钮，随后单击【完成】按钮。注意此时并未完成账号设置。

⑥ 在【Internet 账户】对话框中单击当前设置完成的账号，如图 3-28 所示，单击【属性】按钮，在打开的对话框中选择【服务器】选项卡，选中【我的服务器要求身份验证】复选项（当前的邮件服务器为了安全起见，均要求身份验证），如图 3-29 所示，单击“确定”按钮完成设置。

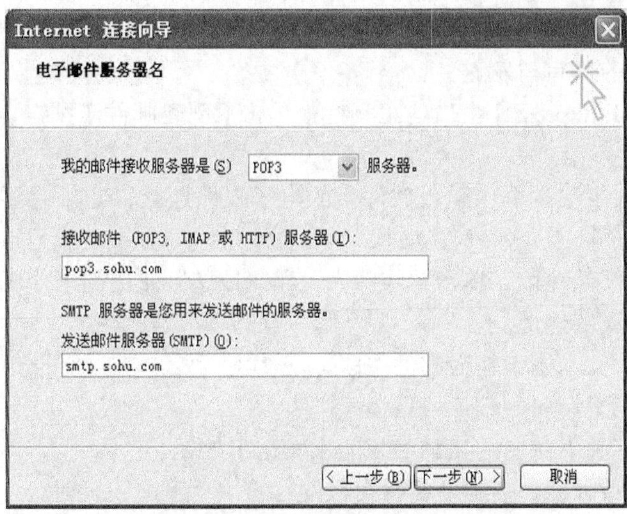

图 3-26｜设置电子邮件服务器名

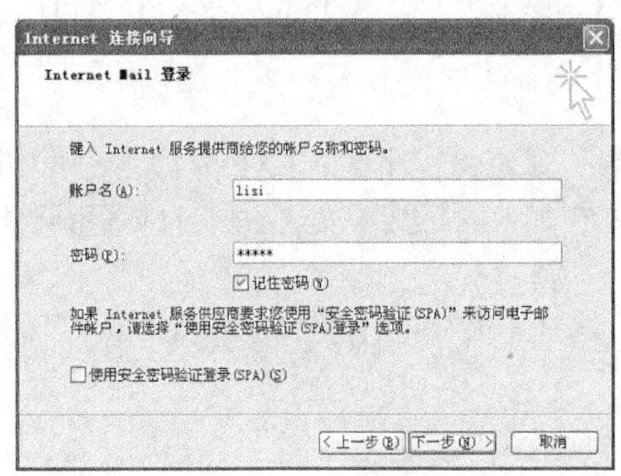

图 3-27｜输入信箱密码

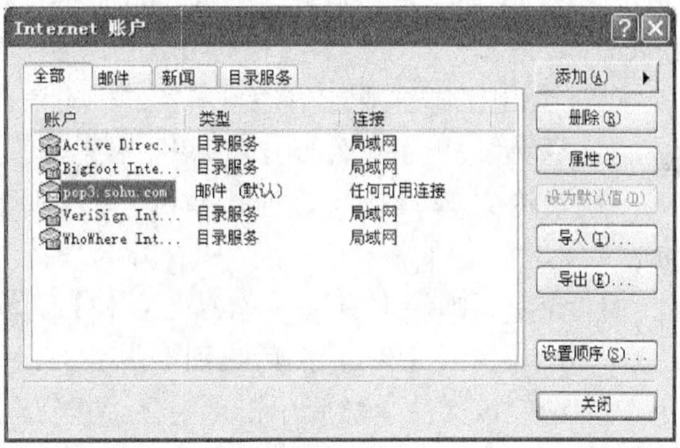

图 3-28｜完成账号设置的【Internet 账户】对话框

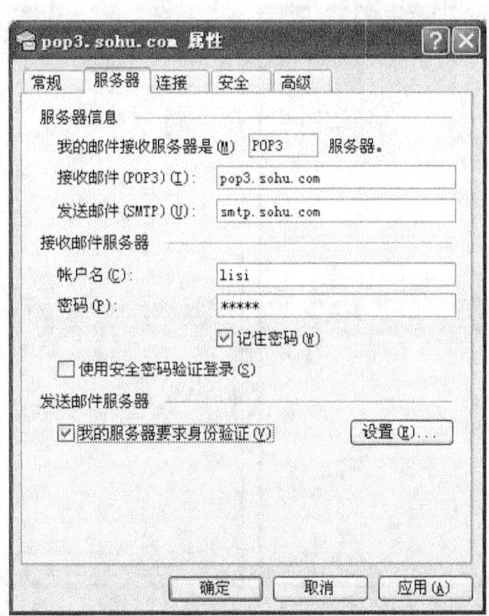

图 3-29｜信箱属性对话框

3. 发送和接收邮件

（1）电子邮件的撰写与发送

① 在【Outlook Express】窗口的工具栏上单击【创建邮件】按钮，会打开撰写新邮件的窗口，如图 3-30 所示。

② 在【收件人】文本框中输入收件人的电子邮件地址，如果想要把信件同时发给多个人时，可输入多个接收人的邮件地址，只要在地址之间分别用逗号或分号隔开。若要从地址簿中添加电子邮件地址，单击“收件人”和“抄送”左边的书本图标，然后在地址簿中选择所需的收件人的地址。

③ 在【主题】文本框中输入邮件主题。

④ 撰写邮件正文。

⑤ 单击【新邮件】窗口的工具栏上的【发送】按钮。

如果是脱机撰写邮件，则邮件将保存在发件箱中，下次联机时会自动发出。若要保存邮件的草稿以便以后继续撰写，则单击【文件】菜单，然后选择【保存】命令，也可以选择【另存为】命令，然后以邮件（.eml）、文本（.txt）或 HTML（.htm）格式将邮件保存在文件系统中。

（2）为电子邮件添加附件

如果要通过电子邮件发送计算机上的其他文件，如应用程序（以 EXE 为扩展名）、用 Word 编写的文章（以 DOC 为扩展名）等，则不能在邮件的正文中发送，但可以采用附件的形式发送。

① 在【新邮件】窗口中单击【插入】菜单，选择【文件附件】命令，或直接在工具栏上单击【附件】按钮，然后找到要附加的文件。

② 选定该文件，然后单击【附件】按钮。

③ 上述邮件标题的【附件】文本框中会列出附加的文件，如图 3-31 所示。

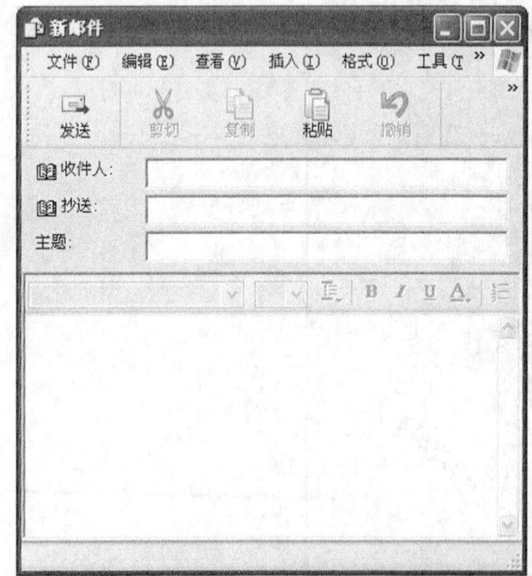

图 3-30 | 撰写新邮件窗口

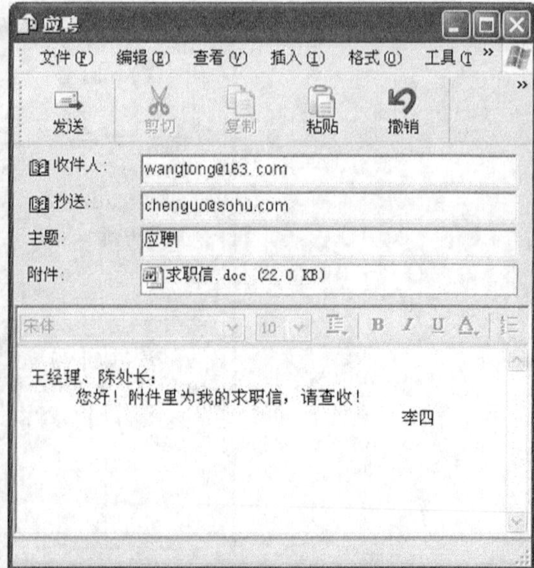

图 3-31 | 添加了附件的邮件

4. 回复与转发邮件

（1）回复邮件

看完一封邮件需要回复时，可以在邮件阅读窗口工具栏中单击【答复】或【全部答复】按钮，则会弹出复信窗口，如图 3-32 所示。这里的发件人的地址和收件人的地址已经由系统自动颠倒，并且自动填入，原来信件的内容也都显示出来。

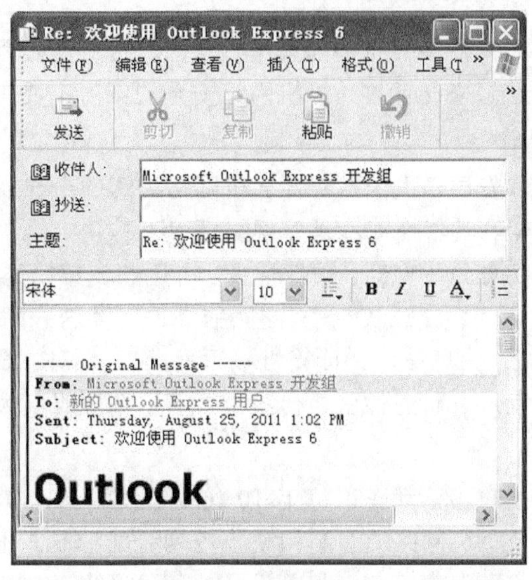

图 3-32 | 复信窗口

（2）转发邮件

如果需要把信件转发给他人，可以直接在邮件阅读窗口中单击【转发】按钮。之后进入转发邮件窗口，如图 3-33 所示。填入所要转发对象的邮件地址，在必要时还可以在邮件撰写窗口上添加一些备注信息，单击【发送】按钮即可。

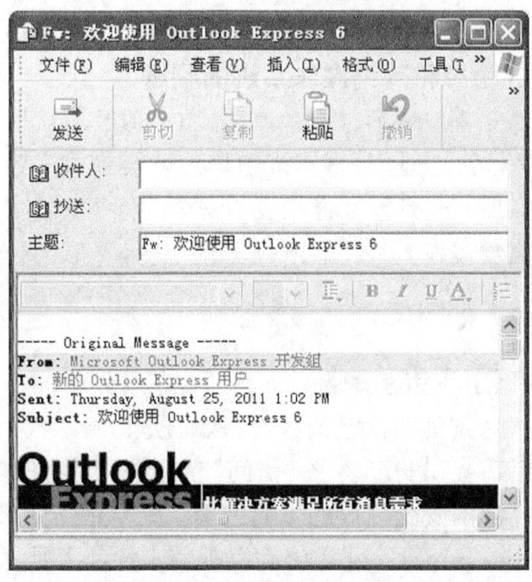

图 3-33 | 转发邮件窗口

3.3 计算机网络安全

网络安全是指网络系统的硬件、软件及其系统中的数据受到保护，不因偶然或者恶意的原因而遭到破坏、更改、泄露，系统可以连续正常地运行，网络服务不被中断。

3.3.1 影响网络安全的因素

影响计算机网络的因素很多，有些因素是有意的，也可能是无意的；可能是人为的，也可能是非人为的。归结起来，针对计算机网络安全的威胁主要有如下几点。

1. 计算机网络病毒

计算机网络的出现和发展，也伴随着计算机网络病毒的出现。网络环境下，病毒可以按指数增长方式进行传染，其传播速度是非网络环境下的几十倍，一旦计算机网络染上病毒，远比一台单机染上病毒的危害性、破坏性大。计算机网络病毒经常会造成网络大范围瘫痪，个人私密信息泄漏等，如“灰鸽子”“熊猫烧香”及这些病毒的变种病毒，使受到感染的主机成为“肉鸡”，信息被盗，计算机被远程操控。总的来说，网络病毒具有破坏性大、传播性强、扩散面广、针对性强、传染方式多、清除难度大等特点。

2. 黑客入侵

目前，黑客在网上的攻击活动正以每年 10 倍的速度增长，黑客的行动几乎涉及所有的操作系统。黑客利用计算机网络的漏洞和缺陷修改网页、非法进入主机、进入银行网络系统盗取和转移资金、窃取军事机密、发送假冒的电子邮件等，造成无法挽回的政治、经济损失。

3. 网络软件的漏洞和“后门”

网络软件不可能是百分之百的无缺陷和无漏洞的，然而，这些漏洞和缺陷恰恰是黑客进行攻击的首先目标，曾经出现过的黑客攻入网络内部的事件大部分是因为安全措施不完善所招致的结果。软件的“后门”则是软件公司的设计编程人员为了自便而设置的，一般不为外人所知，但一旦“后门”洞开，其造成的后果将不可估量。

4. 网络协议本身的隐患和网络操作系统的漏洞

网络安全的隐患还源于互联网所依赖的基础“TCP/IP”。从设计角度讲，TCP/IP 是一个基于相互信任的协议体系，一旦对方不可信赖，就会带来一系列相关的问题。TCP/IP 所提供的 WWW、FTP、Telnet 都包含着许多不安全的因素，存在着许多隐患，而几乎所有的网络操作系统都存在着漏洞。

3.3.2 网络安全技术

1. 采用身份验证和访问控制策略

身份验证是向计算机系统证明自己的身份，如通过口令、数字签名技术等。身份验证主要包括验证依据、验证系统和安全要求。访问控制则规定何种主体对何种客体具有何种操作权力。访问控制是内部网安全理论的重要方面，主要包括人员限制、数据标识、权限控制、控制类型和风险分析。身份验证和访问控制的主要任务是保证网络资源不被非法使用和非正常访问，是保证网络安全最重要的核心策略之一。

2. 使用加密技术

使用加密技术对信息加密的目的是保护网内的数据、文件、口令和控制信息，保护网上传输的数据。通过加密技术对原来为明文的文件或数据按某种算法进行处理，使其成为不可读的一段代码，通常称为“密文”，只有输入相应的密钥之后才能显示出本来内容。用户可以通过这样的途径来达到保护数据不被非法窃取的目的。

3. 防火墙技术

防火墙一般部署于内部网络与互联网之间，根据事先设定的规则，对通过它的网络数据进行过滤。防火墙大多集成了包过滤、虚拟专用网络（VPN）、网络地址转换（NAT）、状态检测等功能，可以提供多方面的安全服务。

3.3.3 网络中个人计算机的保护

1. 增强网络安全防范意识

对于网络用户来说，提高网络安全防范意识是解决安全问题的前提。来自网络的信息都要持谨慎态度。下载软件要到正规网站上下载，下载后用最新杀毒软件进行病毒查杀；特别是来路不明的电子邮件，不要轻易打开，以免感染病毒；使用即时通信类的工具聊天（如 QQ、微信等）时，要谨慎对待对方发过来的文件。

2. 设置密码

设置密码是一种最容易实现的保护措施。当用户进入系统时，应当先向系统提交用户名和密码，系统根据用户提交的信息进行判断，正确则允许用户进入，错误则拒绝用户进入。设置密码时应尽量采用不易被别人猜测和破解的密码，以免密码形同虚设。

3. 安装最新的防病毒软件并设置病毒监控

病毒一直不断地更新，所以防病毒软件也要及时更新，并启动病毒监控程序。该程序会驻留于内存中，自动运行于后台。它会在任意程序对文件进行操作、接收电子邮件、从网上下载文件、使用移动存储设置时进行病毒监控，彻底防止病毒入侵。如果检查到病毒，病毒监控程序将根据用户的设置对病毒进行相应的处理。

4. 安装个人防火墙

个人防火墙一般都是使用包过滤和协议过滤等技术实现的，能记录主机和互联网数据交换的情况，有效地防止黑客和多种计算机病毒的攻击，从而保证用户的安全。

5. 及时给操作系统安装最新的补丁程序

计算机的 Windows 操作系统总是存在着某些漏洞，用户需要使用 Windows Update 或“自动更新”程序及时从 Microsoft 网站下载和安装安全更新补丁程序，给操作系统的漏洞打上补丁，免受攻击。

本章小结

本章主要介绍计算机网络的组成、网络设备、网络协议，以及互联网能提供的服务和网络安全基础知识，要求学生能充分利用互联网提供的信息资源，解决学习和工作中的实际问题，并掌握保护网络安全的正确防范措施。

习题

1. 关于防火墙作用与局限性的叙述，错误的是（　　）。
   A. 防火墙可以限制外部对内部网络的访问
   B. 防火墙可以有效记录网络上的访问活动
   C. 防火墙可以阻止来自内部的攻击
   D. 防火墙会降低网络性能
2. 在同一幢办公楼连接的计算机网络是（　　）。
   A. 互联网　B. 局域网　C. 城域网　D. 广域网
3. 一个计算机网络是由资源子网和通信子网构成的，资源子网负责（　　）。
   A. 信息传递　B. 数据加工　C. 信息处理　D. 数据变换
4. 从计算机网络的结构来看，计算机网络主要由（　　）组成。
   A. 无线网络和有线网络　B. 交换网络和分组网络
   C. 数据网络和光纤网络　D. 资源子网和通信子网
5. 调制解调器（Modem）的功能是实现（　　）。
   A. 模拟信号与数字信号的相互转换　B. 数字信号转换成模拟信号
   C. 模拟信号转换成数字信号　D. 数字信号放大
6. 目前 Internet 普遍采用的数据传输方式是（　　）。
   A. 电路交换　B. 电话交换　C. 分组交换　D. 报文交换
7. 数据通信的质量有两个主要技术指标：（　　）。
   A. 数据传输速率和数据交换技术　B. 数据传输速率和误码率
   C. 网络拓扑结构和网络传输介质　D. 数据交换技术和多路复用技术
8. 在互联网络中，能实现物理层互联，具有信号再生与放大作用的设备是（　　）。
   A. 中继器　B. 路由器　C. 网关　D. 网桥
9. 不属于 OSI 参考模型 7 个层次的是（　　）。
   A. 会话层　B. 数据链路层　C. 用户层　D. 应用层
10. 快速以太网支持 100 Base－TX 物理层标准，其中数字 100 表示的含义是（　　）。
    A. 传输距离 100 km　B. 传输速率 100 Mbit/s
    C. 传输速率 100 kbit/s　D. 传输速率 100 MB/s
11. 在网络互联中，实现网络层互联的设备是（　　）。
    A. 中继器　B. 路由器　C. 网关　D. 网桥
12. IP 是 TCP/IP 体系中的（　　）协议。
    A. 网络接口层　B. 网络层　C. 传输层　D. 应用层
13. 传输速率快、抗干扰性能最好的有线传输介质是（　　）。
    A. 双绞线　B. 同轴电缆　C. 光纤　D. 微波
14. 在下列网络拓扑结构中，适用于集中控制方式的是（　　）。
    A. 环形拓扑　B. 星形拓扑　C. 总线型拓扑　D. 网状形拓扑
15. 网络的管理和使用主要取决于（　　）。
    A. 网卡　B. 通信介质

C. 网络拓扑结构　　D. 网络操作系统

16. 在互联网协议族中，(　　) 协议负责数据的可靠传输。

A. IP　　B. TCP　　C. TELNET　　D. FTP

17. 可以分配给主机使用的 IP 地址是 (　　)。

A. 127.0.5.1　　B. 255.255.0.0　　C. 200.201.11.255　　D. 200.198.85.2

18. 下列 IP 地址中，(　　) 是 B 类地址。

A. 200.55.33.22　　B. 98.110.25.44　　C. 155.66.88.8　　D. 233.33.44.55

19. 下面关于域名系统的说法，(　　) 是错误的。

A. 域名是唯一的

B. 域名服务器 DNS 用于实现域名地址与 IP 地址的转换

C. 一般而言，网址与域名没有关系

D. 域名系统的结构是层次型的

20. Internet Explorer 是 (　　)。

A. 拨号软件　　B. Web 浏览器

C. HTML 解释器　　D. Web 页编辑器

21. 互联网上的 WWW 服务基于 (　　) 协议。

A. HTTP　　B. FTP　　C. SMTP　　D. TOP3

22. 有关电子邮件的概念，错误的说法是 (　　)。

A. 用户可以通过任何与互联网连接的计算机访问自己的邮箱

B. 用户不可通过自己的邮箱向自己发送邮件

C. 用户可以不通过自己的邮箱向他人发送邮件

D. 一次发送操作可以将一封电子邮件发送给多个接收者

第 4 章

Word 2010 应用

理论要点：

1. 文档视图的作用；
2. 常用工具的应用和设置；
3. 页面设置的基本内容；
4. 公文处理规范。

技能要点：

1. 字体和段落的设置；
2. 页面版式的设置；
3. 表格的创建和编辑；
4. 图形、图片、艺术字的添加和设置。

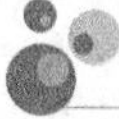

4.1 Word 2010 的基本操作

4.1.1 全新用户体验

Microsoft Word 从 Word 2003 升级到 Word 2010，其最显著的变化就是 Word 2010 取消了传统的菜单操作方式，取而代之的是各种功能区。在 Word 2010 窗口上方看起来像菜单的名称其实是功能区的名称，当单击这些名称时并不会打开下拉菜单，而是切换到与之相对应的功能区面板。每个功能区根据功能的不同又分为若干个组，如图 4-1 所示。

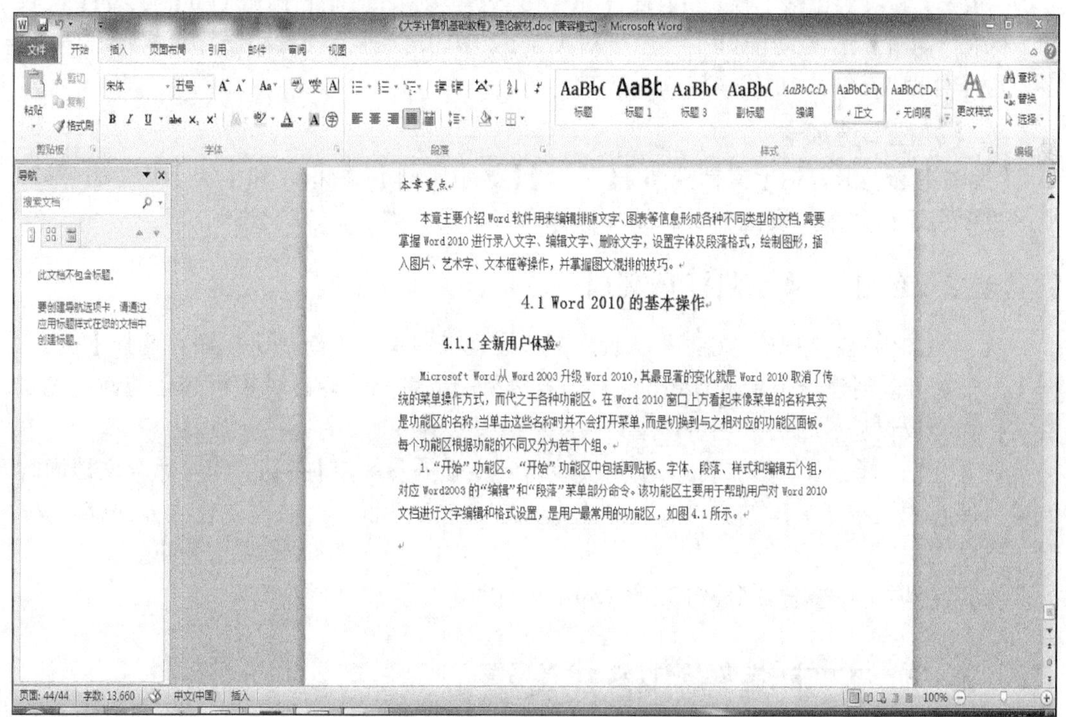

图 4-1 | Word 2010 新界面

1.【开始】选项卡

【开始】选项卡包括【剪贴板】【字体】【段落】【样式】和【编辑】五个组，对应 Word 2003 的【编辑】和【段落】菜单的部分命令。该功能区主要用于帮助用户对 Word 2010 文档进行文字编辑和格式设置，是用户最常用的功能区。

2.【插入】选项卡

【插入】选项卡包括【页】【表格】【插图】【链接】【页眉和页脚】【文本】【符号】几个组，对应 Word 2003 的【插入】菜单的部分命令。该功能区主要用于在 Word 2010 文档中插入各种元素。

3.【页面布局】选项卡

【页面布局】选项卡包括【主题】【页面设置】【稿纸】【页面背景】【段落】【排列】几个组，对应 Word 2003 的【页面设置】菜单命令和【段落】菜单的部分命令。该功能区用于帮助用户设置 Word 2010 文档页面样式。

4.【引用】选项卡

【引用】选项卡包括【目录】【脚注】【引文与书目】【题注】【索引】和【引文目录】几个组。该功能区用于实现在 Word 2010 文档中插入目录等比较高级的功能。

5.【邮件】选项卡

【邮件】选项卡包括【创建】【开始邮件合并】【编写和插入域】【预览结果】和【完成】几个组。该功能区的作用比较专一，专门用于在 Word 2010 文档中进行邮件合并方面的操作。

6.【审阅】选项卡

【审阅】选项卡包括【校对】【语言】【中文简繁转换】【批注】【修订】【更改】【比较】和【保护】几个组。该功能区主要用于对 Word 2010 文档进行校对和修订等操作，适用于多人协作处理 Word 2010 长文档。

7.【视图】选项卡

【视图】选项卡包括【文档视图】【显示】【显示比例】【窗口】和【宏】几个组。该功能区主要用于帮助用户设置 Word 2010 操作窗口的视图类型，以方便操作。

4.1.2 创建、保存和打开文档

新文档的创建：单击【文件】按钮，在下拉列表中单击【新建】按钮，选择【空白文档】选项就可以创建一个新的 Word 文档。当然用户也可以选择各种模板来创建新的 Word 文档，如会议议程、日历、名片等。

保存文档：单击文档窗口最上面的快速访问栏里的【保存】按钮，即可保存文档内容。如果所保存的文档是新建的文档，会弹出【另存为】对话框，此时需要输入要保存的文件名和路径。

打开文档：直接双击想要打开的 Word 文档即可。

4.2 文字编辑和格式设置

文字的录入、字体设置以及段落格式的设置是 Word 最重要的功能之一，这些功能主

要集中在【开始】和【页面布局】选项卡。【开始】选项卡里主要包括文字的选择、复制、粘贴、格式刷、查找、替换、样式等。【页面布局】选项卡里主要包括页面纸张大小、分栏、页面边框、文档主题颜色等。

4.2.1 选取文本

要对 Word 中的内容进行编辑，必须先选中内容然后才能够进行编辑操作。选取文本可以用鼠标进行框选，也可以用键盘进行选择。用键盘进行选择的时候需要单击要开始选择文本的位置，然后再用键盘上的快捷键进行操作。常用的快捷键组合如表 4-1 所示。

表 4-1 Word 的组合键

组合键	功能
Shift+→	右侧的一个字符
Shift+←	左侧的一个字符
Ctrl+Shift+→	单词结尾
Ctrl+Shift+←	单词开始
Shift+End	行尾
Shift+Home	行首
Shift+↓	下一行
Shift+↑	上一行
Ctrl+Shift+↓	段尾
Ctrl+Shift+↑	段首
Shift+Page Down	下一屏
Shift+Page Up	上一屏
Ctrl+Shift+Home	文档开始处
Ctrl+Shift+End	文档结尾处
Alt+Ctrl+Shift+PageDown	窗口结尾
Ctrl+A	包含整篇文档
Ctrl+Shift+F8+↑或↓	纵向文本块（按【Esc】键取消选定模式）
F8+箭头键	文档中的某个具体位置（按【Esc】键取消选定模式）

4.2.2 字体格式设置

字体格式设置包括字体、字号、字体颜色、加粗等，可以在【开始】选项卡的【字体】组中进行设置，如图 4-2 所示。

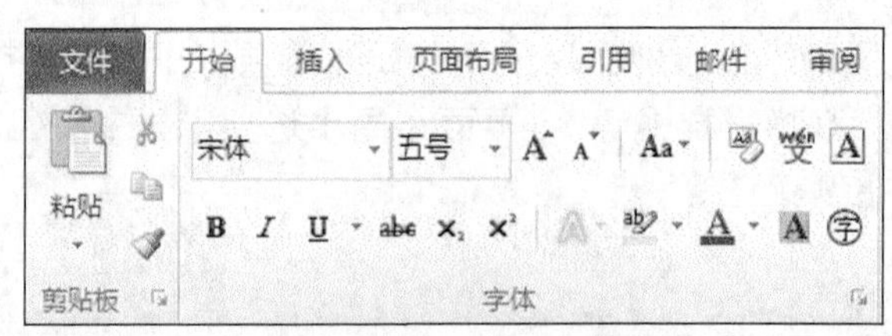

图 4-2 |【字体】组

当然，字体格式的设置也可以在【字体】对话框中进行设置，先选中文字，然后单击鼠标右键，在弹出的快捷菜单中选择【字体】命令，就可以弹出【字体】对话框，可以设置字体、字形、字号、字体颜色、下划线线型、有无着重号和删除线等，如图 4-3 所示。

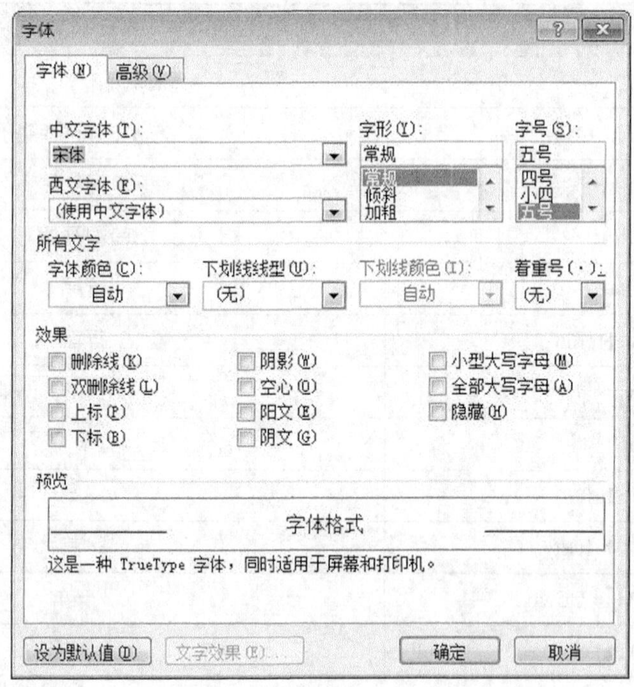

图 4-3 |【字体】对话框

4.2.3 段落格式设置

段落是一篇文章的主体，段落格式的好坏影响到一篇文章的整体观感。Word 2010 提供了段落格式的设置功能，如段落对齐方式、段落缩进、段落间距等，可以在【开始】选项卡的【段落】组中进行设置，如图 4-4 所示。

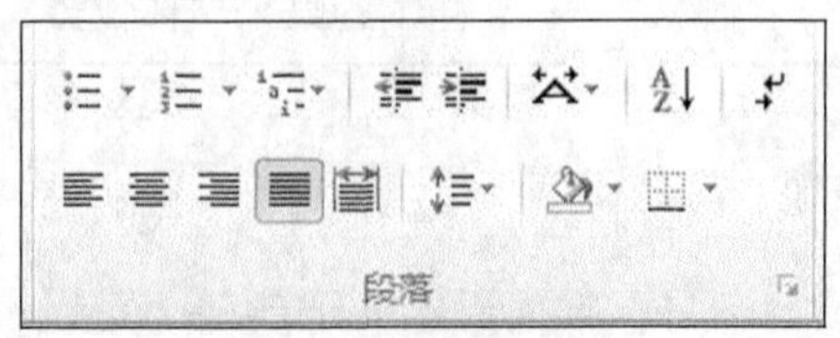

图 4-4 |【段落】组

1. 设置段落对齐方式

段落对齐是指段落内容在文档的左右边界之间的横向排列方式，包括文本左对齐、文本右对齐、居中、两端对齐和分散对齐。文本左对齐是将文字段落的左边边缘对齐，两端对齐是将文字段落的左右两端的边缘都对齐，文本右对齐是将文字段落的右边边缘对齐，居中是将文字段落中间对齐，分散对齐是将文字段落两端对齐同时适当增加字符间距。设置段落对齐方式时，首先选取要对齐的段落，然后单击【开始】选项卡的【段落】组中的相应命令来实现，也可以通过【段落】对话框来实现。

2. 设置段落缩进

段落缩进是指段落文本与页边距之间的距离，可以单击【段落】组中的【增加缩进量】和【减少缩进量】按钮来实现。

3. 设置段落间距

设置段落间距就是设置段落与段落之间的距离。在【段落】组中单击【行和段落间距】按钮，在下拉列表中选择【增加段前间距】或【增加段后间距】选项，以使段落间距变大或变小。当然也可以通过【段落】对话框来实现。

4. 设置项目符号和编号

使用项目符号和编号可以对文档中并列的项目进行组织，或者将内容进行编号，使层次结构更加清晰。Word 中内置了多种项目符号格式和编号格式，当然也可以自定义项目符号和编号。

（1）添加项目符号和编号：在【开始】选项卡的【段落】组中单击【项目符号】或【编号】下拉三角按钮，并在打开的下拉列表中选择需要的选项。

（2）自定义项目符号和编号：在【开始】选项卡的【段落】组中单击【项目符号】或【编号】下拉三角按钮，并在打开的下拉列表中选择【定义新项目符号】或【定义新编号格式】选项，打开【定义新项目符号】对话框或【定义新编号格式】对话框，如图 4-5 所示，可以自己定义项目符号或编号的格式。

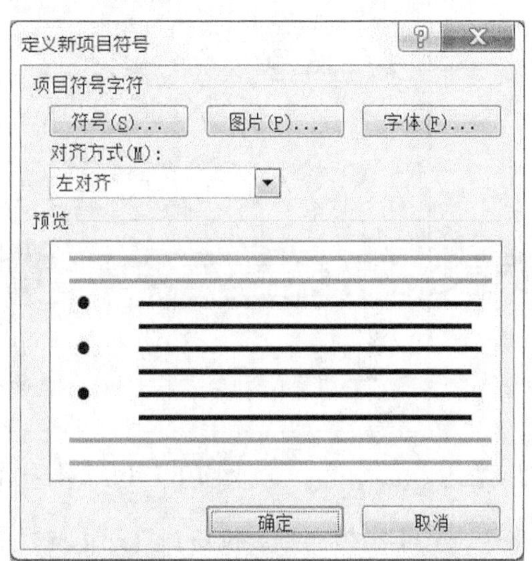

图 4-5｜自定义项目符号或编号的对话框

（3）删除项目符号和编号：要删除编号，在【开始】选项卡的【段落】组中单击【编号】下拉三角按钮，并在打开的【编号库】中选择【无】选项即可；要删除项目符号，在【开始】选项卡的【段落】组中单击【项目符号】下拉三角按钮，并在打开的【项目符号库】中选择【无】选项即可。

4.2.4　样式的应用

样式是格式的集合，包括字体、段落、制表位、边框和底纹、图文框等格式。Word 中提供了已定义好的样式供用户直接使用。打开【开始】选项卡，在【样式】组中有命名的一些样式，如图 4-6 所示。选中文字，单击相应样式名称，即能将样式所包含的格式应用到文字上。

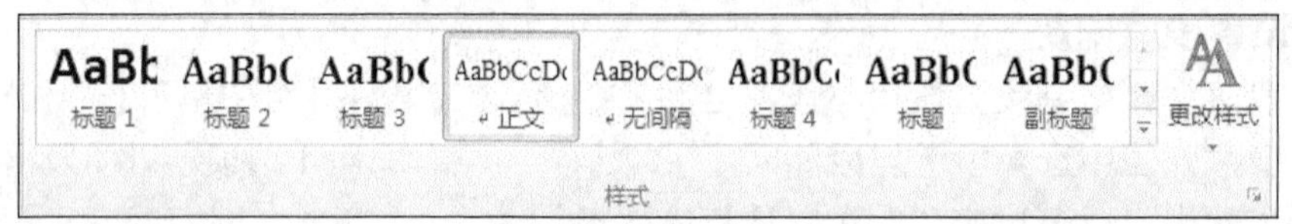

图 4-6｜【样式】组

若提供的样式不合适，用户可以在已有样式上进行修改或新建样式。单击【样式】组中的“其他”按钮，在下拉列表中选择【应用样式】选项，弹出【应用样式】对话框，如图 4-7 所示。单击【修改】按钮，弹出【修改样式】对话框，如图 4-8 所示，即可在原来样式的基础上进行相应格式的修改。

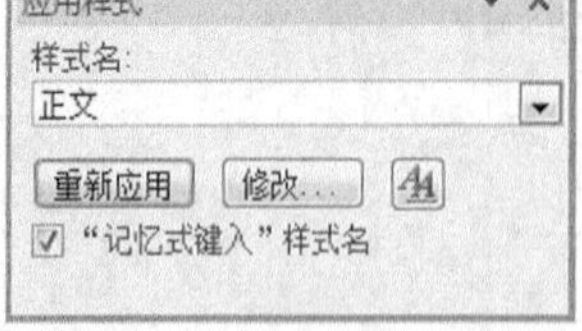

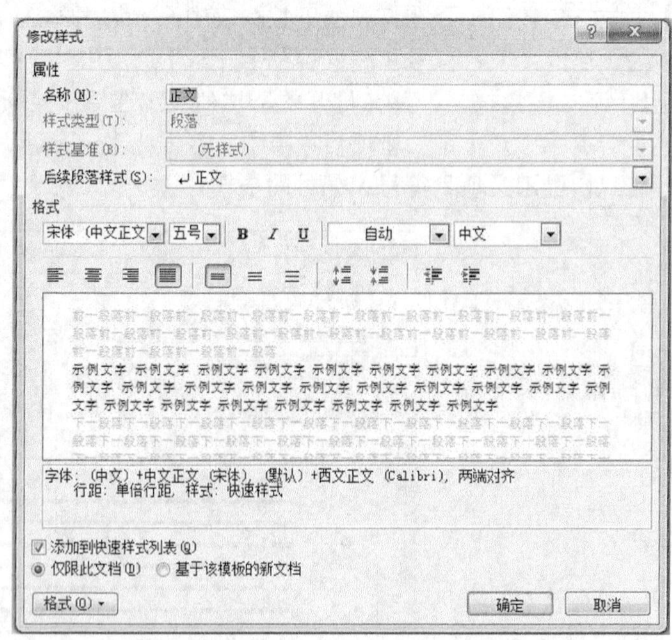

图 4-7｜【应用样式】对话框

图 4-8｜【修改样式】对话框

若要新建样式，单击【样式】组中的扩展按钮，打开【样式】面板，如图 4-9 所示。在【样式】面板中单击底部的【新建样式】按钮，弹出【根据格式设置创建新样式】

对话框，如图 4-10 所示。在该对话框中，可以设置样式的名称、类型、格式等。设置完毕，单击【确定】按钮，新样式就会出现在【样式】面板和【样式】组中供用户使用。

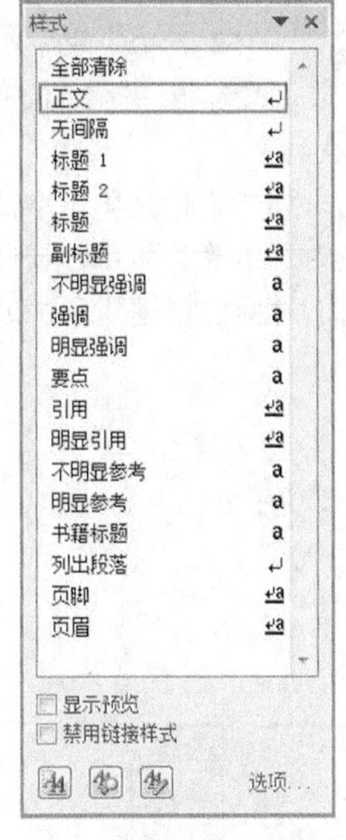

图 4-9 |【样式】面板

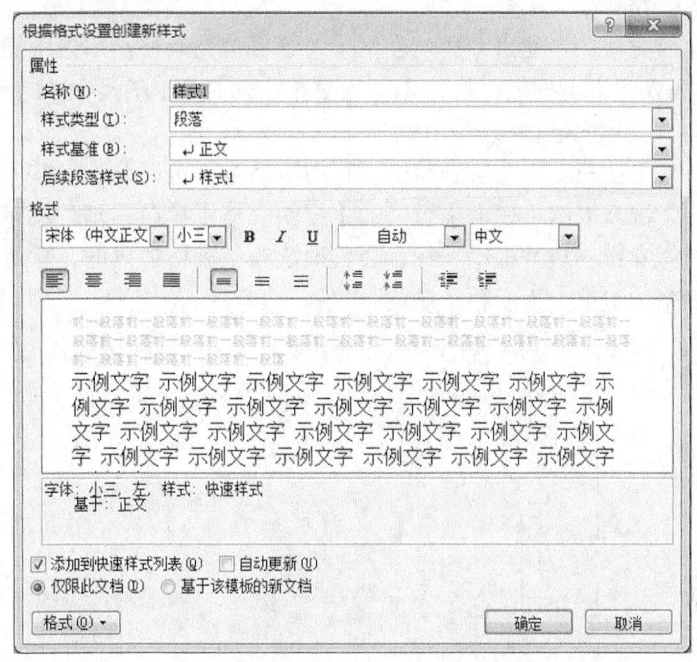

图 4-10 |【根据格式设置创建新样式】对话框

4.2.5 格式刷的使用

Word 格式刷的功能主要是复制文字或段落的格式，并应用到另一段文字或段落。这里的关键是格式，是把格式复制过去，而不是普通的文字复制。这里的格式包括文字或段落的字体格式和段落格式，如字体、字体颜色、字号、段间距等。使用方法介绍如下。

（1）先选中要复制格式的文字或段落（选中时要选中格式统一的文字或段落，否则会复制全部文字的统一格式去应用新的文字），然后单击【开始】选项卡的【剪贴板】组中的【格式刷】按钮 格式刷，再拖选要应用的文字或段落，就可以了。

（2）先选中要复制格式的文字或段落，然后双击【开始】选项卡的【剪贴板】组中的【格式刷】按钮，就可以拖选多次文字进行格式应用。这里需要注意的是双击【格式刷】按钮，可多次应用文字格式，要取消时再次单击【格式刷】按钮即可。

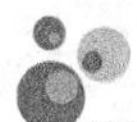

4.3 Word 表格操作

用户有时为了在日常工作中更好地说明一个问题，经常会在 Word 中用到表格，如课程表、个人简历等。下面介绍如何利用 Word 提供的强大和便捷的制作和编辑功能来快速地创建各式各样的表格，方便地修改表格、移动表格位置和调整表格大小等。

4.3.1 创建表格

下面通过四种方法创建表格，具体介绍如下。

方法一：使用【表格】按钮创建表格。首先单击要插入表格的地方，然后单击【插入】选项卡的【表格】组中的【表格】下拉按钮，如图 4-11 所示，即可插入用户想要的表格。

方法二：使用【插入表格】对话框创建表格。单击【插入】选项卡的【表格】组中的【插入表格】按钮，打开【插入表格】对话框，在【列数】和【行数】文本框中指定表格的行数和列数，如图 4-12 所示。

方法三：手动绘制表格。利用手动绘制可以绘制一些不规则的行列数表格。单击【插入】选项卡的【表格】组中的【绘制表格】按钮，此时鼠标指针变为“铅笔”形状，按住鼠标左键不放并拖动鼠标，会出现欲绘制表格的虚框，等到合适大小时释放左键即可生成表格的边框，而后再绘制内框线。

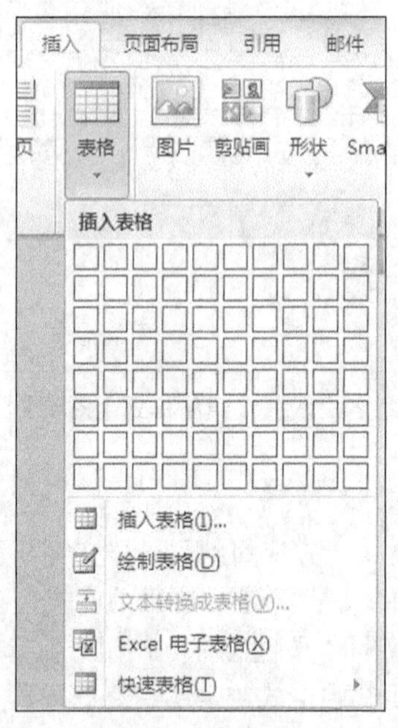

图 4-11｜单击【表格】下拉按钮

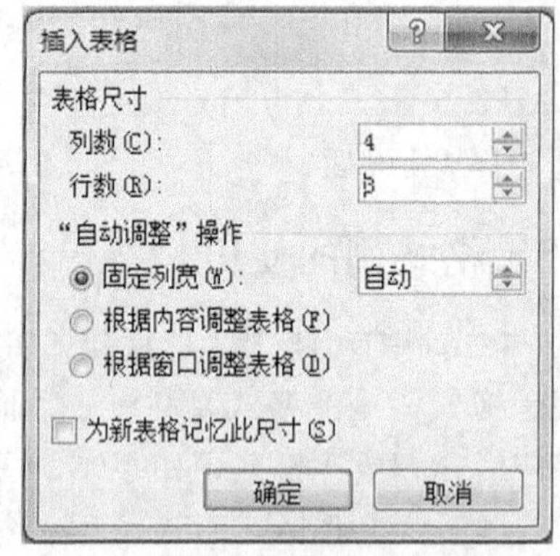

图 4-12｜【插入表格】对话框

方法四：插入带有格式的表格。Word 为用户提供了很多常用的内置表格，使用它们可以快速地创建特定样式的表格。单击【插入】选项卡的【表格】组中的【快速表格】按钮，此时即可插入带有格式的表格，只需在其中修改数据即可。

4.3.2 表格编辑

在实际工作中，直接创建的表格并不一定都能满足用户的需要，经常需要对表格进行编辑，如对表格的单元格进行拆分、合并，插入或删除行、列或单元格，添加表格内容等。下面就来学习如何编辑表格来满足不同用户的需要。

（1）选定表格对象：对表格里的对象进行编辑前，首先选定表格编辑对象，如行或列，然后才能对其进行编辑。选定单元格可以用拖曳的方式，选定行可以移到行的最左侧单击，选定列可以移到列的最上方单击。

（2）插入行、列或单元格：单击【表格工具—布局】选项卡，单击【行和列】组中的

【在上方插入】按钮，在该单元格上方插入一行；单击【在右侧插入】按钮，在该单元格右侧插入一列；在表格上单击鼠标右键，在弹出的快捷菜单中选择【插入】子菜单中的【插入单元格】按钮，即可在打开的对话框中根据需要插入单元格。

（3）删除行、列或元格：表格创建完后经常需要删除多余的行、列和单元格，使表格更直观，Word 提供了简单的操作方式，单击【表格工具—布局】选项卡的【行和列】组中的【删除】下拉按钮，在弹出的下拉列表中选择相应的选项，如图 4-13 所示，可以删除行、列、单元格或表格。

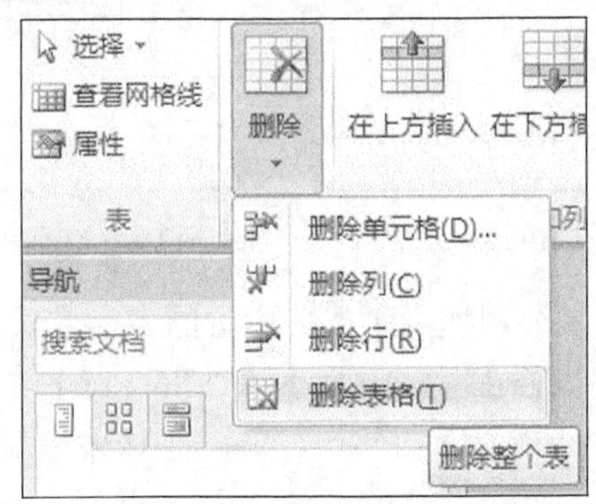

图 4-13｜删除行、列、单元格和整个表

（4）合并单元格与拆分单元格：对比较复杂的表格，有时需要在一个单元格内放置多个单元格的内容，有时又要将多个单元格组合成一个单元格，这时就需要用到 Word 的拆分与合并功能。单击【表格工具—布局】选项卡，单击【合并】组中的【拆分单元格】按钮和【合并单元格】按钮即可实现。

（5）添加、修改和设置表格内容：表格的各个单元格中可以输入文字、插入图像，也可以进行剪切和粘贴等操作，这和正文的类似操作基本相同。要设置单元格中文本的格式，先打开【表格工具—布局】选项卡，然后在【对齐方式】组中单击相应的按钮就可以设置文本的对齐方式。

4.3.3 设置表格格式

创建完表格并输入内容后，通常还需要调整表格的行高、列宽，设置表格的边框和底纹、套用单元格样式、套用表格样式等，使其更加具有美感。

（1）调整表格的行高和列宽：创建表格时，表格的行高和列宽可能无法让用户满意，此时可以调整表格的行高和列宽。Word 中有多种方法来进行调整，如在【表格工具—布局】选项卡的【单元格大小】组中单击【自动调整】下拉按钮，在弹出的下拉列表中选择相应的选项，如图 4-14 所示，即可自动调整行高和列宽。

（2）设置表格的边框和底纹：一般情况下，Word 会自动将表格设置成 0.5 磅的单线边框。如果对此不满意，则可以重新设置表格的边框和底纹，从而使表格的结构更加合理、美观。单击【表格工具—设计】选项卡的【表格样式】组中的【边框】按钮或者在表格中的任意单元格单击鼠标右键，在弹出的快捷菜单中选择【边框与底纹】命令，在弹出的图 4-15 所示的对话框中进行设置即可。

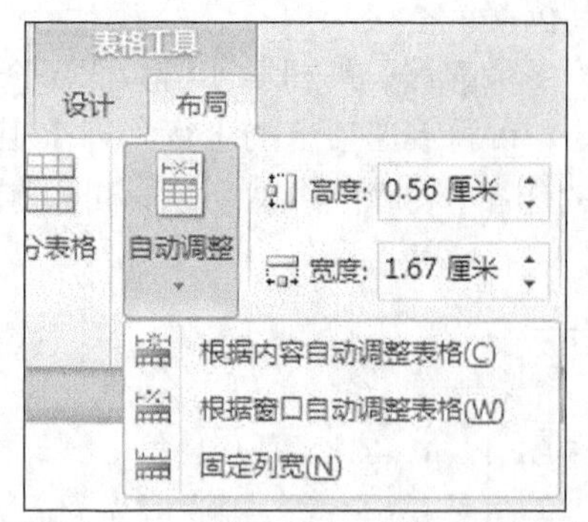

图 4-14｜单击【自动调整】下拉按钮

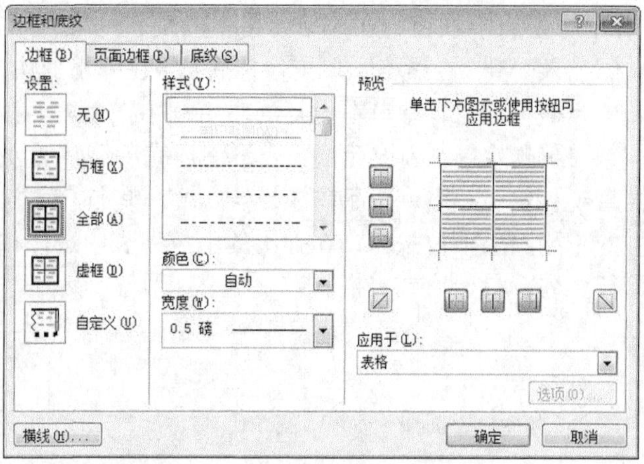

图 4-15｜【边框与底纹】对话框

（3）套用表格样式：微软公司提供了很多内置的表格样式，这些样式提供了各种现成的边框和底纹设置。打开【表格工具—设计】选项卡，在【表格样式】组中单击【其他】按钮，在弹出的下拉列表中选择所需的样式，如图 4-16 所示，即可在表格中套用样式。

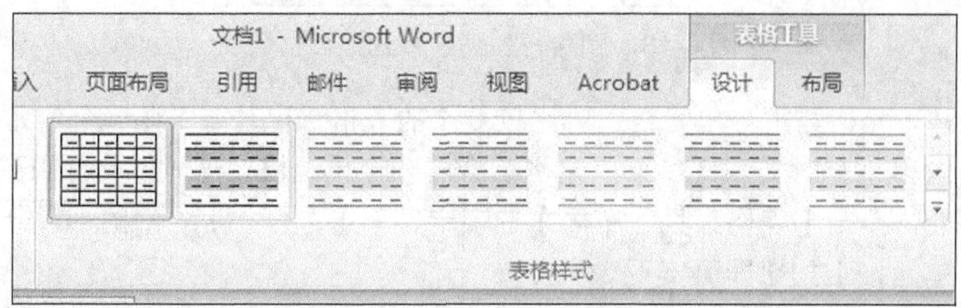

图 4-16｜选择套用样式

4.3.4　将文本转换成表格

Word 可以将格式化的文本转换成表格，也可以把表格转换成文本。格式化文本是指文本中的每一行用段落标记隔开，每一列用分隔号（如制表符、空格、分号等）隔开。选择要转换成表格的格式化文本，在【插入】选项卡的【表格】组中单击【表格】按钮，然后在下拉列表中选择【文本转换成表格】选项即可调出相关对话框。

4.4　图文混排

图文混排是将文字与图片混合排列，文字可在图片的四周、衬于图片下方、浮于图片上方等，从而使整篇文章更加生动活泼。

4.4.1　插入图片

在 Word 中插入图片可以美化文档，使页面丰富多彩，观赏性强。下面介绍如何在 Word 中插入图片。

（1）插入剪贴画：微软公司提供的剪贴画库非常丰富，能够表达经常用的主题。单击

【插入】选项卡，在【插图】组中单击【剪贴画】按钮。

（2）插入来自文件的图片：存在磁盘中的 BMP 位图、CDR 矢量图片、Tiff 格式的图片等都可以插入 Word 中。单击【插入】选项卡，在【插图】组中单击【图片】按钮。

（3）插入屏幕截图：如需要在 Word 中使用当前窗口中的某个图片，就可以使用【屏幕截图】功能来实现。单击【插入】选项卡，在【插图】组中单击【屏幕截图】按钮，在下拉列表中选择【屏幕剪辑】选项。

（4）编辑图片：选择要编辑的图片，Word 会显示【图片工具—格式】选项卡，使用相应的工具按钮，可以设置图片亮度、大小、阴影效果和边框等，如图 4-17 所示，让图片看起来更美观。

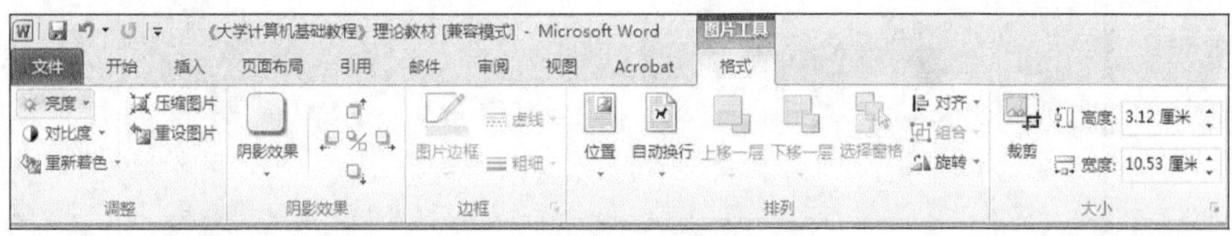

图 4-17｜图片格式设置

4.4.2 使用艺术字

有时需要在 Word 中插入非常大的字体，而且字体有不同的样式和格式，可以带来视觉冲击，这种要求在 Word 的【字体】设置中已达不到要求，这时就需要使用 Word 中的【艺术字】功能。

（1）插入艺术字：单击【插入】选项卡，然后在【文本】组中单击【艺术字】下拉按钮，如图 4-18 所示。再在出现的列表框中选择艺术字样式，当然也可以根据自己的需要选择其他的样式，然后在出现的文本框中输入文字。

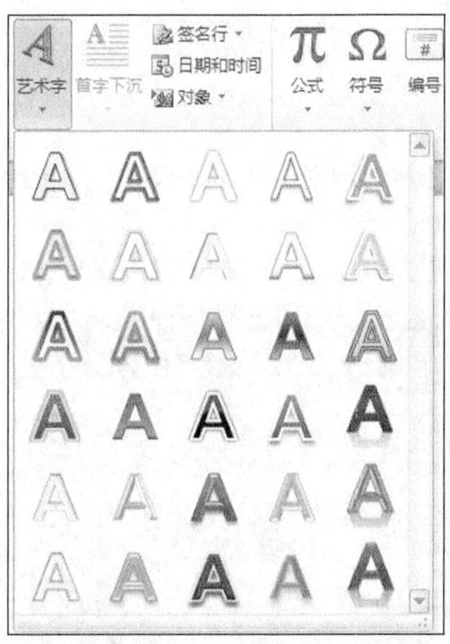

图 4-18｜单击【艺术字】下拉按钮

（2）编辑艺术字：选中要编辑的艺术字，这时 Word 会自动打开【绘图工具】的【格式】选项卡，如图 4-19 所示，可以对艺术字的大小、样式、文本、排列等进行修改或者重设。

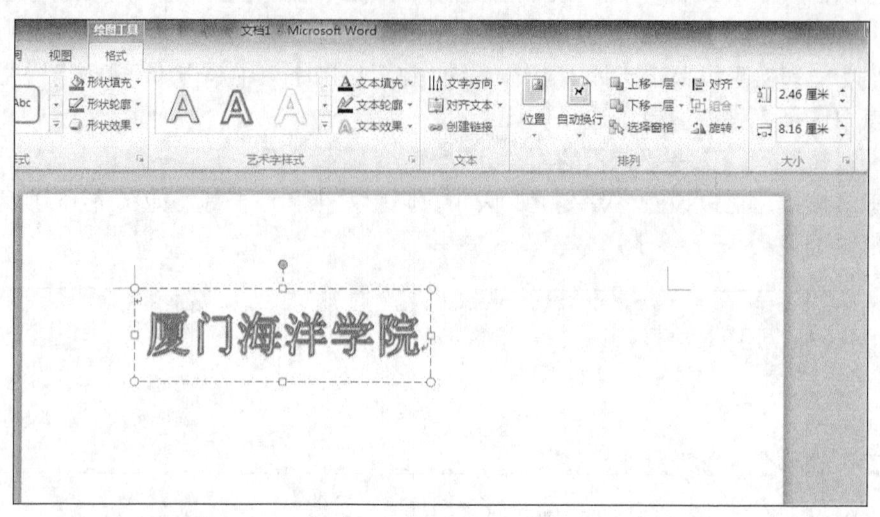

图 4-19 | 【格式】选项卡

（3）使用自选图形：Word 提供了一套自选图形，包括线条、矩形、基本形状、箭头总汇、公式形状、流程图、星与旗帜、标注。用户可以根据自己的需要快速绘制出对应的图形。

① 绘制自选图形：打开【插入】选项卡，在【插图】组中单击【形状】下拉按钮，在弹出的下拉列表中选择需要绘制的图形，这时鼠标指针会变成“+”形状，按住鼠标左键在 Word 的空白处拖动，即可绘制出相应的形状。

② 编辑自选图形：选中需要编辑的自选图形，在打开的【绘图工具】的【格式】选项卡中单击相应的工具按钮，对其进行编辑。

4.4.3 使用文本框

在实际工作中，用户会经常遇到对文本框的使用，如插入文本框、绘制文本框、编辑文本框等。

（1）插入文本框：打开【插入】选项卡，在【文本】组中单击【文本框】下拉按钮，如图 4-20 所示，在弹出的下拉列表框中选择一种内置的文本框样式，如简单文本框、提要栏、引述等，即可快速地将其插入文档的指定位置。

图 4-20 | 单击【文本框】下拉按钮

（2）绘制文本框：Word 也提供了手动绘制文本框的功能，打开【插入】选项卡，在【文本】组中单击【文本框】下拉按钮，从弹出的下拉列表框中选择【绘制文本框】或【绘制竖排文本框】选项，此时鼠标指针会变为一个"+"号，拖动即可绘制想要的文本框，在里面输入文字。它还可以随意地变大或变小，不仅有横版，还有竖版。

（3）编辑文本框：单击要修改的文本框，自动打开【绘图工具】的【格式】选项卡，使用该选项卡的相应工具按钮，可以设置文本框的各种效果。

4.4.4 图文混排

图文混排可以很方便地处理好图片与文字之间的环绕问题，使文档的排版更加美观整洁。

（1）插入图片：首先在要插入图片的位置单击，然后打开【插入】选项卡，单击【插图】组中的【图片】按钮，打开【插入图片】对话框，选择图片后，单击【插入】按钮。

（2）编辑图片：打开 Word 2010 文档窗口，选中需要设置文字环绕的图片；在打开的【图片工具】的【格式】选项卡中，单击【排列】组中的【位置】下拉按钮，则在打开的下拉列表中选择合适的【文字环绕】方式。这些【文字环绕】方式包括"顶端居左，四周型文字环绕""顶端居中，四周型文字环绕""顶端居右，四周型文字环绕""中间居左，四周型文字环绕""中间居中，四周型文字环绕""中间居右，四周型文字环绕""底端居左，四周型文字环绕""底端居中，四周型文字环绕""底端居右，四周型文字环绕"九种方式。如果用户希望在 Word 2010 文档中设置更丰富的【文字环绕】方式，可以在【排列】组中单击【自动换行】下拉按钮，在打开的下拉列表中选择合适的【文字环绕】方式即可。

4.5 其他工具

Word 还提供了一些其他工具，如首字下沉、分栏、文字方向和带圈字符等。

4.5.1 文字竖排

首先选中需要竖排的文字，然后打开【页面布局】选项卡，单击【页面设置】组中的【文字方向】下拉按钮，在下拉列表中选择【垂直】选项即可将文字竖排。

4.5.2 首字下沉

首字下沉设置可在【插入】选项卡的【文本】组中的【首字下沉】里进行，有两种方式：一种是普通的下沉，该种方式下沉的字符紧靠其他文字；另一种是悬挂下沉，可以随意移动其位置。

4.5.3 分栏

选中所有文字或选中要分栏的段落，单击【页面布局】选项卡，在【页面设置】组中单击【分栏】下拉按钮，在弹出的下拉列表中根据自己的需要选择栏数。如果需要更多的栏数，选择【更多分栏】选项，在【分栏】对话框的【栏数】文本框中设置需要的数目，上限为 11；如果想要在分栏时加上分隔线，选中"分隔线"复选项，如图 4-21 所示。。

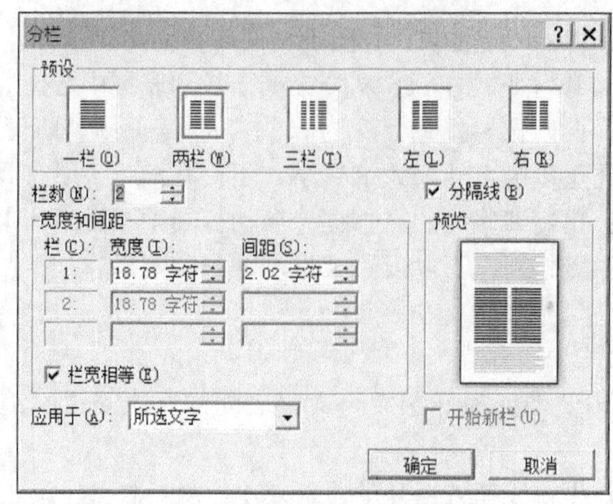

图 4-21 【分栏】对话框

4.5.4 插入分页符和分节符

当要求 Word 里面的前后两页或者一页中的不同部分之间有不同的格式时，往往要用到分页符或分节符，这样操作起来更方便快捷。

（1）插入分页符：方法一，在目标位置单击，打开【页面布局】选项卡，在【页面设置】组中单击【分隔符】下拉按钮，在下拉列表中选择【分页符】选项；方法二，在目标位置单击，打开【插入】选项卡，在【页】组中单击【分页】按钮，即可在目标位置插入分页符标记。

（2）插入分节符：通过在 Word 2010 文档中插入分节符，可以将文档分成多个部分。每个部分可以有不同的页边距、页眉页脚、纸张大小等页面设置。在 Word 2010 文档中插入分节符的操作步骤如下。

① 打开 Word 2010 文档窗口，将光标定位到准备插入分节符的位置，然后切换到【页面布局】选项卡，在【页面设置】组中单击【分隔符】下拉按钮。

② 在打开的下拉列表中，【分节符】区域列出 4 种不同类型的分节符，选择合适的分节符即可。

- 下一页：插入分节符并在下一页上开始新节。
- 连续：插入分节符并在同一页上开始新节。
- 偶数页：插入分节符并在下一偶数页上开始新节。
- 数页：插入分节符并在下一奇数页上开始新节。

4.5.5 插入目录

（1）创建目录：Word 有自动提取目录的功能，用户可以很方便地创建文档目录。选择工具栏中的【引用】选项卡，单击【目录】组中的【目录】下拉按钮，即可按照需要插入目录。

（2）更新目录：选择要更新的目录，然后在目录处单击鼠标右键，在弹出的快捷菜单中选择【更新域】选项。打开【更新目录】对话框，如果只是更新页码，可以只选中【只更新页码】单选项；若要对整个目录进行更新，选中【更新整个目录】单选项。

4.5.6 设置页眉或页脚

打开【插入】选项卡，单击【页眉和页脚】组中的【页眉】下拉按钮，即可按照需要插入页眉；单击【页脚】下拉按钮，即可按照需要插入页脚。

4.5.7 插入页码

打开【插入】选项卡，单击【页眉和页脚】组中的【页码】下拉按钮，即可按照需要插入页码。在【页码】下拉列表中选择【设置页码格式】选项，如图 4-22 所示，可以在打开的对话框中进行页码的格式设置。

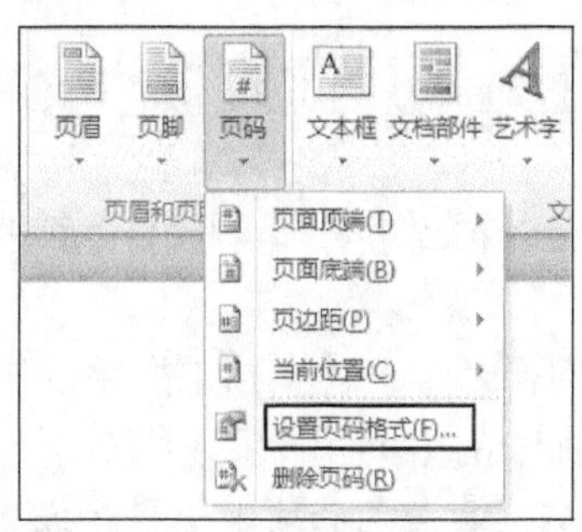

图 4-22｜设置页码格式

4.5.8 设置页面颜色

（1）添加页面颜色：单击【页面布局】选项卡，在【页面背景】组中单击【页面颜色】下拉按钮，打开【页面颜色】下拉框，单击其中一个色块进行页面颜色的设置，也可以选择【其他颜色】选项进行自定义。

（2）设置背景填充效果：单击【页面布局】选项卡，在【页面背景】组中单击【页面颜色】下拉按钮，打开【页面颜色】下拉框，选择【填充效果】选项，弹出【填充效果】对话框，如图 4-23 所示，可以选择需要的渐变、纹理、图案或图片。

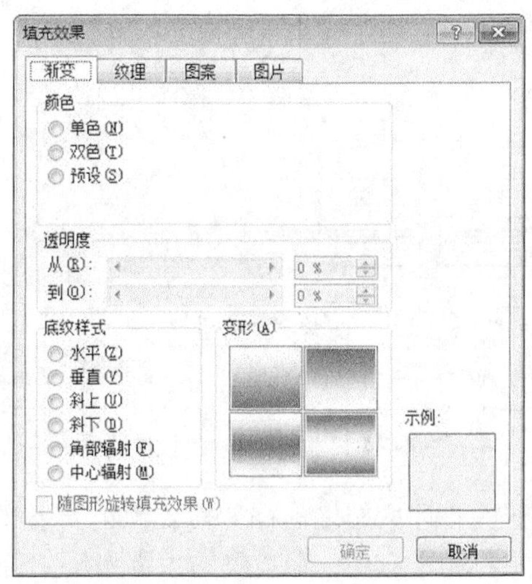

图 4-23｜【填充效果】对话框

4.5.9 添加水印

打开【页面布局】选项卡，在【页面背景】组中单击【水印】下拉按钮，在弹出的下拉列表框里选取所需的内置水印。若想自己定义水印，可选择【自定义水印】选项，打开【水印】对话框，自定义图片水印或文字水印。

4.5.10 页面设置与打印

（1）设置纸张大小：默认情况下，Word 文档的纸张大小是 A4，可以根据需要调整纸张的大小。选择【页面布局】选项卡的【页面设置】组中的【纸张大小】下拉列表中的选项就可以实现。

（2）设置纸张方向：选择【页面布局】选项卡的【页面设置】组中的【纸张方向】下拉列表中的选项就可以实现。

（3）设置页边距：选择【页面布局】选项卡的【页面设置】组中的【页边距】下拉列表中的选项就可以实现。

（4）设置文档网格：文档网格用于设置文档中文字的排列方向、每页的行数、每行的字数等。单击【页面布局】选项卡的【页面设置】组右下角的【页面设置】按钮，在弹出的【页面设置】对话框中的【文档网格】选项卡里进行设置，如图 4-24 所示。

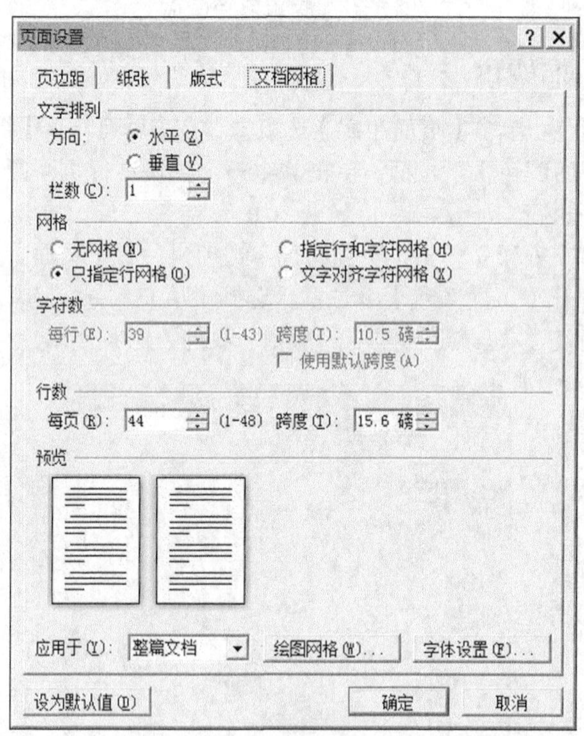

图 4-24 |【页面设置】对话框

（5）预览与打印文档：在打印文档之前往往需要预览一下文档，可以单击【文件】按钮，从弹出的菜单中选择【打印】命令，在右侧的预览窗格中可以预览打印效果。如果已经连接了打印机并安装了驱动程序，可在该区域设置打印份数、打印机属性和单双页打印属性等内容，单击【打印】按钮即可打印当前文档。

例 4-1 将“学院计算机技能大赛通知”文档设置成图 4-25 所示的效果。

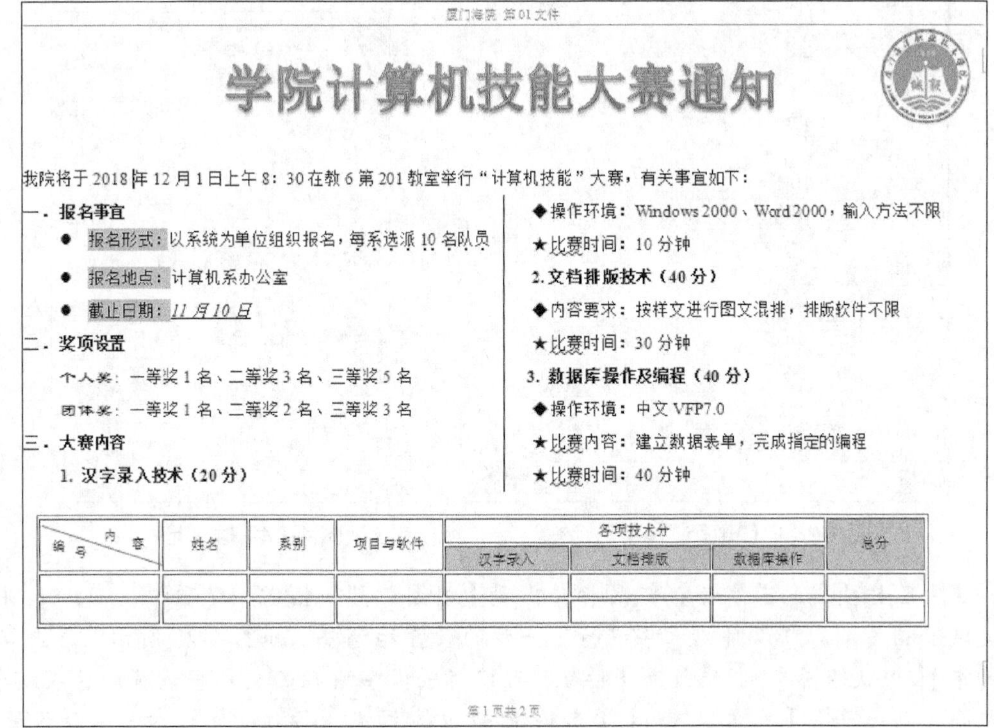

厦门海院 第01文件

学院计算机技能大赛通知

我院将于2018年12月1日上午8：30在教6第201教室举行“计算机技能”大赛，有关事宜如下：

一．报名事宜

- 报名形式：以系统为单位组织报名，每系选派10名队员
- 报名地点：计算机系办公室
- 截止日期：11月10日

二．奖项设置

个人奖：一等奖1名、二等奖3名、三等奖5名

团体奖：一等奖1名、二等奖2名、三等奖3名

三．大赛内容

1. 汉字录入技术（20分）

◆操作环境：Windows 2000、Word 2000，输入方法不限

★比赛时间：10分钟

2. 文档排版技术（40分）

◆内容要求：按样文进行图文混排，排版软件不限

★比赛时间：30分钟

3. 数据库操作及编程（40分）

◆操作环境：中文VFP7.0

★比赛内容：建立数据表单，完成指定的编程

★比赛时间：40分钟

内容 编号	姓名	系别	项目与软件	各项技术分			总分
				汉字录入	文档排版	数据库操作	

第1页共2页

图 4-25 | “学院计算机技能大赛通知”文档设置效果

打开“学院技能大赛通知”文档（见本书配套资源），具体操作步骤如下。

步骤 1：设置纸型和页边距

单击【页面布局】选项卡的【页面设置】组中的【纸张大小】下拉按钮，在弹出的下拉列表中选择【A4 21 厘米×29.7 厘米】选项。

单击【页边距】下拉按钮，在弹出的下拉列表中选择【自定义边距】选项，打开【页面设置】对话框，按公文要求分别设置上、下、左、右的页边距分别为 3.6 厘米、3.4 厘米、2.6 厘米、2.4 厘米，如图 4-26 所示。

由于这篇公文的文字内容较少，且附带一个较大的表格，因此将版面设置为横向比较合适，单击【页面布局】选项卡的【页面设置】组中的【纸张方向】下拉按钮，在弹出的下拉列表中选择【横向】选项。

步骤 2：艺术字设置

将通知文档的标题设置为艺术字，更为突出。选中标题文字，即第一段落（文字结尾的回车符不选），单击【插入】选项卡的【文本】组中的【艺术字】下拉按钮，在弹出的列表框中选择合适的艺术字样式，这里选择“填充-红色，强调文字颜色 2，暖色粗糙棱台”样式，如图 4-27 所示。标题文字即转换成所选艺术字样式，但是正文内容会围绕在标题艺术字四周，将光标定位到正文内容开始的位置，即第二段前，通过按【Enter】键换行，让标题艺术字单独一段。

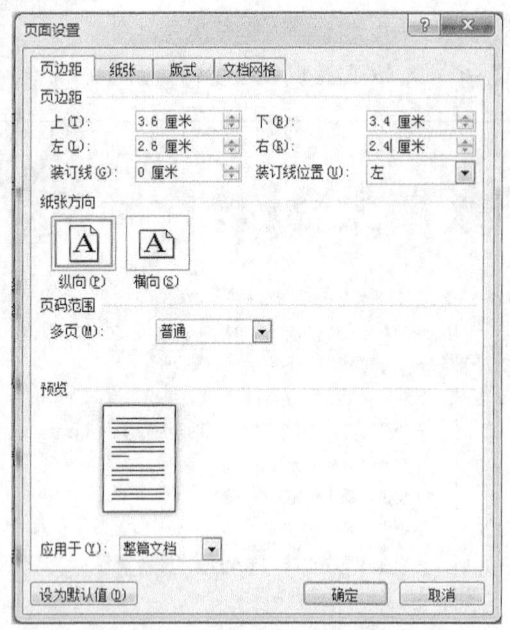

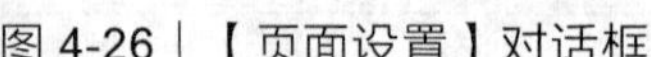
图 4-26 | 【页面设置】对话框

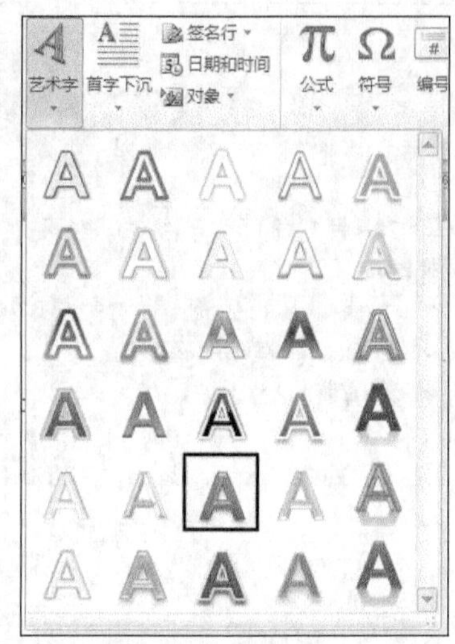

图 4-27 | 插入艺术字

选中已转换成的艺术字，工具栏会出现【绘图工具—格式】选项卡，在该选项卡下提供了相关工具可以对艺术字进行进一步的设置和调整，如图 4-28 所示。单击【形状填充】【形状轮廓】【形状效果】按钮，可以对艺术字所在的文本框设置颜色、线条、填充等效果；单击【文本填充】【文本轮廓】【文本效果】按钮，可以对艺术字设置颜色、线条、填充等效果；单击【自动换行】按钮可以设置艺术字与文字的环绕方式，在弹出的下拉列表中可以选择【四周型环绕】【上下型环绕】等环绕方式。这里将艺术字设置为居中对齐，单击【对齐】下拉按钮，在弹出的下拉列表中选择【左右居中】选项即可。

图 4-28 | 【绘图工具—格式】选项卡

步骤 3：字体设置

选中除标题艺术字以外的其余正文，单击【开始】选项卡，在【字体】组中选择字体为宋体、字号为小四号。

选中“每系选派 10 名队员”文本，单击【开始】选项卡【字体】组的扩展按钮，弹出【字体】对话框，选择【着重号】栏中的下拉列表框中的着重号“·”，单击【确定】按钮，如图 4-29 所示，在文字底部添加着重号。

步骤 4：应用样式

选中文中各标题文字，如“一、报名事宜”“二、奖项设置”“三、大赛内容”，单击【开始】选项卡的【样式】组中的“其他”按钮，在下拉列表中选择【书籍标题】

样式，即可将该样式应用到文字上。

步骤 5：设置项目符号

选中“报名形式”“报名地点”“截止日期”这三行文字，单击【开始】选项卡的【段落】组中的【项目符号】下拉三角按钮 ☰ ▾，在弹出的下拉列表中选择所要的项目符号样式，如图 4-30 所示。

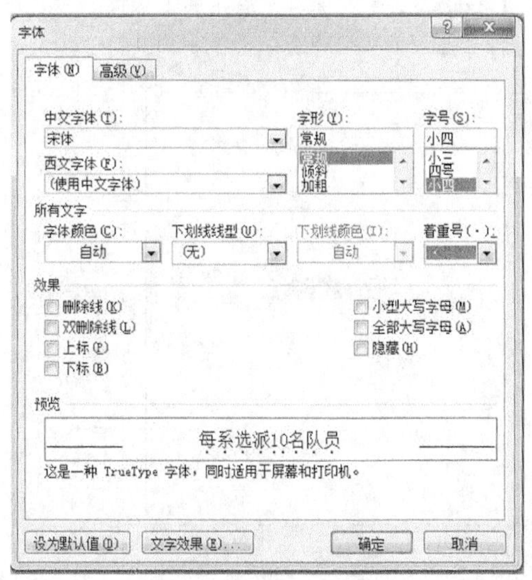

图 4-29 |【字体】对话框

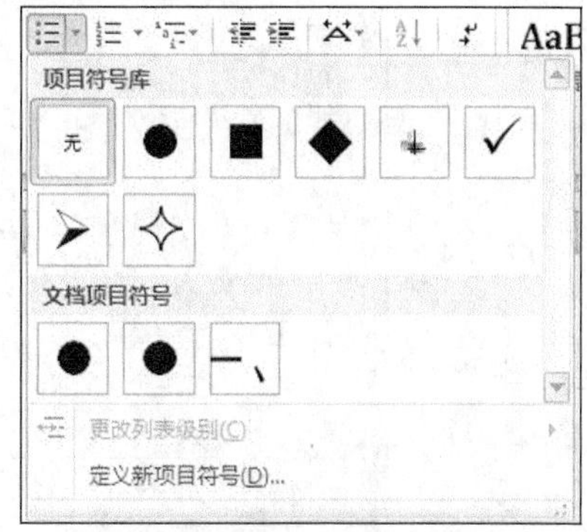

图 4-30 |【项目符号】下拉列表

如果该下拉列表中没有所需要项目符号样式，可以选择下拉列表中的【定义新项目符号】选项，弹出【定义新项目符号】对话框，如图 4-31 所示。单击【符号】按钮，弹出【符号】对话框，如图 4-32 所示。从中选择一个需要的符号样式，单击【确定】按钮，将其添加到【项目符号库】中，最终应用到文档中。

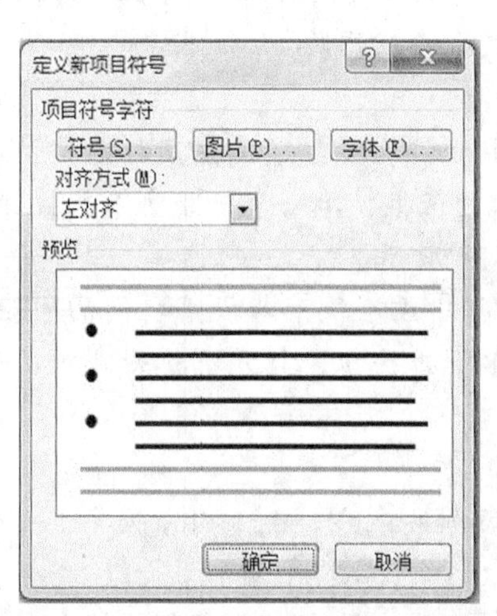

图 4-31 |【定义新项目符号】对话框

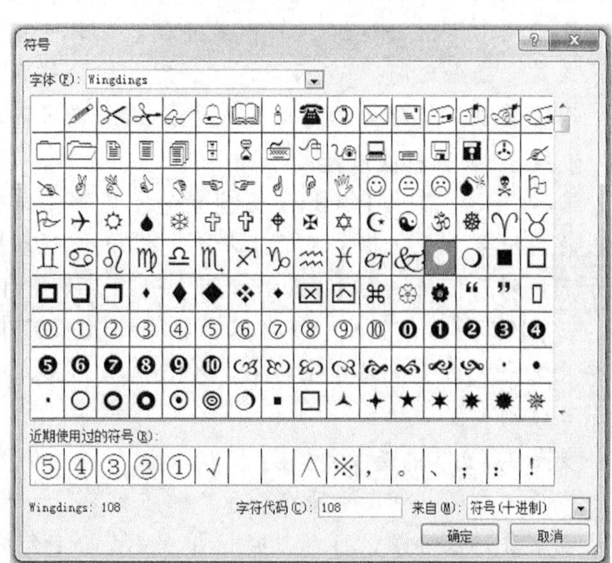

图 4-32 |【符号】对话框

步骤 6：设置边框和底纹效果

选中“报名形式：”文字，单击【开始】选项卡的【段落】组中的【下框线】按钮 ，在弹出的下拉列表中选择【边框和底纹】选项。弹出【边框和底纹】对话框，可以在【边框】和【页面边框】选项卡里为文本或页面添加边框效果。这里选择【底纹】选项卡，在【填充】下拉列表中选择一种填充颜色，还可以在【图案】栏里选择填充的图案样式，如图 4-33 所示，单击【确定】按钮完成设置。

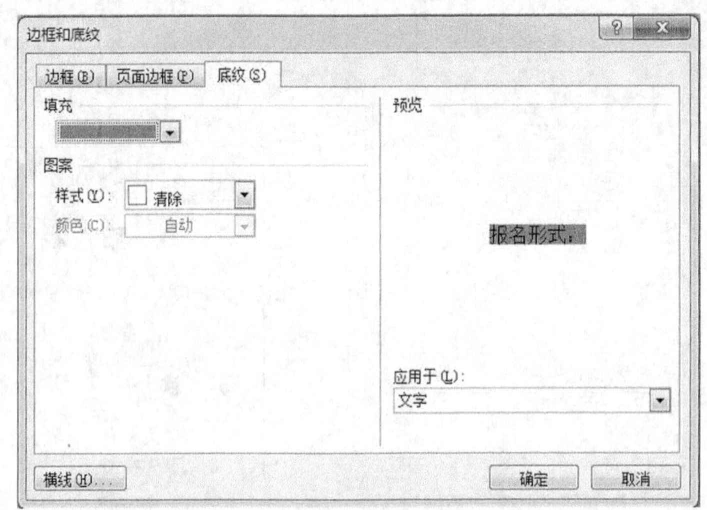

图 4-33 | 【边框和底纹】对话框

步骤 7：应用格式刷

将“报名形式：”文字的底纹效果应用在“报名地点：”“截止日期：”这两处文字上，为避免重复的大量的格式设置操作，可以使用格式刷将相同的格式应用在多处地方。选中已设置好格式的“报名形式：”文本，双击【开始】选项卡的【剪贴板】组中的【格式刷】按钮 格式刷，将格式复制。此时鼠标变成一个刷子状态，分别选中“报名地点：”“截止日期：”这两处文字，则相同的格式效果就直接应用在文字上。应用完毕，再次单击工具栏上的【格式刷】按钮，取消格式刷的应用。

步骤 8：段落格式设置

选择正文，单击【开始】选项卡的【段落】组中的扩展按钮或单击鼠标右键，在弹出的快捷菜单中选择【段落】命令。弹出【段落】对话框，单击【行距】下拉按钮，打开下拉列表框，选择【1.5 倍行距】选项，如图 4-34 所示。

在【段落】对话框中，还可以在【段前】【段后】栏中设置段落与段落之间的间距。若要设置每段第 1 行文字空两格，单击【特殊格式】下拉按钮，打开下拉列表框，选择【首行缩进】选项。

步骤 9：文字的查找和替换

将正文中的“竞赛”两个字修改成“比赛”，并添加波浪线。由于内容较多，一处一处地设置比较麻烦，可以直接使用 Word 的【查找】和【替换】功能。

单击【开始】选项卡的【编辑】组中的【替换】按钮，弹出【查找和替换】对话框，选择【替换】选项卡，在【查找内容】栏中输入“竞赛”，在【替换为】栏中输入“比赛”。因为同时要设置格式，所以单击【查找和替换】对话框中的【更多】按钮，展开对话框的下半部。选中【替换为】栏中的“比赛”文本，单击【格式】按钮，在弹出的下拉列表中选择【字体】选项，如图 4-35 所示。

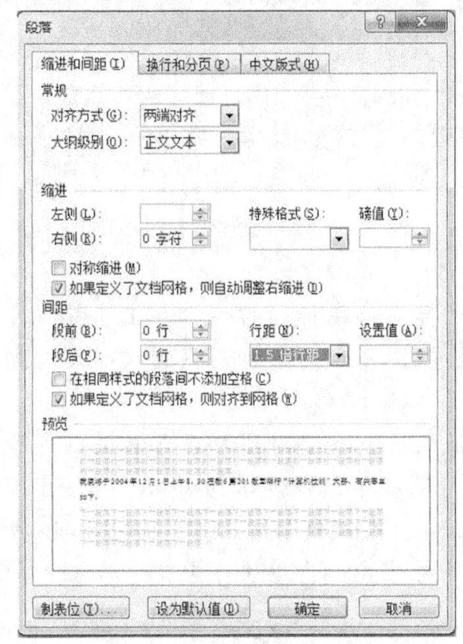

图 4-34 |【段落】对话框

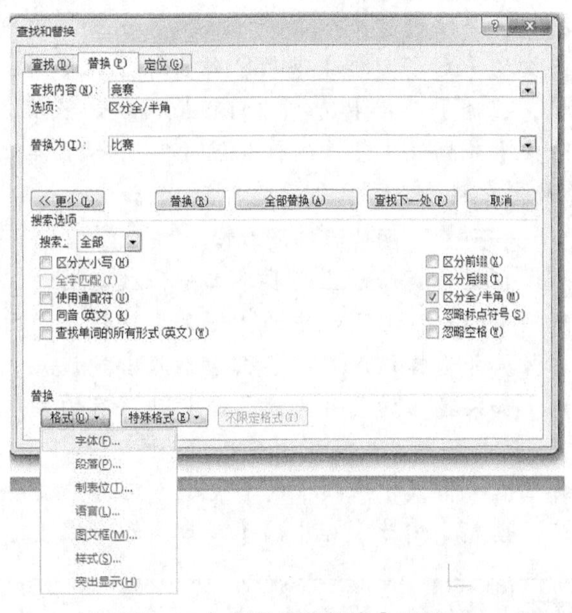

图 4-35 |【查找和替换】对话框

弹出【替换字体】对话框，在【下划线线型】栏中选择波浪线线型，如图 4-36 所示。单击【确定】按钮，返回【查找和替换】对话框，如图 4-37 所示，单击【全部替换】按钮，显示替换的结果。

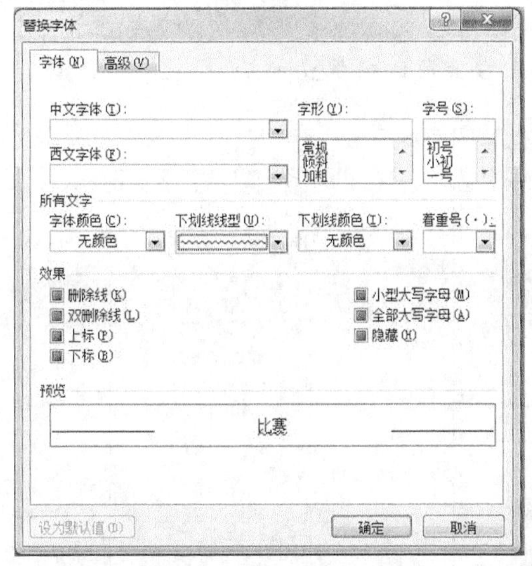

图 4-36 |【替换字体】对话框

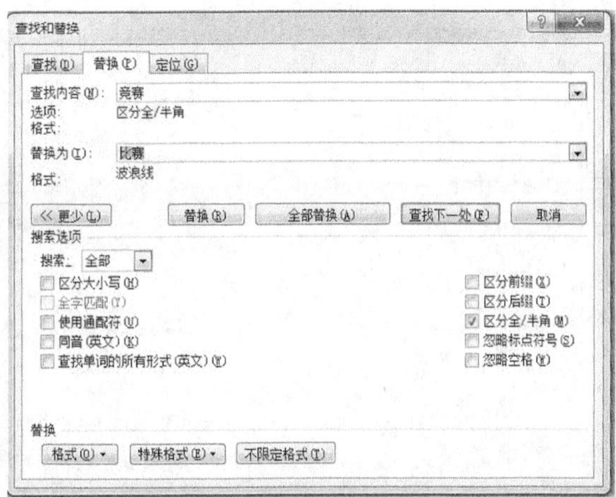

图 4-37 | 返回【查找和替换】对话框

步骤 10：文字分栏设置

由于文字内容较少，排成两页较浪费纸张，可应用分栏效果，节省版面空间。选中正文所有文字（文字结尾的回车符不要选中），单击【页面布局】选项卡的【页面设置】组中的【分栏】按钮。若要进行更多的分栏设置，选择下拉列表中的【更多分栏】选项，弹出【分栏】对话框，选择【两栏】选项，间距使用默认数值，选中【分隔线】复选项，如图 4-38 所示，单击【确定】按钮。

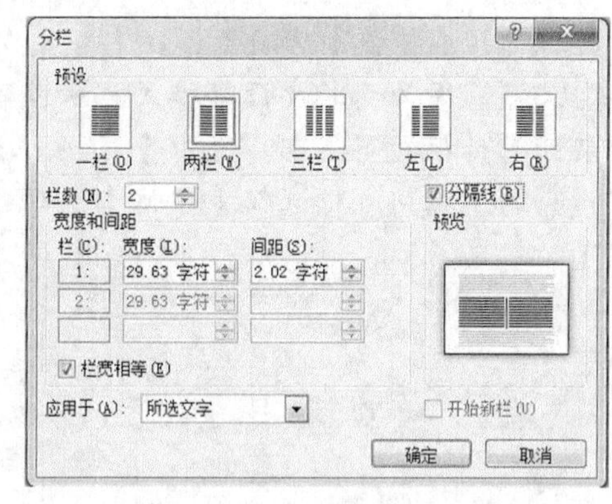

图 4-38 |【分栏】对话框

步骤 11：图片添加及设置

在文档页面右上角要添加一张校徽图片，将光标定位在标题右边，单击【插入】选项卡的【插图】组中的【图片】按钮，弹出【插入图片】对话框，找到校徽图片所在位置并选择该图片，单击【插入】按钮。

如果插入的图片太大，会打乱原有的文字排版效果，就要对图片进行相关版式设置。选择图片，工具栏上会出现【图片工具—格式】选项卡，如图 4-39 所示。单击【图片工具—格式】选项卡的【大小】组的扩展按钮，弹出【布局】对话框，如图 4-40 所示，设置【缩放】栏中的【高度】和【宽度】选项均为 60%，单击【确定】按钮。

图 4-39 |【图片工具—格式】选项卡

设置图片与文字的环绕方式，并将图片置于文档右上角。单击【图片工具—格式】选项卡的【排列】组中的【自动换行】下拉按钮，在下拉列表中选择【四周型环绕】选项，如图 4-41 所示，并用鼠标将其拖到文档右上角适当位置。

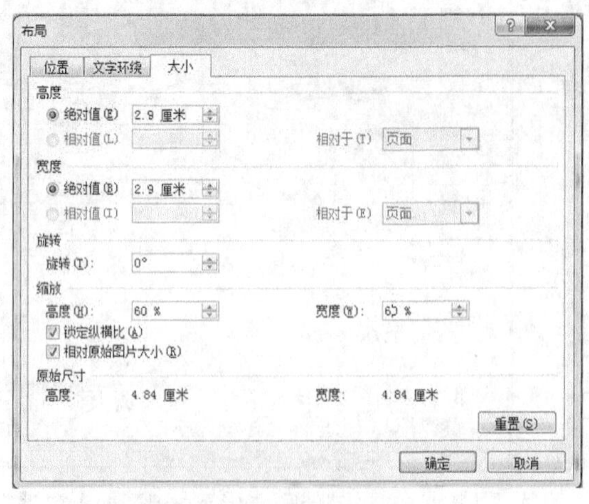

图 4-40 |【布局】对话框

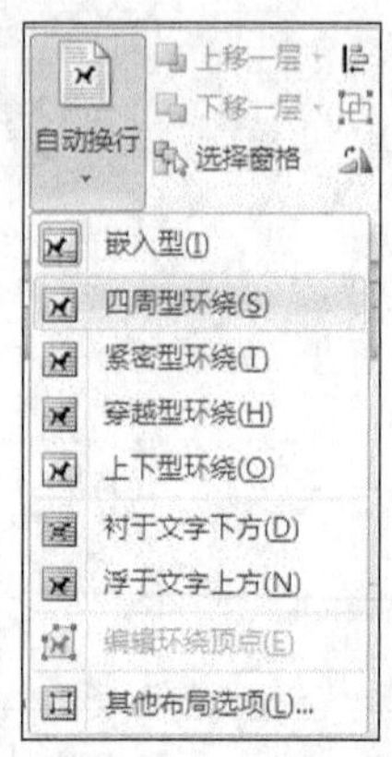

图 4-41 | 图片与文字环绕方式设置

另外，可以通过【图片工具—格式】选项卡的【调整】组中的相关按钮，调整图片的亮度和对比度、锐化和柔化、颜色饱和度、色调、艺术效果等。单击【图片样式】组中的相关按钮，调整图片的边框、阴影、映像、发光、版式等。单击【排列】组中的相关按钮，调整图片的位置、对齐方式、旋转等效果。单击【大小】组中的相关按钮，对图片进行裁剪等操作。

步骤 12：制作比赛评分表格

将光标定位在文档的尾部，单击【插入】选项卡的【表格】组中的【表格】下拉按钮，在下拉列表中选择【插入表格】选项，弹出【插入表格】对话框，设置要插入的行数和列数，如图 4-42 所示。还有一种快速插入表格的方法，但只适用于表格行列数较少的情况，即单击【表格】下拉按钮，在下拉列表中选择相应行列数区域。

将光标置于生成的表格内，工具栏上会出现【表格工具—设计】和【表格工具—布局】两个选项卡，用于对表格进行进一步的设置。

首先进行单元格合并和拆分。选中第 1 行第 5、第 6、第 7 共 3 个单元格，单击【表格工具—布局】选项卡的【合并】组中的【合并单元格】按钮，将这 3 个单元格合并成 1 个单元格。选中合并后的单元格，单击【表格工具—布局】选项卡的【合并】组中的【拆分单元格】按钮，弹出【拆分单元格】对话框，将该单元格拆分成 1 列 2 行，单击【确定】按钮，如图 4-43 所示。

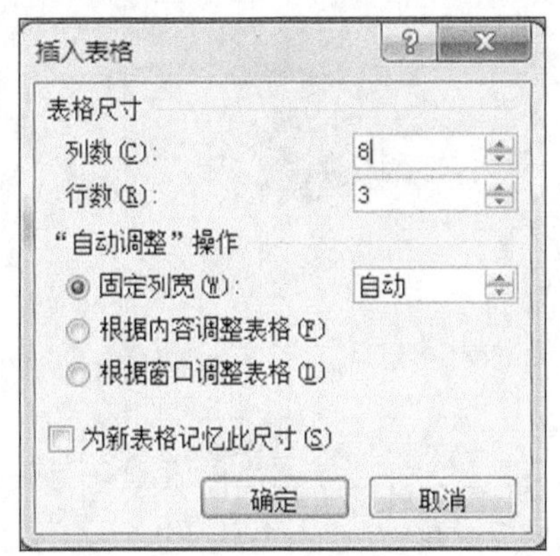

图 4-42 |【插入表格】对话框

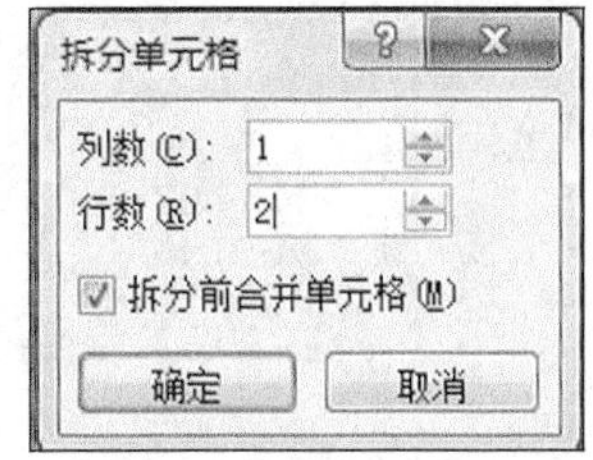

图 4-43 |【拆分单元格】对话框

选中拆分完后的第 2 行单元格，再次单击【拆分单元格】按钮，弹出【拆分单元格】对话框，将该单元格再拆分成 3 列 1 行，单击【确定】按钮。

在标题行的各单元格中输入相应的文字，接着对表格进行美化，设置表格的样式，使其色彩和样式变得灵活而生动。选中表格，单击【表格工具—设计】选项卡的【边框】下拉按钮，在下拉列表中选择【边框和底纹】选项。弹出【边框和底纹】对话框，选择【边框】选项卡，在【设置】栏中选择“全部”，在【样式】栏中选择“立体双线型”，在【颜色】栏中选择“蓝色”，在【宽度】栏中选择“0.5 磅”，如图 4-44 所示，单击【确定】按钮，将该边框效果应用在表格的全部边框上。

图 4-44 | 边框设置

选中要设置底纹的单元格，单击【表格工具—设计】选项卡的【边框】下拉按钮，在下拉列表中选择【边框和底纹】选项。弹出【边框和底纹】对话框，选择【底纹】选项卡，在【填充】栏中选择“浅蓝色”，单击【确定】按钮，如图 4-45 所示。

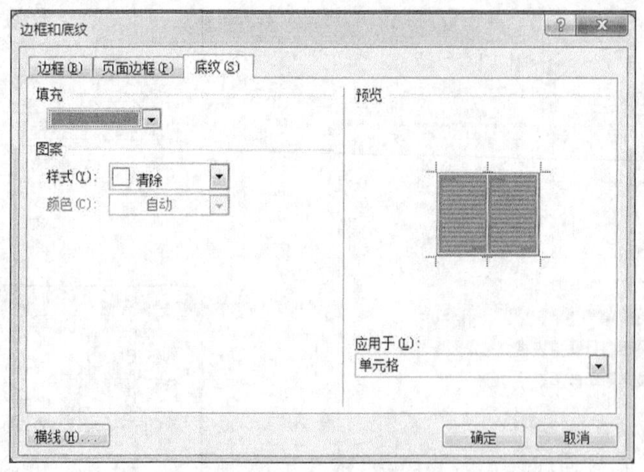

图 4-45 | 底纹设置

最后绘制斜线表头。选中左上角单元格，单击【表格工具—设计】选项卡的【边框】下拉按钮，在下拉列表中选择【斜下框线】命令，即可在单元格中添加一条相应斜线，在相应位置输入文字内容。表格设置完成的效果如图 4-46 所示。

内容 / 编号	姓名	系别	项目与软件	各项技术分			总分
				汉字录入	文档排版	数据库操作	

图 4-46 | 表格效果

此外，单击【表格工具—设计】选项卡的【表格样式】组中的相关按钮，可以直接为表格应用各样式。单击【表格工具—布局】选项卡的【行和列】组中的相关按钮，可以在表格上添加行或列。单击【表格工具—布局】选项卡的【单元格大小】组中的相关按钮，可以设置行高和列宽。单击【表格工具—布局】选项卡的【数组】组中的相关按钮，可以对表格内的数据进行计算、排序。单击【表格工具—布局】选项卡的【对齐方式】组中的相关按钮，可以设置单元格内文本的对齐方式。

步骤 13：插入分页

将上述完成的表格调整到第 2 页。将光标定位到表格前，单击【插入】选项卡的【页】组中的【分页】按钮，表格即调整到第 2 页。

步骤 14：插入页码

单击【插入】选项卡的【页眉和页脚】组中的【页码】下拉按钮，在弹出的下拉列表中选择【页面底端】选项，在子列表中会列出各种形式的页码样式，选择【X/Y】选项中的【加粗显示的数字】样式，如图 4-47 所示。在页脚区域就会生成“1/2”和“2/2”样式的页码，单击【开始】选项卡的【段落】组中的【居中】按钮，在页脚区域将页码设置为居中，在原有“1/2”页码的基础上，加上“第”“页”“共”“页”文字，将其改为“第 1 页　共 2 页”的样式。

步骤 15：页眉页脚设置

设置页眉内容，奇数页页眉为“厦门海院第 01 文件”，偶数页页眉为“比赛评分表格”。单击【插入】选项卡的【页眉和页脚】组中的【页眉】按钮，在下拉列表中会列出各种形式的页眉样式，选择“空白”样式，如图 4-48 所示。进入页眉区域，工具栏显示【页眉和页脚工具—设计】选项卡，如图 4-49 所示。选中【选项】组中的【奇偶页不同】复选项，在标识出的奇数页页眉区域输入“厦门海院第 01 文件”，在偶数页页眉区域输入“比赛评分表格”。完成后，单击【页眉和页脚工具—设计】选项卡中的【关闭页眉和页脚】按钮，退出页眉页脚编辑。

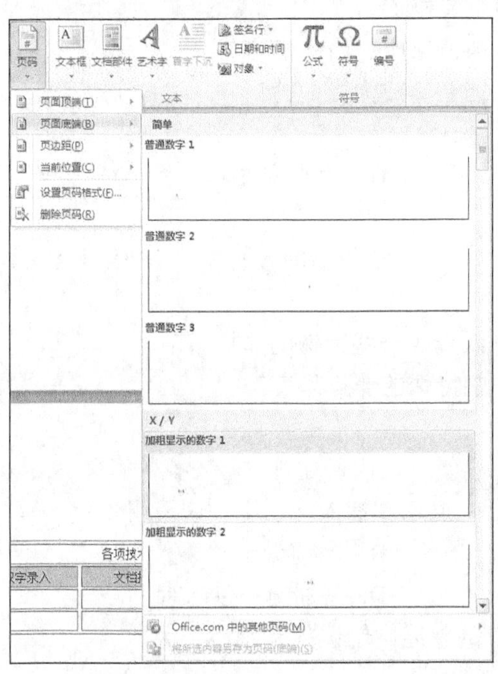

图 4-47 | 插入页码设置

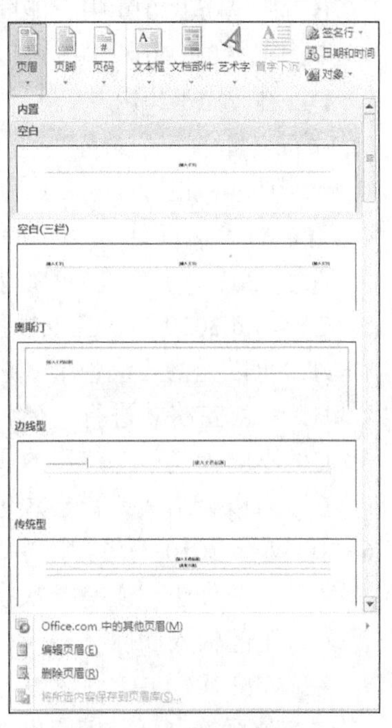

图 4-48 | 插入页眉设置

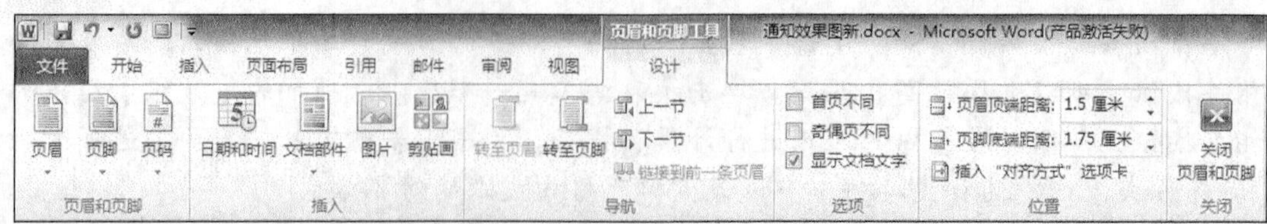

图 4-49 | 【页眉和页脚工具—设计】选项卡

此外，单击【页眉和页脚工具—设计】选项卡的【插入】组中的相关按钮，可以在页眉和页脚区域插入日期和时间、图片、剪贴画等。

本章小结

本章主要介绍 Word 2010 的功能特点，通过本章的学习，学生应该掌握如何创建 Word 文档；如何进行文字排版，设置字体格式、段落格式，插入图片及图文混排；如何在 Word 里插入表格及对表格进行各种操作，设置页面格式并进行打印，在生活和工作中灵活运用 Word 来提高效率。

习题

1. 在默认情况下，Word 2010 文档的扩展名是（　　）。

   A. .wps　　B. .txt　　C. .dbf　　D. .docx

2. 下列说法中，正确的是（　　）。

   A. 在 Word 2010 中，只能打开一个文档窗口

   B. 在 Word 2010 中，能同时打开多个文档窗口

   C. 在 Word 2010 中，可以使多个文档窗口成为当前窗口

   D. 在 Word 2010 中，只能使两个文档窗口成为当前窗口

3. 页眉和页脚可以显示在（　　）中。

   A. 普通视图　　B. 页面视图　　C. 大纲视图　　D. 全屏幕视图

4. 选取整篇文章用（　　）组合键。

   A.【Ctrl+A】　　B.【Ctrl+C】　　C.【Alt+A】　　D.【Alt+C】

5. 在 Word 2010 中，查找操作（　　）。

   A. 可以无格式或带格式进行，还可以查找一些特殊的非打印字符

   B. 只能带格式进行，还可以查找一些特殊的非打印字符

   C. 不能查找一些特殊的非打印字符

   D. 可以无格式或带格式进行，但不能使用任何通配符进行查找

6. 在 Word 2010 编辑窗口中，若状态栏上显示“插入”二字，这表明（　　）。

   A. 当前处于“改写”状态　　B. 当前处于“插入”状态

   C. 不能输入任何字符　　D. 只能输入英文字符

7. 在 Word 2010 中，下列关于文档分页的叙述中错误的是（　　）。

   A. 分页符也可以打印出来

B. 文档可以自动分页，也可以人工分页

C. 将插入点置于硬分页符上，按【Delete】键可将其删除

D. 分页符标志前一页结束，新一页的开始

8. 在 Word 2010 中，将选定的文字从文档的一个位置复制到另一个位置，采用鼠标拖动时，需按住的键是（　　）。

A. Alt　　B. Shift　　C. Enter　　D. Ctrl

9. 在 Word 2010 编辑状态下，执行“文件”下拉菜单中的“保存”命令后（　　）

A. 将所有打开的文档存盘

B. 只能将当前文档存储在原文件夹内

C. 可以将当前文档存储在已有的任一文件夹内

D. 可先建立一个新文件夹，再将文档存储在该文件夹内

10. 在 Word 2010 中，选择“审阅”选项卡的“校对”功能区中的“字数统计”命令后，不能得到的信息是（　　）。

A. 文档的页数　　B. 文档的节数　　C. 文档的段落数　　D. 文档的行数

第5章

Excel 2010应用

理论要点：

1. Excel 2010 窗口组成区域的介绍；
2. 工作簿、工作表和表格的基本操作；
3. 公式的组成、单元格地址的相对和绝对引用；
4. 常用函数的使用方法；
5. 筛选、数据透视表、数据图表的作用。

技能要点：

1. 数据的输入及格式化设置；
2. 利用公式、函数进行数据的计算；
3. 使用排序、筛选、分类汇总等功能进行数据的管理及分析；
4. 图表的创建及编辑；
5. 使用数据透视表等功能进行数据的统计及分析。

5.1 Excel 2010 基本操作

5.1.1 Excel 2010 窗口

从【开始】菜单的【程序】二级菜单中选择【Microsoft Office】下的 Microsoft Excel 2010 程序或者直接在桌面上双击 Microsoft Excel 图标启动 Excel 程序，屏幕上出现 Excel 按钮窗口，如图 5-1 所示。Excel 文档的默认扩展名为“.xlsx”。

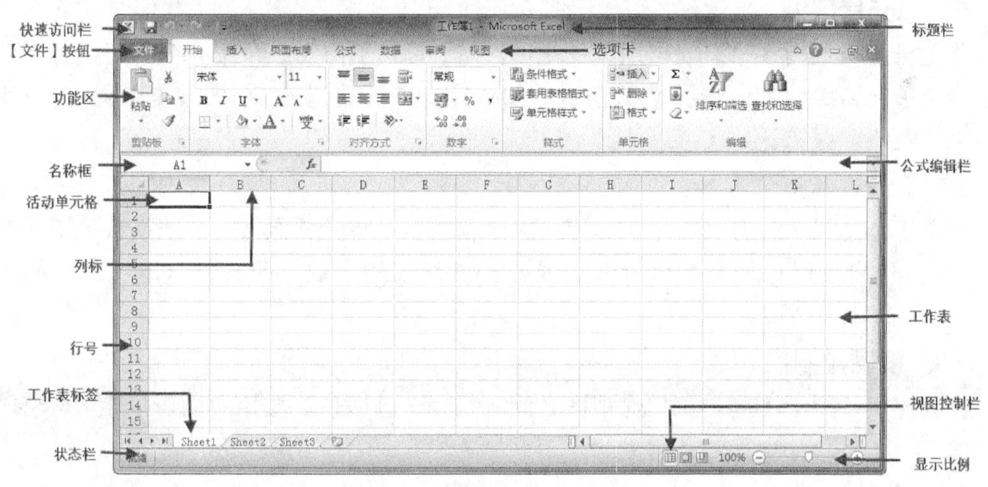

图 5-1 | Excel 窗口及组成

1. 标题栏

标题栏位于窗口最上方居中位置，用于标识窗口名称，显示应用程序名称和工作簿名称。默认状态下，标题栏的左侧是“快速访问工具栏”，中间显示当前编辑文件的文件名称，右侧是【最小化】【最大化】【关闭】3 个窗口控制按钮。

2.【文件】按钮

单击【文件】按钮，打开【文件】菜单，可以选择保存、另存为、打开等导航进行操作。其中【选项】命令可以针对工作簿的常规、公式、保存、高级等方面进行具体设置。

3. 选项卡、功能区

Excel 2010 默认有 7 个选项卡，包括【开始】【插入】【页面布局】【公式】【数据】【审阅】【视图】，不同的选项卡可实现多种不同的功能。单击选项卡名称，即可进入相应的功能区，每个功能区根据功能的不同又分为若干个组。

4. 快速访问栏

快速访问栏位于窗口的左上角，集中了一些常用的功能按钮，包括【保存】【撤销】【恢复】等。

5. 公式编辑栏

公式编辑栏简称编辑栏，用于输入或编辑工作表或图表中的数据，由三部分组成，自左向右依次为：名称框、按钮和数据区。

6. 活动单元格

活动单元格即为当前正在操作的单元格，它会被一个黑线框包围。单元格是工作表中数据编辑的基本单位。

7. 行号与列标

在 Excel 工作表中，单元格地址是由列标（如 A、B、C）与行号（如 1、2、3）来表示的。一个工作表共有 65 536 行、256 列，列标以 A,B,C,…,Z,AA,AB,…，IV 来表示，行号以 1,2,3,…，65 536 来表示。例如，A2 代表 A 列第二行所在的单元格。

8. 单元格区域

单元格区域是指多个单元格组成的矩形区域，其表示由左上角第一个单元格和右下角最后一个单元格的地址中间加“:”组成，如 A1:C5 单元格区域表示从 A1 单元格到 C5 单元格之间的矩形区域。

9. 工作表标签

一个工作簿最多包含 255 个工作表，工作表由多个单元格组成。系统默认的工作表只有 3 个，用户可以根据需要自行增加或减少工作表的个数，系统默认的工作表标签以 Sheet1～Sheet3 来命名。

10. 视图控制栏

视图控制栏用于不同的工作簿视图之间的切换，包括【普通】【页面布局】【分页预览】等视图。

11. 显示比例

在显示比例区域，拖动滑块可以调整显示比例的大小。

5.1.2 工作簿的基本操作

1. 新建工作簿

Excel 2010 在启动时会自动创建一个名为“工作簿 1”的新工作簿。若要再创建新的工作簿，可以单击【文件】菜单中的【新建】命令，选择相应的模板或“空白工作簿”，单击窗口右侧的【创建】按钮即可，如图 5-2 所示。

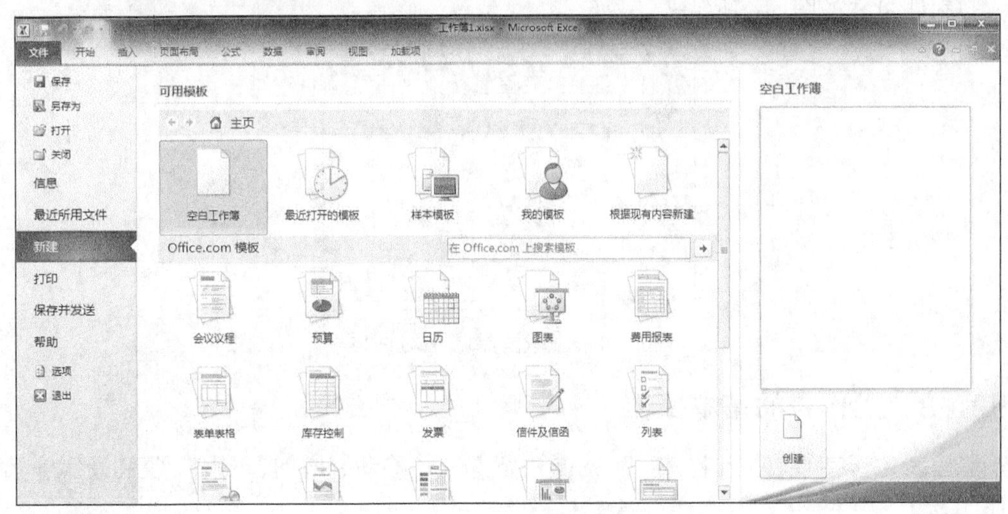

图 5-2｜新建工作簿

2. 保护工作簿

用户可以使用【保护工作簿】功能，避免破坏工作簿的结构和窗口，操作步骤如下。

（1）打开需要保护的工作簿，在【审阅】选项卡的【更改】组中单击【保护工作簿】按钮。

（2）在弹出的【保护结构和窗口】对话框中，选择相应的保护工作簿的选项，单击【确定】按钮即可，如图 5-3 所示。

- “结构”用于保护工作簿的结构，如删除、插入、移动、重命名、隐藏、取消隐藏工作表等。
- “窗口”用于保护工作表的窗口不被关闭、缩放、隐藏、取消隐藏等。
- “密码”的设置可以在取消相关的保护操作时进行。

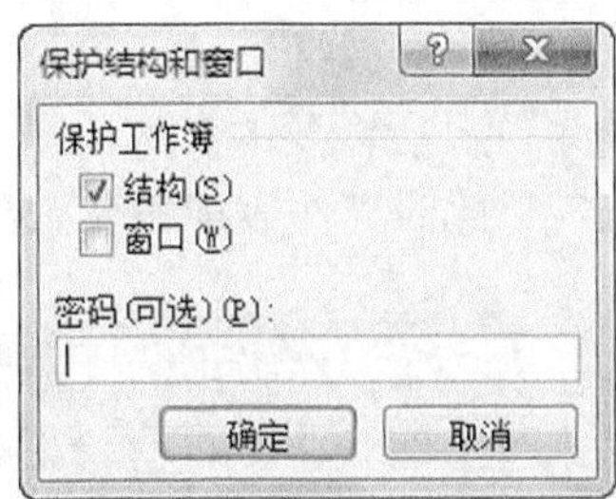

图 5-3｜【保护结构和窗口】对话框

3. 隐藏工作簿

用户可以使用工作簿的【隐藏】功能，将包含重要数据的工作簿隐藏起来，防止他人查看，具体操作步骤如下。

（1）打开需要隐藏的工作簿，在【视图】选项卡的【窗口】组中单击【隐藏】按钮即可。

（2）如果要取消被隐藏的工作簿，可以在【视图】选项卡的【窗口】组中单击【取消隐藏】按钮，弹出【取消隐藏】对话框，在列表框中选择要取消隐藏的工作簿，单击【确定】按钮即可，如图 5-4 所示。

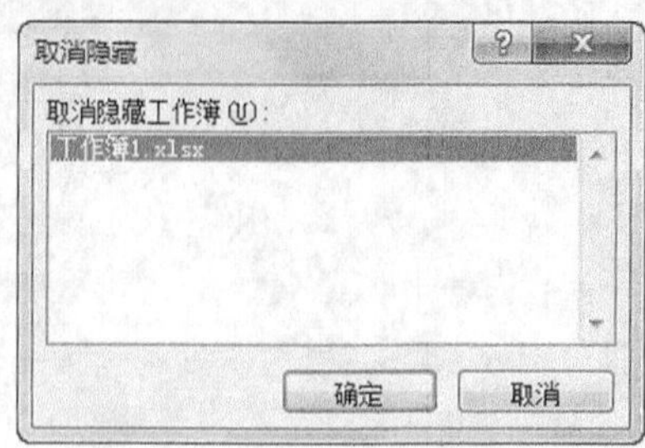

图 5-4 |【取消隐藏】对话框

5.1.3 工作表的基本操作

工作表用于存储表格和图表，可对其进行选定、移动、增加、删除、复制及重命名等操作。

1. 选定工作表

用鼠标左键直接在相应的工作表标签上单击，工作表标签呈现白色状态，即切换到相应的工作表编辑区。

2. 增加工作表

系统默认只有 3 个工作表，增加新的工作表可选择以下两种方法。

方法一：在【开始】选项卡的【单元格】组中单击【插入】下拉按钮，从其下拉列表中选择【插入工作表】选项，这时 Excel 在鼠标当前选定的工作表之前插入一个新的工作表，默认名为 SheetN。

方法二：用鼠标右键单击工作表标签，弹出快捷菜单，选择【插入】命令，将弹出【插入】对话框，在【常用】选项卡下，选择【工作表】图标，单击【确定】按钮，这时 Excel 在鼠标当前选定的工作表之前插入一个新的工作表，默认名为 SheetN。

3. 重命名工作表

用户可以为工作表重新命名为自己所需要的名称。

方法一：在工作表标签上双击，此时工作表标签变为黑色，呈现可编辑状态，直接输入新的工作表名称。

方法二：用鼠标右键单击工作表标签，在弹出的快捷菜单中选择【重命名】命令，此时工作表标签同样变为黑色，呈现可编辑状态，直接输入新的工作表名称。

4. 移动或复制工作表

用户可以移动工作表，以更改其排列的顺序。

方法一：选定要移动的工作表标签并按住鼠标左键不放，此时在工作表标签上会出现一个黑色三角滑块▼。往目标工作表标签方向移动，此时黑色三角滑块跟着移动，当位于目标工作表标签左上方时，松开鼠标左键，将会看到要移动的工作表已移到相应位置。

在上述操作中，若选定要移动的工作表标签并按住鼠标左键不放的同时，按住【Ctrl】

键，则在移动的目标位置上会出现此工作表的副本，实现复制功能。

方法二：用鼠标右键单击要移动的工作表标签，在弹出的快捷菜单中选择【移动或复制】命令。弹出【移动或复制工作表】对话框，在【工作簿】下拉列表框中选择当前的工作簿名称，即“工作簿 1”；在【下列选定工作表之前】列表框中选择将移动到哪个工作表之前，单击【确定】按钮，将会看到工作表移动到相应的位置上。

在上述操作中，在【移动或复制工作表】对话框中，若选择【建立副本】选项，则实现复制功能。

5. 删除工作表

若要删除不要的工作表，可用鼠标右键单击选定的工作表标签，在弹出的快捷菜单中选择【删除】命令，弹出确认框，单击【删除】按钮，则删除选中的工作表及工作表上存储的数据。

6. 给工作表标签添加颜色

若工作表较多，可以给不同的工作表标签添加颜色，来进行突出显示。用鼠标右键单击要添加颜色的工作表标签，在弹出的快捷菜单中选择【工作表标签颜色】命令，在弹出的子菜单中根据需要选择一种颜色。

7. 保护工作表

用户可以使用【保护工作表】功能，防止他人随意地对工作表进行更改，有两种设置方法，具体如下。

方法一：切换到需要保护的工作表，在【审阅】选项卡的【更改】组中单击【保护工作表】按钮。在弹出的【保护工作表】对话框中，选中需要对其进行保护的复选项，单击【确定】按钮即可，如图 5-5 所示。

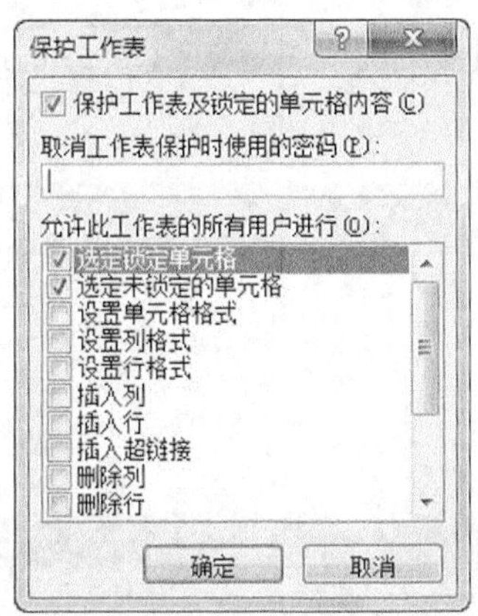

图 5-5 |【保护工作表】对话框

方法二：切换到需要保护的工作表，在【开始】选项卡的【单元格】组中单击【格式】下拉按钮，从其下拉列表中选择【保护工作表】选项。在弹出的【保护工作表】对话框中，选中需要对其进行保护的复选项，单击【确定】按钮即可。

8. 隐藏工作表

用户可以使用【隐藏工作表】功能，防止其他人查看工作表中的重要数据，操作步骤如下。

（1）选定需要隐藏的工作表，在【开始】选项卡的【单元格】组中单击【格式】下拉按钮，从其下拉列表中选择【隐藏和取消隐藏】选项，再从二级列表中选择【隐藏工作表】选项。

（2）如果要取消被隐藏的工作表，可以在【开始】选项卡的【单元格】组中单击【格式】下拉按钮，从其下拉列表中选择【隐藏和取消隐藏】选项，再从二级列表中选择【取消隐藏工作表】选项，打开【取消隐藏】对话框，在列表框中选择要取消隐藏的工作表，单击【确定】按钮即可，如图 5-6 所示。

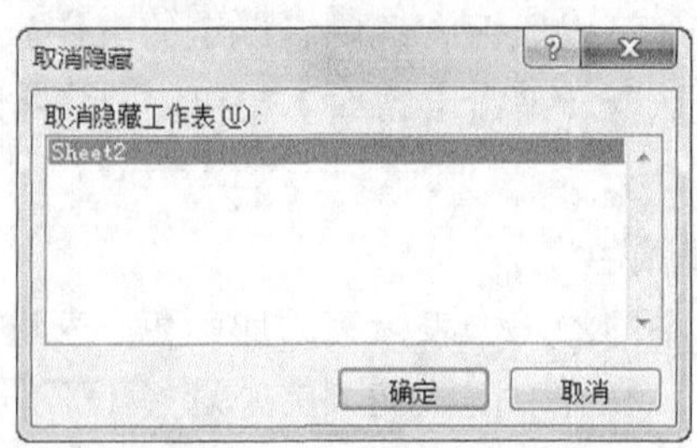

图 5-6 | 【取消隐藏】对话框

9. 拆分工作表

拆分工作表窗口是把当前工作表窗口拆分成多个窗格，每个窗格中都可以通过各自的滚动条来显示工作表的每部分的内容，可以按水平、垂直或水平垂直混合方式来拆分，操作步骤如下。

（1）选定活动单元格。拆分时将以该单元格所在的位置为分割点，该单元格将成为右下角窗格的第一个单元格。

（2）在【视图】选项卡的【窗口】组中单击【拆分】按钮，在选定单元格处将工作表拆分成 4 个独立的窗格，如图 5-7 所示。

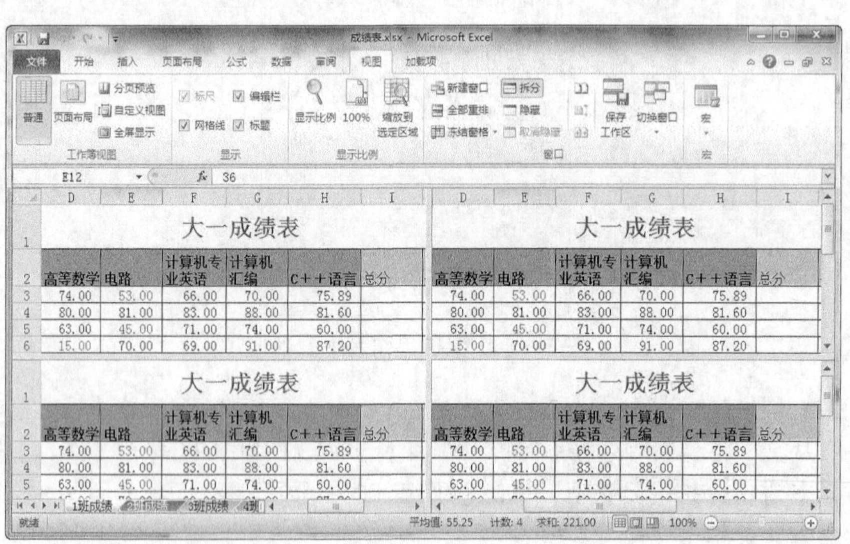

图 5-7 | 窗口被拆分后的效果

（3）如果要取消窗口的拆分，再次单击【视图】选项卡的【窗口】组中的【拆分】按钮即可。

10．冻结工作表

冻结工作表窗口是在工作表中选定单元格作为冻结点，该单元格上方和左侧的所有单元格将被冻结，一直显示在屏幕上。冻结工作表一般用于冻结行列标题，通过滚动条来查看工作表的其他部分的内容，操作步骤如下。

（1）选定单元格，如 A3 单元格，在【视图】选项卡的【窗口】组中单击【冻结窗格】下拉按钮，从其下拉列表中选择【冻结拆分窗格】选项，这样第一行和第二行的标题内容就始终显示在屏幕上。

（2）如果要取消窗口的冻结，在【视图】选项卡的【窗口】组中单击【冻结窗格】下拉按钮，从其下拉列表中选择【取消冻结窗格】选项即可。

例 5-1　创建一个年级各班的成绩表，共有 5 个班级，可以为每个班级创建一个工作表用来存储各班的成绩，效果如图 5-8 所示。

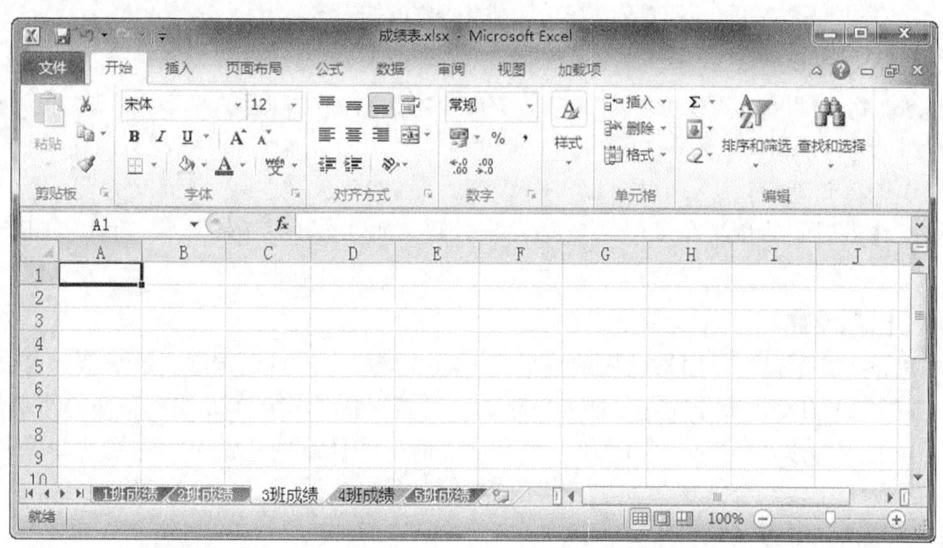

图 5-8｜工作表的添加及重命名

步骤 1：选定 Sheet3 工作表标签，添加 2 个新的工作表。

步骤 2：将 Sheet1 工作表的名字重命名为“1 班成绩”，以此类推。

步骤 3：用鼠标右键单击工作表标签，在弹出的快捷菜单中选择【工作表标签颜色】命令，为每个工作表标签分别设置颜色。

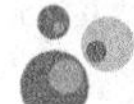

5.2　表格基本操作

5.2.1　数据输入

在 Excel 中输入的数据可以是文本、数值和时间型数据。选定要输入数据的单元格，输入数据后，按【Enter】键或单击其他单元格结束输入。

1. 输入文本

在 Excel 中，文本是指当作字符串处理的数据，它包括汉字、字母、数字字符、空格及各种符号。

（1）对于一些纯数字串的输入，如电话号、邮政编码、身份证号、0 开头的学号等纯数字串，不参与算术运算，应作为字符串处理，输入时应先输入英文字符的单引号（'）。

（2）在默认状态下，文本型数据在单元格内左对齐显示。

2. 输入数值

Excel 中的数值可以采用整数、小数、科学计数法表示，需要注意以下事项。

（1）输入分数时，应在分数前加“0”和一个空格，这样可以区别于日期。例如输入“0 4/5”，在单元格中显示为“4/5”，如不加“0”，将会显示为“4 月 5 日”。

（2）带括号的数字被认为是负数。例如输入“(123)”，在单元格中显示为“－123”。

（3）如果在单元格中输入的数据过长，那么在单元格中将显示为“＃＃＃＃”，这时可以适当调整此单元格的列宽。

（4）在默认状态下，所有数值在单元格中均右对齐。

3. 输入时间

Excel 将日期和时间视为数字处理。工作表中的时间和日期的显示方式取决于所在的单元格的数字格式。

（1）输入日期使用“—”或“/”分隔，如“1983—5—4”或“1983/5/4”。

（2）输入时间使用半角冒号“:”或汉字分隔，如“11:12:23pm”或“下午 11 时 12 分 23 秒”。

4. 自动填充

在 Excel 工作表中，如果输入的数据是一组变量或一组有固定序列的数值，可以使用 Excel 提供的【自动填充】功能。操作方法为：将鼠标指针放在单元格右下角的小黑块上，当鼠标指针变为黑色十字形“十”（即填充柄）时，按住鼠标左键不放，拖动此填充柄，即可在工作表上复制公式或填充单元格内容。

（1）数值型数据的填充

选中初值单元格后直接拖动填充柄，数值不变，相当于复制。

当填充的数值序列有一定的规律性时，对于一些等差、等比数列，可进行如下操作：选中初值单元格后直接拖动填充柄，这时填充的数值不变。选中此列数值，在【开始】选项卡的【编辑】组中单击【填充】下拉按钮，在弹出的下拉列表中选择【系列】选项，弹出【序列】对话框，如图 5-9 所示，进行相关设置。根据是往上下还是往左右填充，选择“序列产生在列”或“序列产生在行”；根据填充的序列的规律性，选择“类型”为“等差序列”或“等比序列”，并设置步长值。可根据需要设置终止值，完成后单击【确定】按钮。

（2）日期型数据的填充

对于日期型数据，直接拖动填充柄，将按“日”生成等差序列；按【Ctrl】键拖动填充柄，相当于复制。对于一些有规律的日期，可以选择按日、工作日、月、年来填充，操作方法如下。

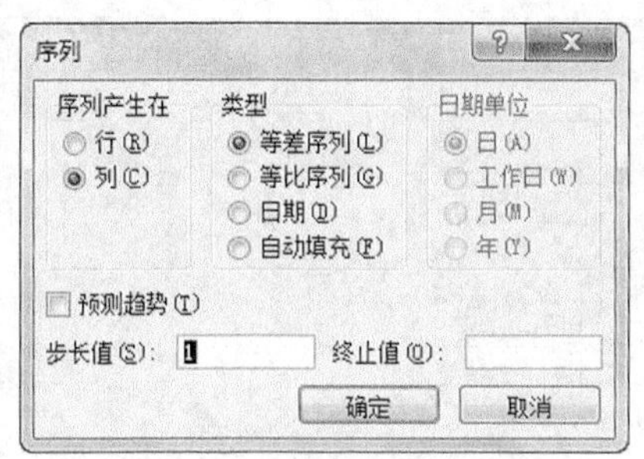

图 5-9 | 【序列】对话框

选中初值单元格后直接拖动填充柄，填充完后，选中此列数值。在【开始】选项卡的【编辑】组中单击【填充】下拉按钮，在弹出的下拉列表中选择【系列】选项，弹出【序列】对话框，进行相关设置。在【类型】中选择“日期”，在【日期单位】中可选择“日”“工作日”“月”“年”，根据需要设置终止值，单击【确定】按钮。

（3）文本型数据的填充

① 不含数字串的文本，拖动填充柄填充时，相当于复制。

② 对于一些有规律的文本，如星期一～星期日、第一组～第十组、一月～十二月、甲～癸等，也可进行填充。

单击【文件】菜单中的【选项】按钮，弹出【Excel 选项】对话框，单击【高级】按钮，在相应界面中单击【编辑自定义列表】按钮，如图 5-10 所示。弹出图 5-11 所示的【自定义序列】对话框，可以看到在“自定义序列”列表框中已经有一些 Excel 自定义好的文本序列，如一月～十二月，第一季～第四季等。若要在工作表中填充这些已有的序列，可直接在工作表单元格内输入序列的第一个文本，然后拖动填充柄。

图 5-10 | 【Excel 选项】对话框

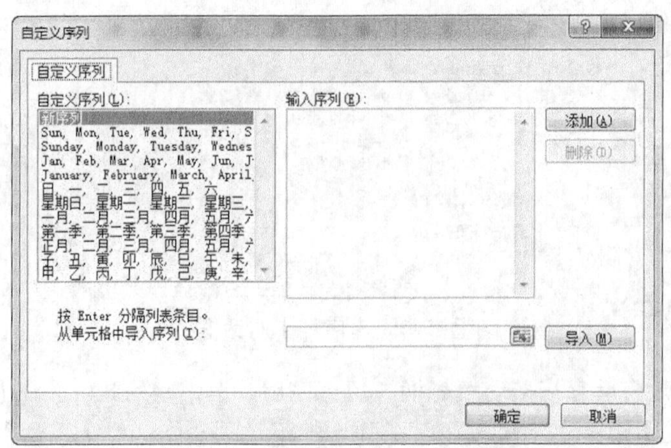

图 5-11 |【自定义序列】对话框

例 5-2 输入并制作成绩表部分内容，效果如图 5-12 所示。

	A	B	C	D	E	F	G	H	I	J	K
1	大一成绩表										
2	学号	姓名	出生年月	高等数学	电路	计算机专业英语	计算机汇编	C++语言	总分	平均分	名次
3	0301001	子	1980-06-02	74	53	66	70	75.89			
4	0301002	丑	1980-07-02	80	81	83	88	81.60			
5	0301003	寅	1980-08-02	63	45	71	74	60			
6	0301004	卯	1980-09-02	15	70	69	91	87.20			
7	0301005	辰	1980-10-02	60	43	55	85	66.70			
8	0301006	巳	1980-11-02	72	64	77	79	80			
9	0301007	午	1980-12-02	28	60	52	80	57.94			
10	0301008	未	1981-01-02	64	65	90	81	80			
11	0301009	申	1981-02-02	42	60	73	75	61.90			
12	0301010	酉	1981-03-02	66	36	62	67	60.80			
13	0301011	戌	1981-04-02	82	85	86	88	86.20			
14	0301012	亥	1981-05-02	88	98	93	93	92			

图 5-12 | 成绩表

步骤 1：在各单元格内输入所需的文字内容。

步骤 2：成绩表的学号是连续的序列，且以 0 开头。因此在单元格 A3 中输入“'0301001”，选中单元格 A3，向下拖动填充柄，进行数据的自动填充。

步骤 3：成绩表的姓名是有规律的文本，单击【文件】菜单中的【选项】按钮，弹出【Excel 选项】对话框，单击【高级】按钮，在相应界面中单击【编辑自定义列表】按钮。在弹出的【自定义序列】对话框中，“自定义序列”列表框中已经有这里要用的且 Excel 已自定义好的文本序列，直接在工作表单元格中输入序列的第一个文本“子”，向下拖动填充柄，进行文本的自动填充。

步骤 4：成绩表的出生年月是按月递增的，这里先输入第一个年月值“1980-06-02”，向下拖动填充柄进行填充，完成后选中日期所在的列，在【开始】选项卡的【编辑】

组中单击【填充】下拉按钮，在弹出的下拉列表中选择【系列】选项，弹出【序列】对话框，在"类型"区域中选择"日期"，在"日期单位"区域中选择"月"，单击【确定】按钮。

步骤 5：输入各门课各个学生的成绩，将该文件保存。

5.2.2 表格编辑及格式设置

1. 表格编辑

（1）单元格的选定

对工作表的许多操作都需要首先选定单元格区域，然后进行操作。

① 选定单个单元格

单击要选定的单元格，被选定的单元格呈高亮状态，周围用黑框包围。

② 选定连续区域单元格

将鼠标指针指向区域中的第一个单元格，再按住鼠标左键拖曳到最后一个单元格。

③ 选定不连续单元格或区域

选定第一个单元格或单元格区域，按住【Ctrl】键并用鼠标单击其他单元格或单元格区域。

④ 选定行或列

单击行号或列标，所在行或列即高亮显示。

（2）编辑工作表数据

① 编辑单元格内容

将鼠标指针移至需要修改的单元格上，双击待编辑数据所在的单元格或单击编辑栏，即可对单元格或编辑栏中的内容进行修改。

② 清除单元格内容

选定需要清除的单元格区域，在【开始】选项卡的【编辑】组中单击【清除】下拉按钮，在下拉列表中选择【全部清除】【清除格式】【清除内容】【清除批注】或【清除超链接】选项，即可清除单元格的格式、内容、批注或超链接。也可选定单元格后按【Delete】键清除单元格内容。

③ 删除单元格、行或列

选定需要删除的单元格区域、行或列，在【开始】选项卡的【单元格】组中单击【删除】下拉按钮，在下拉列表中选择【删除单元格】【删除工作表行】【删除工作表列】或【删除工作表】选项即可。也可选定需要删除的单元格区域、行或列，单击鼠标右键，在弹出的快捷菜单中选择【删除】命令。

④ 移动或复制单元格

选定要移动（复制）的单元格，按【Ctrl+X】组合键（【Ctrl+C】组合键）或单击【开始】选项卡的【剪贴板】组中的【剪切】（【复制】）按钮，将选定内容放入剪贴板，选定目标区，按【Ctrl+V】组合键或单击【开始】选项卡的【剪贴板】组中的【粘贴】按钮，即可实现数据的移动（复制）。

⑤ 插入单元格、行或列

在需要插入空白单元格、行或列的地方选定一个单元格，在【开始】选项卡的【单元格】组中单击【插入】下拉按钮，在下拉列表中选择【插入单元格】【插入工作表行】【插入工作表列】或【插入工作表】选项即可。也可选定需要插入的单元格区域、行或列，单击鼠标右键，在弹出的快捷菜单中选择【插入】命令。

2. 格式设置

单元格的格式设置包括字符格式设置、数字格式设置、对齐方式设置、边框设置、背景设置等。

（1）设置单元格字符格式

字体的变化可适当突显某些内容，设定指定单元格字符格式可进行如下操作。

方法一：选定要进行字符格式设置的文本或数字所在的单元格，在【开始】选项卡的【字体】组中单击相应按钮，可以设置字体、字号、字体颜色等格式，如图 5-13 所示。

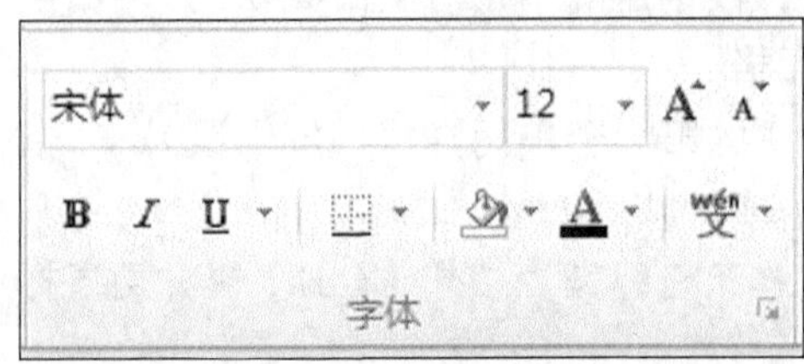

图 5-13 |【字体】组

方法二：单击【字体】组的扩展按钮，在弹出的【设置单元格格式】对话框中的【字体】选项卡中设置各选项。

（2）设置单元格数字格式

数字格式有很多，包括常规格式、货币格式、日期格式、百分比格式、文本格式及会计专用格式等，要设置这些数字的格式，可进行如下操作。

方法一：选定要进行格式设置的单元格，在【开始】选项卡的【单元格】组中单击【格式】下拉按钮，在下拉列表中选择【设置单元格格式】选项，弹出【设置单元格格式】对话框，选择【数字】选项卡，在【分类】列表框中选择要设置的格式类型，在对话框右侧会显示示例及具体的格式，选择具体的格式，单击【确定】按钮，如图 5-14 所示。

方法二：选定要进行格式设置的单元格，在【开始】选项卡的【字体】组单击扩展按钮，弹出【设置单元格格式】对话框，其余操作同方法一。

方法三：选定要进行格式设置的单元格，单击鼠标右键，弹出快捷菜单，选择【设置单元格格式】命令，弹出【设置单元格格式】对话框，其余操作同方法一。

（3）设置单元格对齐方式

要设置单元格内字符的对齐方式，或者对单元格进行换行、合并等，可进行如下操作。

方法一：选定要进行格式设置的单元格，在【开始】选项卡的【单元格】组中单击【格式】下拉按钮，在下拉列表中选择【设置单元格格式】选项，弹出【设置单元格格式】对话框，选择【对齐】选项卡，设置各选项，如图 5-15 所示。

- 设置文本的对齐方式，可在【水平对齐】和【垂直对齐】下拉列表框中选择需要的对齐方式。
- 如果单元格内的文本内容太长，可选中【自动换行】复选项；设置多个单元格合并，可选中【合并单元格】复选项，反之，取消选中该复选项。

- 设置单元格内文本的倾斜方向，可通过【方向】调整框进行调整。

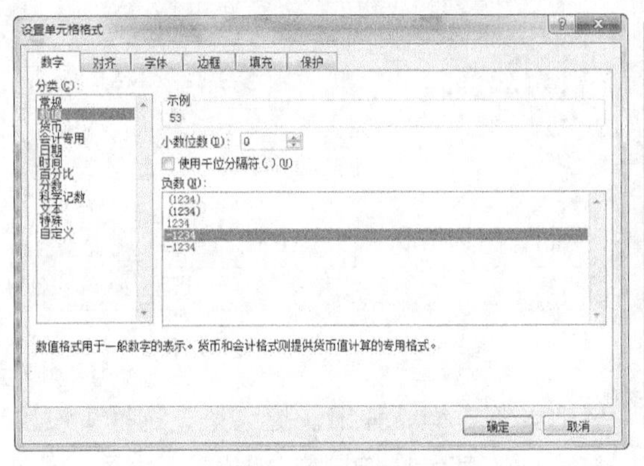

图 5-14 |【数字】选项卡

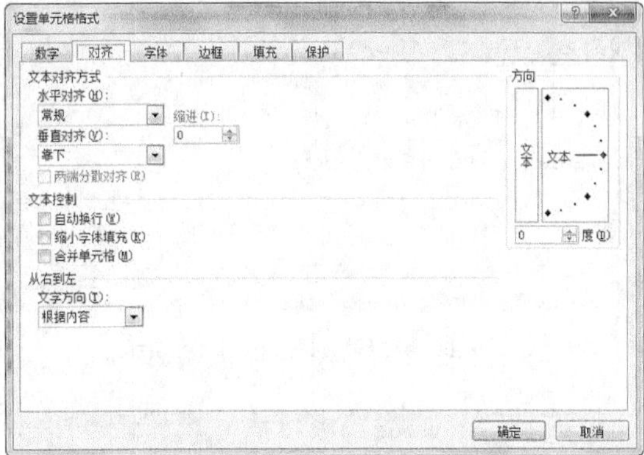

图 5-15 |【对齐】选项卡

方法二：选定要进行格式设置的单元格，在【开始】选项卡的【字体】组单击扩展按钮，弹出【设置单元格格式】对话框，其余操作同方法一。

方法三：选定要进行格式设置的单元格，单击鼠标右键，弹出快捷菜单，选择【设置单元格格式】命令，弹出【设置单元格格式】对话框，其余操作同方法一。

（4）设置单元格边框

设置单元格或表格的边框，可以进一步修饰单元格及整个工作表，突出重要数据。在 Excel 2010 中可以任意添加或删除单元格的整个外框或某一边框，并能选择不同的线型及边框颜色，方法如下。

方法一：选定要进行格式设置的单元格，在【开始】选项卡的【单元格】组中单击【格式】下拉按钮，在下拉列表中选择【设置单元格格式】选项，弹出【设置单元格格式】对话框，选择【边框】选项卡，可选择线条的样式及颜色，然后单击【外边框】或【内部】等按钮选择添加在某一边框上，单击【确定】按钮完成设置，如图 5-16 所示。

方法二：选定要进行格式设置的单元格，在【开始】选项卡的【字体】组单击扩展按钮，弹出【设置单元格格式】对话框，其余操作同方法一。

方法三：选定要进行格式设置的单元格，单击鼠标右键，弹出快捷菜单，选择【设置单元格格式】命令，弹出【设置单元格格式】对话框，其余操作同方法一。

（5）设置单元格背景

设置单元格的背景，可以进一步修饰单元格及整个工作表，突出重要数据。操作方法如下。

方法一：选定要进行格式设置的单元格，在【开始】选项卡的【单元格】组中单击【格式】下拉按钮，在下拉列表中选择【设置单元格格式】选项，弹出【设置单元格格式】对话框，选择【填充】选项卡，可选择填充的背景色、图案样式、图案颜色，如图 5-17 所示。还可以单击【填充效果】按钮，弹出【填充效果】对话框，设置渐变颜色效果。

方法二：选定要进行格式设置的单元格，在【开始】选项卡的【字体】组单击扩展按钮，弹出【设置单元格格式】对话框，其余操作同方法一。

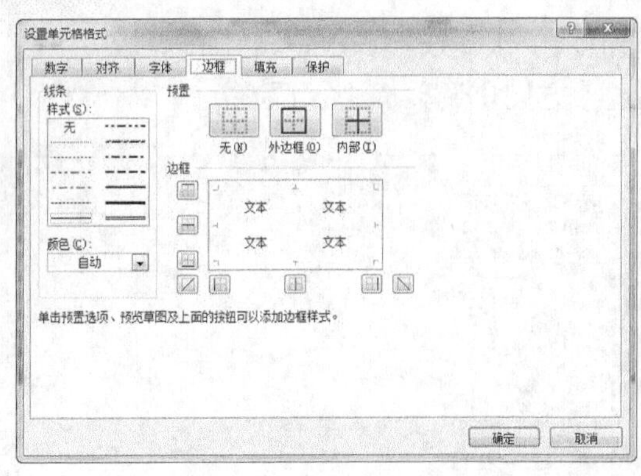

图 5-16｜【边框】选项卡

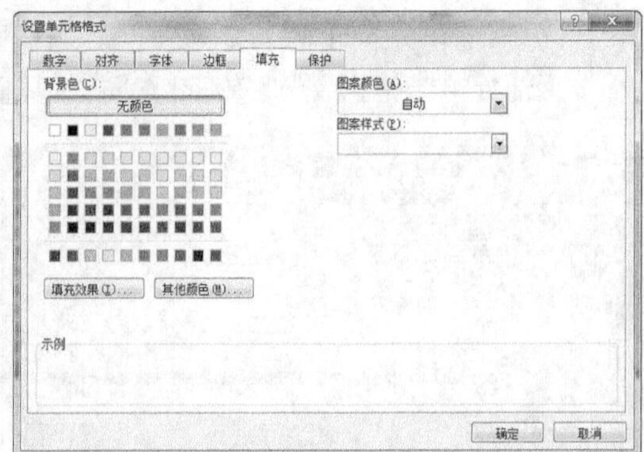

图 5-17｜【填充】选项卡

方法三：选定要进行格式设置的单元格，单击鼠标右键，弹出快捷菜单，选择【设置单元格格式】命令，弹出【设置单元格格式】对话框，其余操作同方法一。

例 5-3 美化修饰成绩表，效果如图 5-18 所示。

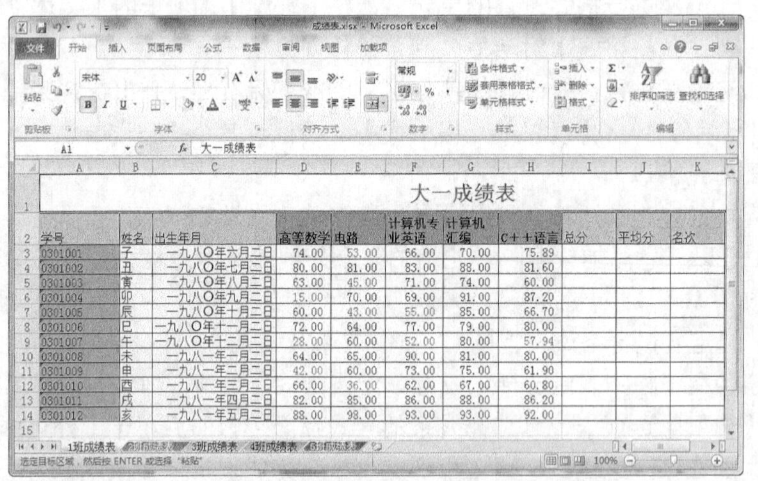

图 5-18｜美化修饰成绩表

步骤 1：完成表格标题“大一成绩表”的设置。先合并单元格，选中 A1:K1 单元格区域，在【开始】选项卡中单击【对齐方式】组的【合并后居中】按钮，即可合并成一个较大的单元格，并将新单元格内容居中。

步骤 2：完成行标题内容的设置。单元格内容太长，可使其以多行显示，将“计算机专业英语”课程成绩所在的列宽适当减小，选中“计算机专业英语”所在单元格，在【开始】选项卡中单击【对齐方式】组的【自动换行】按钮即可。

步骤 3：完成单元格数字格式的设置。选中出生年月所在的列，在【开始】选项卡的【单元格】组中单击【格式】下拉按钮，在下拉列表中选择【设置单元格格式】选项。在弹出的【单元格格式】对话框中选择【数字】选项卡，在【分类】列表框中选择【日期】，在【类型】下拉列表框中选择中文日期格式，单击【确定】按钮。将所有成绩以 2 位小数格式显示，也是同样在【数字】选项卡下，在【分类】列表框中选择【数值】，设置【小数位数】为“2”，单击【确定】按钮。

步骤 4：完成条件格式设置。要完成成绩表中不及格的成绩以红色显示、90 分以上的成绩以蓝色显示的效果，先选中各个成绩所在的单元格区域，在【开始】选项卡的【样式】组中单击【条件格式】下拉按钮，在下拉列表中选择【新建规则】选项。弹出【新建格式规则】对话框，如图 5-19 所示。

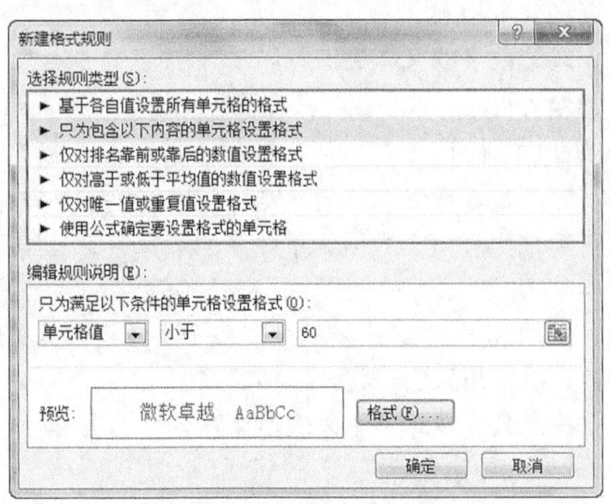

图 5-19 |【新建格式规则】对话框

在【选择规则类型】列表框中选择【只为包含以下内容的单元格设置格式】选项，在【编辑规则说明】区域中选择“单元格值”“小于”“60”，单击【格式】按钮，弹出【设置单元格格式】对话框，在【字体】选项卡下，选择字体颜色为红色，单击【确定】按钮返回，再单击【确定】按钮即可。以同样的操作设置 90 分以上的成绩以蓝色显示。

步骤 5：完成单元格边框及背景的设置。选中表格所在的区域，在【开始】选项卡的【单元格】组中单击【格式】下拉按钮，在下拉列表中选择【设置单元格格式】选项。在弹出的【设置单元格格式】对话框中选择【边框】选项卡，单击【外边框】及【内部】按钮，为每个单元格都添加边框。选中需要突出显示的单元格，为其添加不同颜色。在【开始】选项卡的【单元格】组中单击【格式】下拉按钮，在下拉列表中选择【设置单元格格式】选项。在弹出的【设置单元格格式】对话框中选择【填充】选项卡，选择颜色，单击【确定】按钮完成设置。

5.3 数据计算

数据计算是 Excel 工作表的重要功能，它能根据各种不同要求，通过公式和函数迅速计算各类数值，完成从简单计算到复杂的财务统计和科学计算等。只要在某单元格中输入公式和函数，就会给出相应的计算结果。当选中该单元格时，编辑栏还将显示该公式和函数的表达式，此时可以在编辑栏中对公式进行编辑操作。

5.3.1 公式的应用

1. 公式简介

公式是对工作表中的数值进行计算的等式，格式为以等号（=）开始。

公式可以包括函数、引用、运算符和常量所有内容或其中之一。例如，公式 = SUM（B3:C5）*2 就包含这 4 种元素。

函数：SUM 函数返回求和结果。

引用：B3:C5 返回单元格 B3、B4、B5、C3、C4、C5 的值。

运算符："*" 运算符表示相乘。

常量：直接输入公式的数字或文本的值，如 2。

2. 公式中的运算符

Excel 中的运算符有以下 4 种。

（1）算术运算符：完成基本数学运算的运算符，连接数字并产生计算结果。

（2）比较运算符：用来比较两个数值大小关系的运算符，其结果为逻辑值 "TRUE" 或 "FALSE"。

（3）文本运算符：使用和号 "&"，将一个或多个文本连接起来组成一个文本值。在公式中直接用文字连接，需要用双引号将文字括起来。

（4）引用运算符：在函数表达式中用以表示运算区域的运算符。

表 5-1 列出了 Excel 公式中的运算符。

表 5-1 Excel 公式中的运算符

运算符	含义	示例
+（加号）	加	1+2
–（减号）	减	5-2
*（星号）	乘	3*3
/（斜杠）	除	9/3
%（百分比）	百分比	21%
∧（插入符号）	乘幂	3^2（3 的 2 次方）
=（等号）	等于	A1=B1
>（大于号）	大于	A1>B1
<（小于号）	小于	A1<B1
>=（大于等于号）	大于等于	A1>=B1
<=（小于等于号）	小于等于	A1<=B1
<>（不等号）	不等于	A1<>B1
&（连接符）	将两个文本连接起来产生连续的文本	"计算机" & "技术" 产生 "计算机技术"
:（冒号）	区域运算符，对两个引用之间（包括这两个引用在内）的所有单元格进行运算	A1:B3（引用从 A1 到 B3 的所有单元格）
,（逗号）	联合运算符，将多个引用合并成一个引用	SUM(A1:F1，B2:E3)引用 A1:F1 和 B2:E3 两个单元格区域
（空格）	交叉运算符，产生同时属于两个引用的单元格区域的引用	SUM(A1:F1，B2:B3)引用 A1:F1 和 B2:B3 两个单元格区域相交的 B1 单元格

3. 公式的运算顺序

在混合运算的公式中，必须了解公式的运算顺序，也就是运算的优先级。对于不同优先级的运算，按照优先级从高到低的顺序进行运算。对于同一优先级的运算，按照从左到右的顺序进行运算。要更改求值的顺序，可将公式中先计算的部分加括号。

表 5-2 列出了各种运算符的优先级。

表 5-2　各种运算符的优先级

运算符（优先级从高到低）	说明
:（冒号）	区域运算符
（空格）	交叉运算符
,（逗号）	联合运算符
–（负号）	例如 – 3
%（百分号）	百分比
∧（插入符号）	乘幂
*和/	乘和除
+和 –	加和减
&（连接符）	文本运算符
=,>,<,>=,<=,<>	比较运算符

例 5-4　用公式计算成绩表中的总分和平均分，如图 5-20 所示。

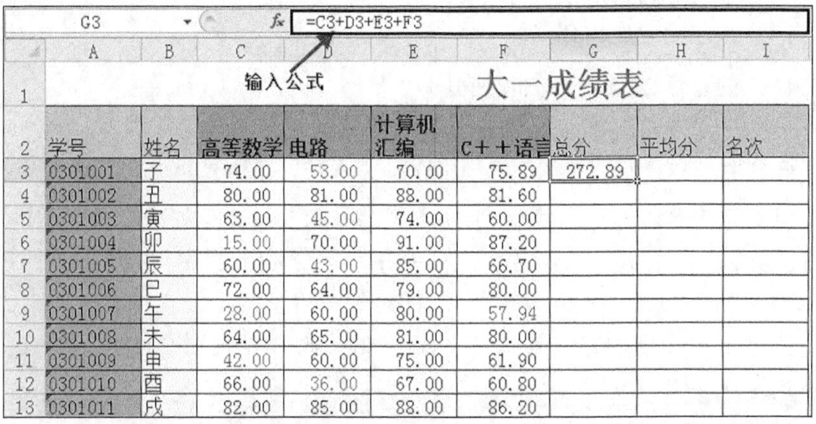

G3　fx　=C3+D3+E3+F3

输入公式

	A	B	C	D	E	F	G	H	I
1					大一成绩表				
2	学号	姓名	高等数学	电路	计算机汇编	C++语言	总分	平均分	名次
3	0301001	子	74.00	53.00	70.00	75.89	272.89		
4	0301002	丑	80.00	81.00	88.00	81.60			
5	0301003	寅	63.00	45.00	74.00	60.00			
6	0301004	卯	15.00	70.00	91.00	87.20			
7	0301005	辰	60.00	43.00	85.00	66.70			
8	0301006	巳	72.00	64.00	79.00	80.00			
9	0301007	午	28.00	60.00	80.00	57.94			
10	0301008	未	64.00	65.00	81.00	80.00			
11	0301009	申	42.00	60.00	75.00	61.90			
12	0301010	酉	66.00	36.00	67.00	60.80			
13	0301011	戌	82.00	85.00	88.00	86.20			

图 5-20 | 计算成绩表

步骤 1：计算每个人的课程总分。直接在要计算总分的单元格中或者公式编辑栏内，输入公式。计算总分要把各门课程成绩相加，即引用各门课程成绩所在的单元格数值进行相加。输入的公式为“=C3+D3+E3+F3”。输完公式后，按【Enter】键，这时在 G3 单元格中出现按公式计算完的数值，在公式编辑栏内仍显示公式。

步骤 2：计算完第一个学生的成绩，剩余学生的成绩并不需要逐个去输入公式，只需选中第一个学生总分所在单元格，拖动填充柄向下填充，如图 5-21 所示，这时会在当前列中填充公式。松开鼠标左键，此时填充的公式根据单元格之间的相对位置自动填充正确的公式，并进行正确的计算，列中显示按填充公式计算完的数值。

G3　f_x　=C3+D3+E3+F3

	A	B	C	D	E	F	G	H
1						大一成绩表		
2	学号	姓名	高等数学	电路	计算机汇编	C++语言	总分	平均分
3	0301001	子	74.00	53.00	70.00	75.89	272.89	拖动填充柄填充公式
4	0301002	丑	80.00	81.00	88.00	81.60		
5	0301003	寅	63.00	45.00	74.00	60.00		
6	0301004	卯	15.00	70.00	91.00	87.20		
7	0301005	辰	60.00	43.00	85.00	66.70		
8	0301006	巳	72.00	64.00	79.00	80.00		
9	0301007	午	28.00	60.00	80.00	57.94		
10	0301008	未	64.00	65.00	81.00	80.00		
11	0301009	申	42.00	60.00	75.00	61.90		
12	0301010	酉	66.00	36.00	67.00	60.80		
13	0301011	戌	82.00	85.00	88.00	86.20		

图 5-21｜填充公式

步骤 3：计算平均分的操作与计算总分的操作相同，此处公式为“=(C3+D3+E3+F3)/4”，或者为“=G3/4”。

5.3.2 引用方式

在 Excel 公式应用中，对单元格的引用方式有三种不同的引用类型，即相对引用、绝对引用、混合引用。

例如，生活中经常会有以下几种引用。

计算中心在 5 号楼——绝对引用。

计算中心在左边第 2 栋楼——相对引用。

计算中心在 3 号楼右边第 1 栋楼——混合引用。

1. 相对引用

直接引用单元格区域地址。使用相对引用，系统将记住建立公式的单元格和被引用单元格的相对位置，复制公式时，新的公式所在的单元格和被引用单元格之间仍保持这种相对位置关系。

例如，在 B11 单元格中输入公式“ = B3-B9”，将其复制到 C11 单元格中，则 C11 单元格中的公式为“ = C3-C9”。

2. 绝对引用

在列标、行号前加“$”，如“$B$3”。

使用绝对引用，被引用的单元格与公式所在单元格之间的位置是绝对的。无论将公式复制到任何单元格，公式所引用的单元格不变，因而引用的数据也不变。

例如，在 B11 单元格中输入“ = $B$3-$B$9”，如果将其复制到 C11 单元格，则 C11 单元格中的公式仍为“ = $B$3-$B$9”。

3. 混合引用

混合引用有两种情况。

（1）若列标（字母）前加“$”，而行号（数字）前不加“$”，则被引用的单元格的列位置是绝对的，行位置是相对的。

（2）反之，列标前不加“$”，行号前加“$”，则列位置是相对的，行位置是绝对的。

例如，在 B11 单元格中输入“ = $B3-B$9”，然后将其复制到 C11 单元格中，则 C11 单元格中的公式为“=$B3-C$9”。

4. 其他引用

（1）相同工作簿不同工作表中单元格的引用

需要在公式中同时加入工作表引用和单元格引用，如在工作表 Sheet1 里引用工作表 Sheet3 里的单元格 E3，用“Sheet3!E3”表示。

（2）三维引用

可实现对多个工作表中相同单元格区域的引用，如要对 Sheet1、Sheet2、Sheet3 中的 D5:E10 单元格区域进行求和，用“ = SUM（'Sheet1:Sheet3'!D5:E10)”表示。

（3）不同工作簿中单元格的引用

需要输入被引用工作簿的路径，如“'C:\my documents\[test.xls]Sheet2'!B3”。若被引用的工作簿已打开，则可以省略路径而只需输入工作簿文件名。

例 5-5 结合图 5-22 所示的表格，计算成绩表中的每个人的学分。

学分计算公式为：学分=∑（各科成绩×各科周课时数）/周总课时数

K14 fx

	A	B	C	D	E	F	G	H	I
1					大一成绩表				
2	学号	姓名	高等数学	电路	计算机汇编	C++语言	总分	平均分	学分
3	0301001	子	74.00	53.00	70.00	75.89	272.89	68.22	
4	0301002	丑	80.00	81.00	88.00	81.60	330.60	82.65	
5	0301003	寅	63.00	45.00	74.00	60.00	242.00	60.50	
6	0301004	卯	15.00	70.00	91.00	87.20	263.20	65.80	
7	0301005	辰	60.00	43.00	85.00	66.70	254.70	63.68	
8	0301006	巳	72.00	64.00	79.00	80.00	295.00	73.75	
9	0301007	午	28.00	60.00	80.00	57.94	225.94	56.49	
10	0301008	未	64.00	65.00	81.00	80.00	290.00	72.50	
11	0301009	申	42.00	60.00	75.00	61.90	238.90	59.73	
12	0301010	酉	66.00	36.00	67.00	60.80	229.80	57.45	
13	0301011	戌	82.00	85.00	88.00	86.20	341.20	85.30	
14	0301012	亥	88.00	98.00	93.00	92.00	371.00	92.75	
15									
16		课程	高等数学	电路	汇编	C++语言			
17		周课时数	4	4	5	6			

图 5-22 | 计算成绩表中每个人的学分

由于在例 5-4 中计算出每个学生总分及平均分，进行填充公式时，公式是相对引用各个学生各门课程的成绩，所以单元格地址须用相对引用方式。而这里计算学分时，每门课程成绩都要乘以其周课时数，即引用 C17、D17、E17、F17 单元格中的内容，这在填充公式时是固定不变的，因此这些单元格地址须用绝对引用方式。

步骤 1：计算学分。先计算出总的周课时数，在 G17 单元格输入公式“=C17+D17+E17+F17”。在 I3 单元格或公式编辑栏内输入公式“=C3*$C$17+D3*$D$17+E3*$E$17+F3*$F$17”，按【Enter】键完成公式输入，即计算出学分值。

步骤 2：选中 I3 单元格，拖动填充柄向下填充，直至填充完毕，松开鼠标左键，计算出每个人的学分值。

单击学生的“学分”列中任一单元格，在公式编辑栏内即可看到填充完的公式。课程成绩所在的单元格地址因为用了相对引用方式，所以在“学分”值的填充过程中都取自相应的成绩；而课程的“周课时数”所在的单元格地址因为用了绝对引用方式，所以在填充过程中都固定地取自 C17、D17、E17、F17 单元格中的内容。

5.3.3 函数的应用

函数可以理解为一种复杂的公式，它是公式的概括，是由 Excel 预设好的公式。它在得到输入值后执行运算操作，然后返回结果值。

函数由等号、函数名和参数组成。其中，参数可以是数字、单元格引用和函数计算所需的其他信息。Excel 中的函数分为多种类型，主要有数据库函数、日期与时间函数、财务函数、信息函数、逻辑函数、查找与引用函数、数学与三角函数、统计函数、文本函数等。

如果要在工作表中使用函数，首先要输入函数。函数的输入可以采用手工输入或使用函数向导输入。

1. 手工输入函数

对于一些单变量的函数或者简单的函数，可以采用手工输入的方法。手工输入函数的方法与在单元格中输入公式的方法相同。先在编辑栏中输入等号“=”，然后直接输入函数本身。

例 5-6 用函数计算成绩表中的总分和平均分。

步骤 1：选择要输入函数的单元格，这里选择第一个学生的总分所在单元格 G3。

步骤 2：在【开始】选项卡的【编辑】组中单击【自动求和】下拉按钮，在下拉列表中选择【求和】选项，此时在单元格中自动输入 SUM 函数及其引用的单元格区域地址，按【Enter】键完成输入，计算出结果。

步骤 3：拖拉填充柄，填充计算公式。

步骤 4：选择第一个学生的平均分所在单元格 H3，在【开始】选项卡的【编辑】组中单击【自动求和】下拉按钮，在下拉列表中选择【平均值】选项，此时在单元格中自动输入 AVERAGE 函数及其引用的单元格区域地址（注意查看单元格区域地址是否正确，若不正确，应自行更改为正确的地址），按【Enter】键完成输入，计算出结果。

另外，【自动求和】下拉列表中还提供了计数（COUNT 函数）、最大值（MAX 函数）、最小值（MIN 函数）等函数，可以用于计算人数、最高分、最低分等。

2. 使用函数向导输入

对于比较复杂的函数或者参数比较多的函数，则经常使用函数向导来输入。使用函数向导输入可以指导用户一步一步地输入一个复杂的函数，避免在输入过程中产生错误，具体操作步骤如下。

选择要输入函数的单元格，在【公式】选项卡单击【插入函数】按钮，或者单击【自动求和】下拉按钮，在下拉列表中选择【其他函数】命令，弹出【插入函数】对话框，如图 5-23 所示。在【或选择类别】下拉列表框中选择函数类型，在【选择函数】列表框中选定函数名称，单击【确定】按钮，弹出图5-24所示的【函数参数】对话框。

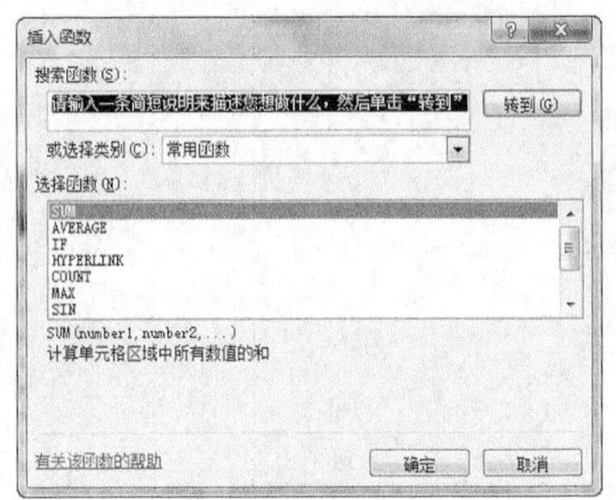

图5-23｜【插入函数】对话框

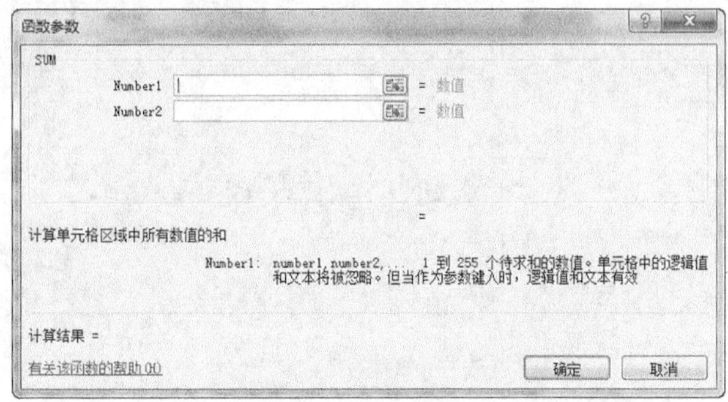

图5-24｜【函数参数】对话框

在参数框中输入参数，参数可以是常量、单元格或单元格区域，可参照该对话框下方描述参数说明；也可单击参数框右侧的【折叠】按钮，将对话框折叠，在显现出的工作表中选择单元格或单元格区域，再单击折叠后的输入框右侧的【返回】按钮，恢复【函数参数】对话框。

输入完函数所需的所有参数后，单击【确定】按钮，在单元格中即可显示计算结果。

例5-7 用函数计算成绩表中的名次和级别，如图5-25所示。

	A	B	C	D	E	F	G	H	I	J
1	大一成绩表									
2	学号	姓名	高等数学	电路	计算机汇编	C++语言	总分	平均分	名次	级别
3	0301001	子	74.00	53.00	70.00	75.89	272.89	68.22	6	合格
4	0301002	丑	80.00	81.00	88.00	81.60	330.60	82.65	3	合格
5	0301003	寅	63.00	45.00	74.00	60.00	242.00	60.50	9	合格
6	0301004	卯	15.00	70.00	91.00	87.20	263.20	65.80	7	合格
7	0301005	辰	60.00	43.00	85.00	66.70	254.70	63.68	8	合格
8	0301006	巳	72.00	64.00	79.00	80.00	295.00	73.75	4	合格
9	0301007	午	28.00	60.00	80.00	57.94	225.94	56.49	12	不合格
10	0301008	未	64.00	65.00	81.00	80.00	290.00	72.50	5	合格
11	0301009	申	42.00	60.00	75.00	61.90	238.90	59.73	10	不合格
12	0301010	酉	66.00	36.00	67.00	60.80	229.80	57.45	11	不合格
13	0301011	戌	82.00	85.00	88.00	86.20	341.20	85.30	2	优秀
14	0301012	亥	88.00	98.00	93.00	92.00	371.00	92.75	1	优秀
15										
16		不及格人数	3	4	0	1				

图5-25｜计算名次和等级

（1）根据总分的高低，计算出每个同学的名次。可以使用Excel提供的RANK函数来完成。RANK函数用于返回某数字在一列数字中相对于其他数值的大小排位。

步骤1：先计算第1个学生的名次，选中要计算名次的单元格I3，在【公式】选项卡单击【插入函数】按钮，弹出【插入函数】对话框。

步骤2：在【搜索函数】输入框中输入"RANK"，或者在【选择类别】下拉列表框中选择【全部】选项，在【选择函数】下拉列表框中选择【RANK】函数，单击【确定】按钮。

步骤3：弹出【函数参数】对话框，如图5-26所示。RANK函数有3个参数:【Number】参数用于设置要比较的数值本身;【Ref】参数用于设置比较的范围，即跟哪些数比较；

【Order】参数用于设置按升序或降序方式排位。

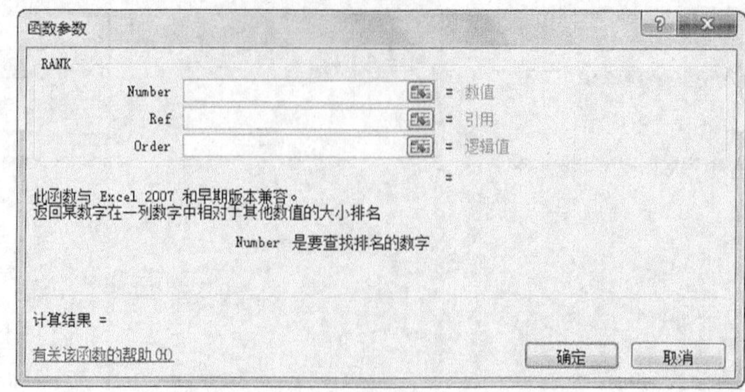

图 5-26 |【函数参数】对话框

单击【Number】参数输入框右边的【折叠】按钮，在数据表中选中第一个同学的总分所在的单元格 G3，如图 5-27 所示。单击【返回】按钮返回【函数参数】对话框。

函数参数

G3

姓名	高等数学	电路	计算机汇编	C++语言	总分	平均分	名次
子	74.00	53.00	70.00	75.89	272.89	68.22	NK(G3)
丑	80.00	81.00	88.00	81.60	330.60	82.65	

图 5-27 | 选中 G3 单元格

单击【Ref】参数输入框右边的【折叠】按钮，在数据表中选中要比较的范围，即选中“总分”列，如图 5-28 所示。单击【返回】按钮返回【函数参数】对话框。因为比较范围是固定不动的，因此在【Ref】参数输入框中的单元格区域地址必须是绝对引用方式，即将其地址改为绝对引用，添加“$”号，如“$G$3:$G$14”。

函数参数

G3:G14

姓名	高等数学	电路	计算机汇编	C++语言	总分	平均分	名次
子	74.00	53.00	70.00	75.89	272.89	68.22	3:G14)
丑	80.00	81.00	88.00	81.60	330.60	82.65	
寅	63.00	45.00	74.00	60.00	242.00	60.50	
卯	15.00	70.00	91.00	87.20	263.20	65.80	
辰	60.00	43.00	85.00	66.70	254.70	63.68	
巳	72.00	64.00	79.00	80.00	295.00	73.75	
午	28.00	60.00	80.00	57.94	225.94	56.49	
未	64.00	65.00	81.00	80.00	290.00	72.50	
申	42.00	60.00	75.00	61.90	238.90	59.73	
酉	66.00	36.00	67.00	60.80	229.80	57.45	
戌	82.00	85.00	88.00	86.20	341.20	85.30	
亥	88.00	98.00	93.00	92.00	371.00	92.75	

图 5-28 | 选中“总分”列

在【Order】参数输入框中输入排位数字，为 0 或忽略，降序；非零值，升序。这里输入 0，单击【确定】按钮，如图 5-29 所示。在工作表中显示函数计算完的结果，即第一个学生所排名次。

步骤 4：选中计算完第一个同学名次所在单元格 I3，拖动填充柄向下填充，填充完毕，松开鼠标左键，即显示每个学生的名次。

可单击学生的“名次”列中任一单元格，查看自动填充的函数公式。

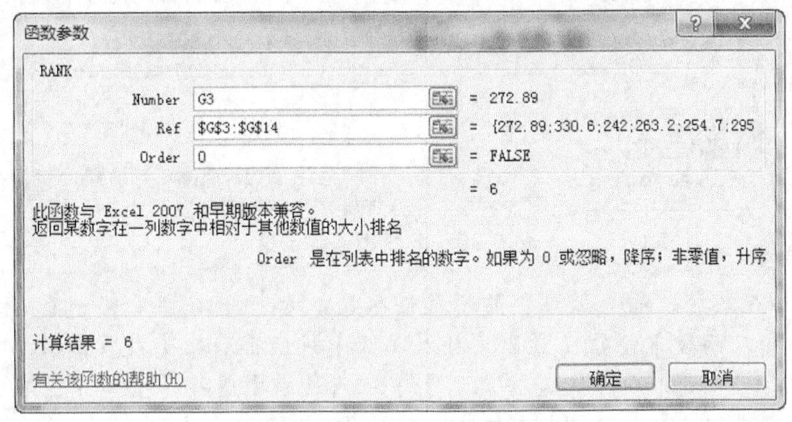

图 5-29｜RANK 函数参数设置

（2）根据平均分，计算出每个同学的级别，平均分在 85 以上的为“优秀”、85 分以下 60 分以上的为“合格”、60 分以下的为“不合格”，可以使用 Excel 提供的 IF 函数来完成。IF 函数用于判断是否满足某个条件，如果满足返回一个值，如果不满足则返回另一个值。

步骤 1：在“名次”列后添加一个新列，在 J2 单元格中输入文本“级别”，在该列计算出每个学生的相应级别。先计算第 1 个学生的级别，选中要计算级别的单元格 J3，在【公式】选项卡单击【插入函数】按钮，弹出【插入函数】对话框。在【搜索函数】输入框中输入“IF”，或者在【或选择类别】下拉列表框中选择【全部】选项，在【选择函数】下拉列表框中选择【IF】函数，单击【确定】按钮。

步骤 2：弹出【函数参数】对话框，IF 函数有 3 个参数：【Logical_test】参数用于设置判断的条件【Value_if_true】参数用于设置条件成立返回的值【Value_if_false】参数用于设置条件不成立返回的值。

根据要求，首先判断第 1 位学生的平均分是否大于 85，设置【Logical_test】参数值为“H3>=85”，如大于等于 85 分，返回级别是“优秀”，因此设置【Value_if_true】参数值为“"优秀"”。条件大于等于 85 分若不成立，还要再判断平均分是否大于等于 60 分才能确定最终的级别是“合格”还是“不合格”，所以要使用 IF 函数进行判断，因此【Value_if_false】参数值设置为“IF(H3>=60," 合格","不合格")”，单击【确定】按钮，如图 5-30 所示。

步骤 3：选中计算完第一个同学名次所在单元格 J3，拖动填充柄向下填充，填充完毕，松开鼠标左键，即显示每个学生的级别。

（3）根据各门课程的成绩，统计出各门课程不及格的人数，可以使用 Excel 提供的 COUNTIF 函数来完成。COUNTIF 函数用于计算某个区域中满足给定条件的单元格数目。

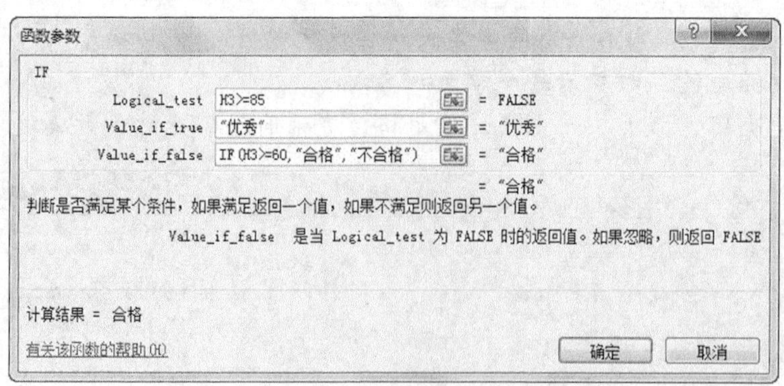

图 5-30｜IF 函数参数设置

步骤 1：先统计“高等数学”的不及格人数，选中 C16 单元格，在【公式】选项卡中单击【插入函数】按钮，弹出【插入函数】对话框。在【搜索函数】输入框中输入“COUNTIF”，或者在【或选择类别】下拉列表框中选择【全部】选项，在【选择函数】下拉列表框中选择【COUNTIF】函数，单击【确定】按钮。

步骤 2：弹出【函数参数】对话框。COUNTIF 函数有 2 个参数：【Range】参数用于设置要统计的数据区域，【Criteria】参数用于设置条件具体值。根据要求，应在“高等数学”列中计算不及格（即<60 分）的个数。因此设置【Range】参数值为“C3:C14”、【Criteria】参数值为“<60”，单击【确定】按钮，如图 5-31 所示。

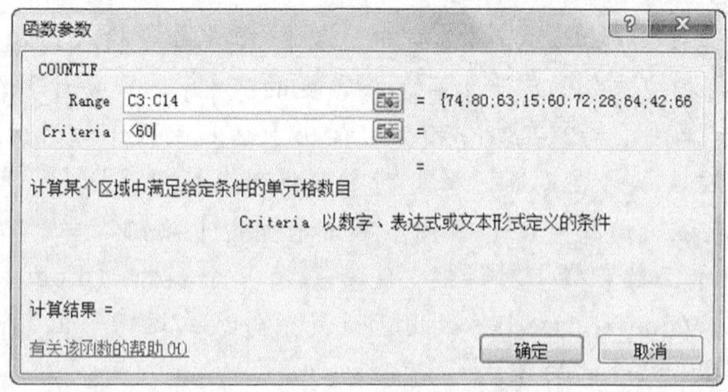

图 5-31｜COUNTIF 函数参数设置

步骤 3：选中计算完的“高等数学”的不及格人数所在单元格 C16，拖动填充柄向右填充，填充完毕，松开鼠标左键，即显示每门课程的不及格人数。

5.4 数据图表化

图表实际上就是把表格图形化。图表具有较直观的视觉效果，可方便用户查看数据的差异、图案和预测趋势。当工作表数据发生改变，图表也会随之自动更新以反映数据的变化。

Excel 提供了多种图表类型，并且每种类型都具有多种不同的格式。用户可以根据需要选择适当类型的图表，以便有效地显示数据。

5.4.1 创建图表

1. 图表的组成要素

各种图表的组成要素并不完全相同，但其基本要素是相同的。用户可以根据需要，显示或隐藏部分要素。图 5-32 所示为图表的基本组成要素。

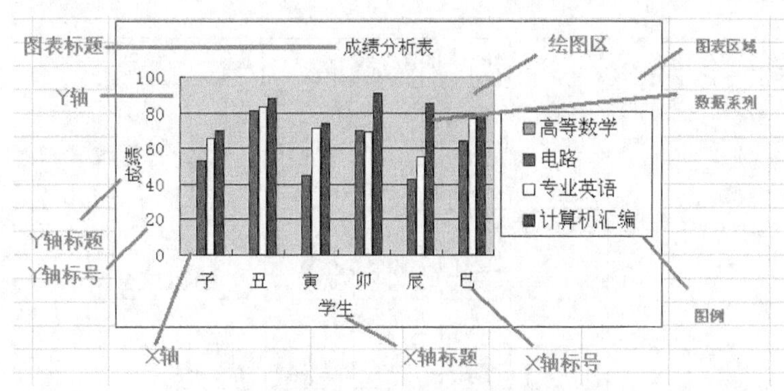

图 5-32 | 图表的基本组成要素

2. 嵌入图表

嵌入图表就是在为图表提供数据的同一个工作表中建立图表。

选定要进行图表输出的单元格区域，在【插入】选项卡的【图表】组单击扩展按钮。弹出【插入图表】对话框，选择一种图表类型及其图表格式，单击【确定】按钮即出现相应的图表，同时出现【图表工具】选项卡。

（1）在【图表工具—设计】选项卡中提供了【类型】【数据】【图表布局】【图表样式】和【位置】组，可以重新设置图表的类型、数据源、布局、样式和位置。

（2）在【图表工具—布局】选项卡中提供了【当前所选内容】【插入】【标签】【坐标轴】【背景】【分析】和【属性】组，可以为图表设置格式、添加图片、调整图表标题、显示坐标轴等内容。

（3）在【图表工具—格式】选项卡中提供了【当前所选内容】【形状样式】【艺术字样式】【排列】和【大小】组，可以设置图表上的文字、线条等的格式。

例 5-8 针对学生的成绩表，创建各门课的成绩图表，效果如图 5-33 所示。

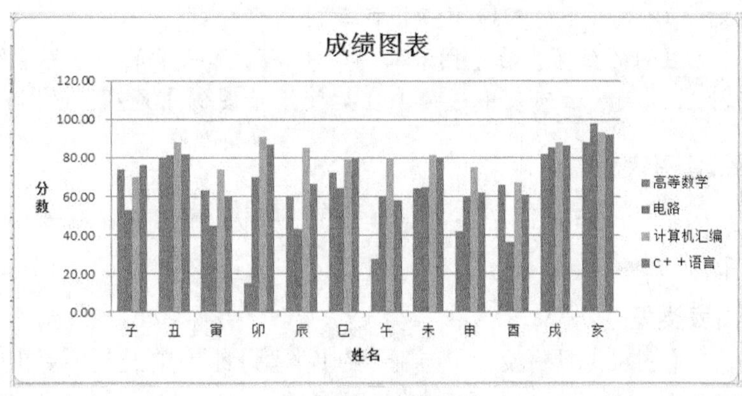

图 5-33 | 成绩图表

步骤 1：选中“姓名”列和各门课成绩所在的列，如 B2:F14 单元格区域，在【插入】选项卡的【图表】组单击扩展按钮。

步骤 2：弹出【插入图表】对话框，选择【柱形图】图表类型，在右侧选择【簇状柱形图】格式，如图 5-34 所示，单击【确定】按钮即出现相应的图表，同时出现【图表工具】选项卡。

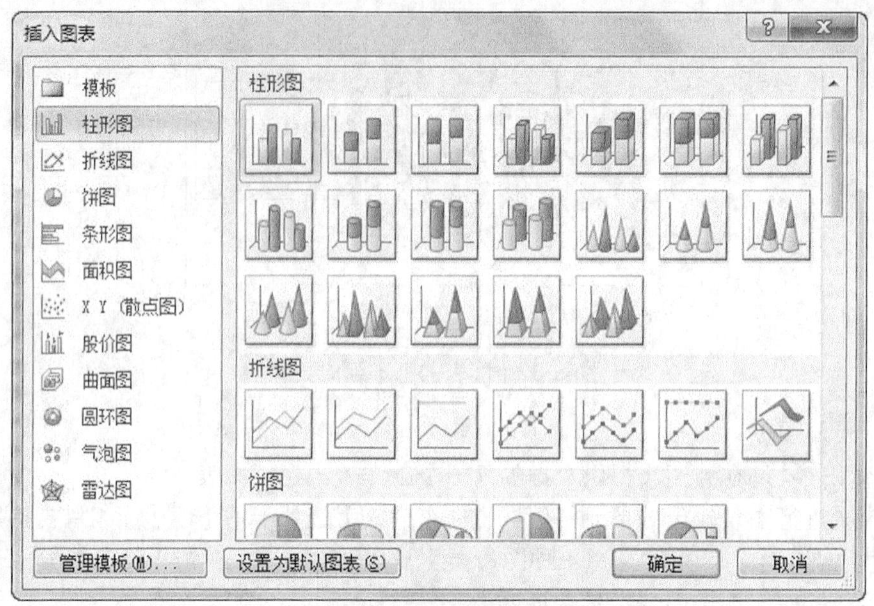

图 5-34 |【插入图表】对话框

步骤 3：添加图表标题。在【图表工具—布局】选项卡的【标签】组中单击【图表标题】下拉按钮，从下拉列表中选择【图表上方】选项，并输入标题内容“成绩图表”。

步骤 4：添加图表的 X 坐标轴标题。在【图表工具—布局】选项卡的【标签】组中单击【坐标轴标题】下拉按钮，从下拉列表中选择【主要横坐标轴标题】选项，再选择【坐标轴下方标题】子选项，并输入横坐标轴标题内容“姓名”。

步骤 5：添加图表的 Y 坐标轴标题。在【图表工具—布局】选项卡的【标签】组中单击【坐标轴标题】下拉按钮，从下拉列表中选择【主要纵坐标轴标题】选项，再选择【竖排标题】命令，并输入纵坐标轴标题内容“分数”。

步骤 6：更改图例的位置。在【图表工具—布局】选项卡的【标签】组中单击【图例】旁的下拉按钮，从下拉列表中选择【在右侧显示图例】选项。

5.4.2 编辑图表

创建完成的图表可进行相关的编辑以满足用户的具体需求。选中图表，会自动出现【图表工具】选项卡。

1. 更改图表类型

选中图表，在【图表工具—设计】选项卡的【类型】组中单击【更改图表类型】按钮，打开【更改图表类型】对话框，选择新的图表类型。

2. 更改图表数据

（1）更改数据源

如果在建立图表时，数据区域没有选对，可以在图表创建完成后，选中图表，在【图表工具—设计】选项卡的【数据】组中单击【选择数据】按钮。弹出【选择数据源】对话框，在【图表数据区域】中重新选择相应的数据源区域。也可以在“图例项（系列）”栏中添加新的系列或删除不要的系列，如图 5-35 所示。

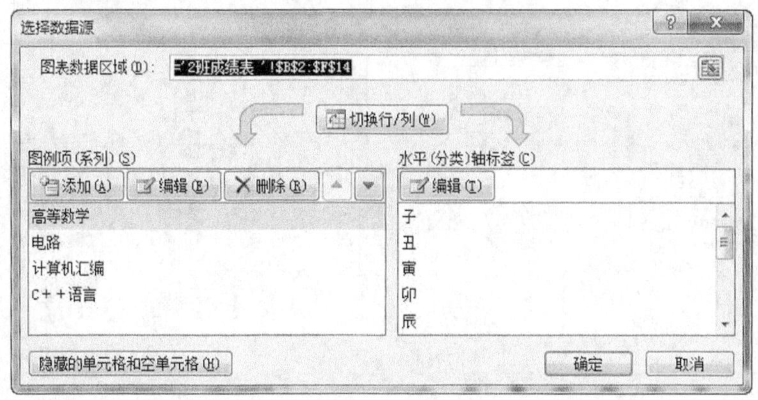

图 5-35 |【选择数据源】对话框

（2）在图表中添加数据

在工作表中选中要添加到图表的单元格区域，单击鼠标右键，在弹出的快捷菜单中选择【复制】命令。选中图表，按【Ctrl+V】组合键或用鼠标右键单击图表，在弹出的快捷菜单中选择【粘贴】命令，图表中即添加相应的数据序列。

（3）在图表中删除数据

在图表上用鼠标右键单击要删除的数据系列，在弹出的快捷菜单中选择【删除系列】命令，将其系列从图表上删除，但不影响工作表中的数据。

3. 设置图表选项

选中图表，在【图表工具—布局】选项卡中单击相应的按钮，如图 5-36 所示，可以设置或修改图表标题、坐标轴标题、图例、网格线等。

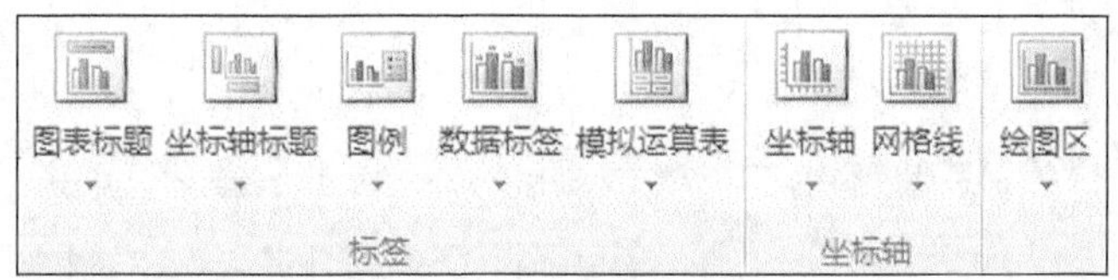

图 5-36 | 设置图表选项相关按钮

4. 设置图表格式

在图表中可以对每个对象进行格式的设置，包括颜色、字体、外观等。

双击图表区，打开【设置图表区格式】对话框，可以为整个图表区设置填充方式、边框样式等，如图 5-37 所示。

双击 X 轴标题或 Y 轴标题，打开【设置坐标轴标题格式】对话框，可以对坐标轴的标题设置填充方式、边框颜色和对齐方式等，如图 5-38 所示。

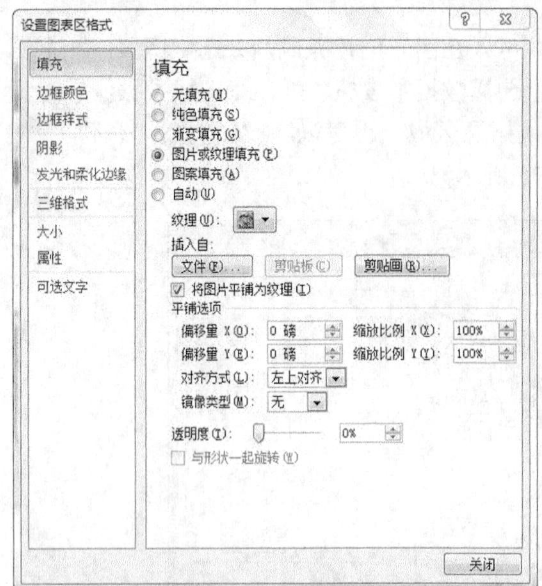

图 5-37 |【设置图表区格式】对话框

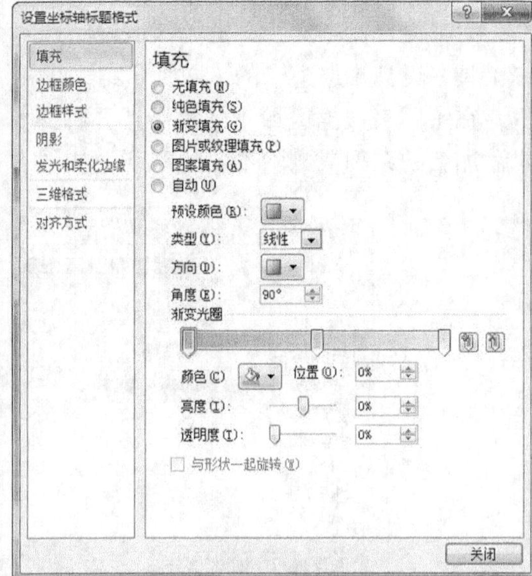

图 5-38 |【设置坐标轴标题格式】对话框

双击 X 轴或 Y 轴，打开【设置坐标轴格式】对话框，可以对坐标轴选项、填充方式和线型等进行设置，如图 5-39 所示。

双击图例，打开【设置图例格式】对话框，可以对图例选项、填充方式和边框样式等进行设置，如图 5-40 所示。

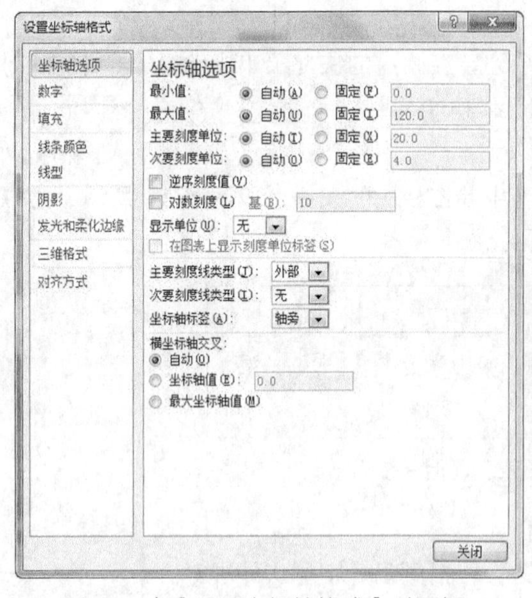

图 5-39 |【设置坐标轴格式】对话框

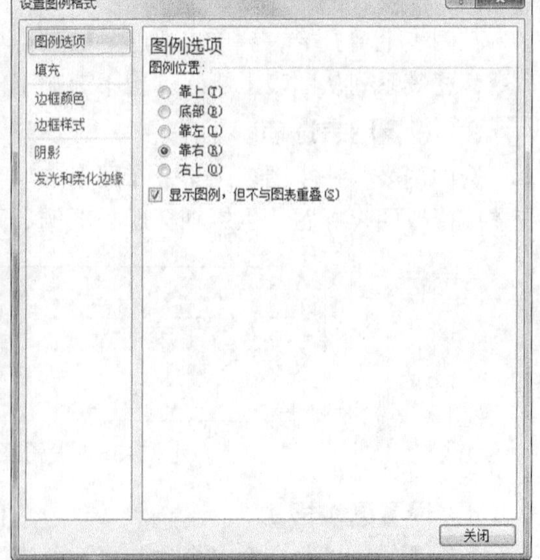

图 5-40 |【设置图例格式】对话框

双击绘图区中的数据序列，打开【设置数据系列格式】对话框，可以对填充方式、边框颜色、边框样式等进行设置，如图 5-41 所示。

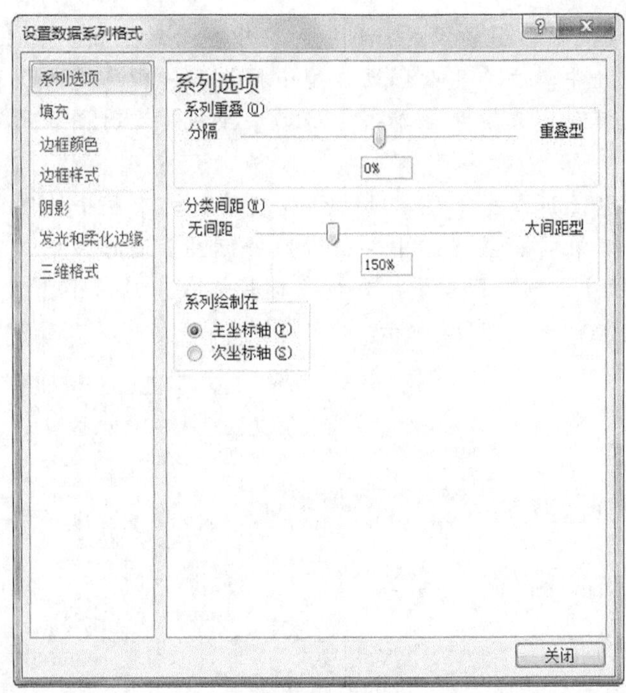

图 5-41 | 【设置数据系列格式】对话框

例 5-9 在创建的成绩图表的基础上进行相关编辑，效果如图 5-42 所示。

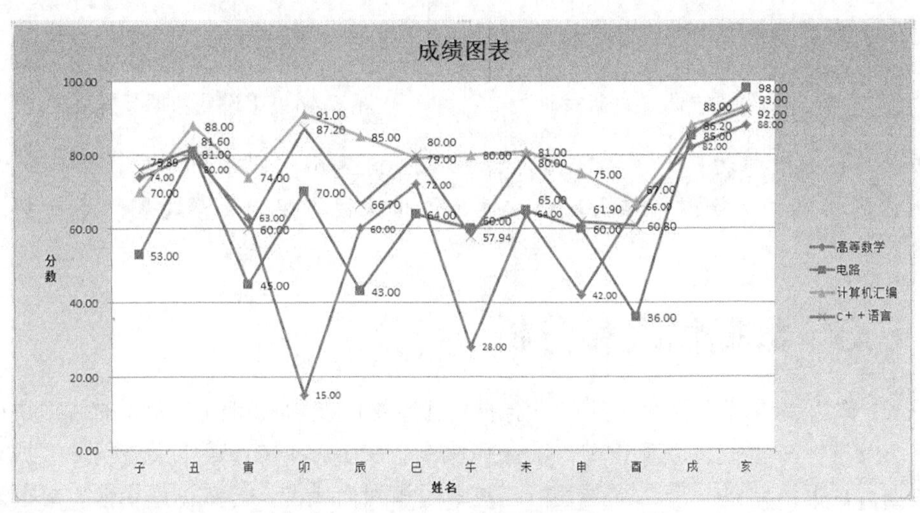

图 5-42 | 成绩图表

步骤 1：如果想把图表上的文字改小，可用鼠标右键单击相应的区域，如图表区、坐标轴区、图例区等，在弹出的快捷菜单中选择【字体】命令，弹出【字体】对话框，选择小字体，如设置【大小】为 9，还可设置字体颜色、字体样式等，如图 5-43 所示。

步骤 2：如果想给图表区添加一个背景色，可双击图表区，打开【设置图表区格式】对话框，在【填充】选项里可以选择【纯色填充】【渐变填充】【图片或纹理填充】【图案填充】等，这里选择【渐变填充】。

步骤 3：如果想把柱形图转换成折线图，选中整个绘图区，在【图表工具—设计】选项卡的【类型】组中单击【更改图表类型】按钮，弹出【更改图表类型】对话框，选择【折线图】及其子图表类型，单击【确定】按钮。这时图表上的柱形图就会转换成折线图。

步骤 4：如果想让折线图上显示具体的成绩值，选中整个绘图区，单击【图表工具—布局】选项卡，在【标签】组中单击【数据标签】下拉按钮，在下拉列表中选择【其他数据标签选项】选项，弹出【设置数据标签格式】对话框，在【标签选项】区域中选中【值】复选框，如图 5-44 所示。

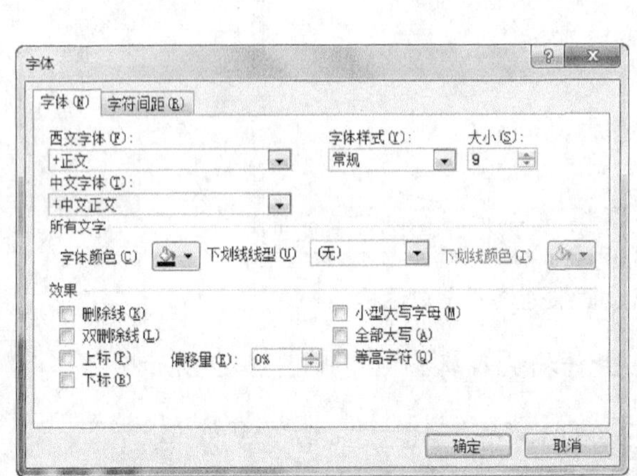

图 5-43 |【字体】对话框

图 5-44 |【设置数据标签格式】对话框

步骤 5：如果想把“计算机汇编”课程从当前显示的图表中删除，可找到这门课程相对应的折线，在绘图区单击鼠标右键，弹出快捷菜单，选择【删除】命令，即可将其删除。

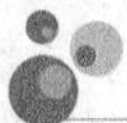

5.5 数据管理和分析

Excel 作为表格处理软件，具有一定的数据库管理能力，可以对大量的数据快速地进行排序、筛选、分类汇总以及查询与统计等操作。在 Excel 中，可以通过创建数据清单来管理数据。数据清单是一个二维的表格，是由行和列构成的，与数据库相似，每行表示一条记录，每列代表一个字段。

5.5.1 数据排序

Excel 2010 可以对数据进行排序，即将数据清单中的某一记录根据某一字段的数据从小到大（升序或递增）或从大到小（降序或递减）进行排列。

1. 排序规则

对数值型数据，按数值大小划分为升序或降序；对字符型数据，按第一个字母（汉字按拼音的第一个字母）从 A 到 Z 排序称为升序，反之称为降序。

2. 排序应用

对数据进行排序可按单列排序或多列排序进行。

（1）单列排序

选定要排序的单列数据区域，在【开始】选项卡的【编辑】组中单击【排序和筛选】下拉按钮，在下拉列表中选择【升序】或【降序】选项。也可以选定要排序的单列数据区域，在【数据】选项卡的【排序和筛选】组中单击【升序】按钮 A↓Z 和【降序】按钮 Z↓A 。

弹出【排序提醒】对话框，如图 5-45 所示。若让跟数值相关的区域也同时排序，则选中【扩展选定区域】单选项；若不让跟数值相关的区域同时排序，则选中【以当前选定区域排序】单选项。单击【排序】按钮完成设置。

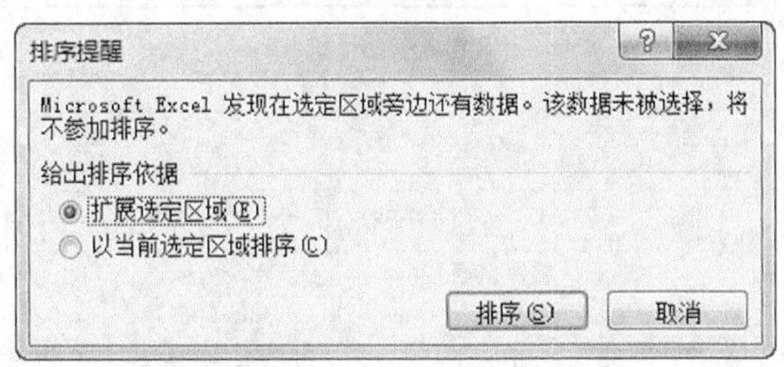

图 5-45 | 【排序提醒】对话框

（2）多列排序

单列排序方法只按一列数据进行排序，但可能遇到一列数据中有相同部分的情况，如果想进一步排序，就要使用多列排序。

选中数据清单所在的单元格区域。在【开始】选项卡的【编辑】组中单击【排序和筛选】下拉按钮，在下拉列表中选择【自定义排序】选项。也可以选定要排序的单元格区域，在【数据】选项卡的【排序和筛选】组中单击【排序】按钮。

弹出【排序】对话框，依次对【列】【排序依据】【次序】进行设置。这时 Excel 将先按主要关键字里的字段进行排序，在主要关键字数据值相同的情况下，再按次要关键字的字段进行排序，在次要关键字数据值相同的情况下，再按第三关键字的字段进行排序。单击【确定】按钮完成设置。

例 5-10 将成绩表中的记录按高等数学成绩从高到低排序，若高等数学成绩相等的同学，再按电路成绩从高到低排序，效果如图 5-46 所示。

步骤 1：选定要排序的单元格区域，在【数据】选项卡的【排序和筛选】组中单击【排序】按钮。

步骤 2：在弹出的【排序】对话框中，在【主要关键字】下拉列表框中选择“高等数学”，在【排序依据】下拉列表框中选择“数值”，在【次序】下拉列表框中选择“降序”。单击【添加条件】按钮，新增一条排序内容。在【次要关键字】下拉列表框中选择“电路”，在【排序依据】下拉列表框中选择“数值”，在【次序】下拉列表框中选择“降序”，如图 5-47 所示。单击【确定】按钮完成设置。

学号	姓名	高等数学	电路	计算机汇编	C++语言
0301012	亥	88.00	98.00	93.00	92.00
0301011	戌	82.00	85.00	88.00	86.20
0301002	丑	80.00	81.00	88.00	81.60
0301001	子	74.00	53.00	70.00	75.89
0301006	巳	72.00	64.00	79.00	80.00
0301010	酉	66.00	36.00	67.00	60.80
0301008	未	64.00	65.00	81.00	80.00
0301003	寅	63.00	45.00	74.00	60.00
0301005	辰	60.00	43.00	85.00	66.70
0301009	申	42.00	60.00	75.00	61.90
0301007	午	28.00	60.00	80.00	57.94
0301004	卯	15.00	70.00	91.00	87.20

图 5-46｜成绩表

图 5-47｜【排序】对话框

5.5.2 数据筛选

要从数据清单中查找某类数据并把结果显示出来，可以使用 Excel 的筛选功能，将符合条件的记录显示出来，其他记录则被暂时隐藏。

1. 自动筛选

Excel 提供了【自动筛选】功能，可以快速访问数据，通过简单的操作，就能筛选掉不想看到或不想打印的数据。

选中数据清单中的各字段所在的单元格区域，在【数据】选项卡的【排序和筛选】组中单击【筛选】按钮。这时数据清单的每个字段右边都出现一个筛选下拉按钮。也可以在【开始】选项卡的【编辑】组中单击【排序和筛选】下拉按钮，在下拉列表中选择【筛选】选项。这时数据清单的每个字段右边都出现一个筛选下拉按钮。

单击某个字段右边的筛选下拉按钮▼，会弹出下拉列表框，列出了该字段的所有值，以及【升序】【降序】【按颜色排序】【按颜色筛选】【数字筛选】等选项。在【数字筛选】的二级列表中提供了更多的筛选条件。

选择【10 个最大的值】选项，可以用于筛选某字段数据最大或最小的若干条记录。

选择【自定义筛选】选项，可以用于筛选符合用户自定义条件的记录。在打开的【自定义自动筛选方式】对话框中可以设置数据值的比较关系，即【与】【或】关系。

如果要显示所有行，则选择“从×××中清除筛选”选项，取消该列的筛选条件，全部记录均显示在工作表上。

如果要关闭【自动筛选】功能，再次在【数据】选项卡的【排序和筛选】组中单击【筛选】按钮，字段名右边的筛选下拉按钮即消失。

例 5-11 使用【自动筛选】功能筛选出高等数学不及格的记录。

步骤 1：选中数据清单中的各字段所在的单元格区域。

步骤 2：在【数据】选项卡的【排序和筛选】组中单击【筛选】按钮。

步骤 3：单击高等数学所在单元格右边的筛选下拉箭头，在弹出的下拉列表框中选择【数字筛选】选项，在二级列表中选择【小于】选项，弹出【自定义自动筛选方式】对话框，设置高等数学小于 60 的条件限制。单击【确定】按钮，如图 5-48 所示。

也可以单击高等数学所在单元格右边的筛选下拉箭头，在弹出的下拉列表框中选择【数字筛选】选项，在二级列表中选择【自定义筛选】选项，弹出【自定义自动筛选方式】对话框，设置高等数学小于 60 的条件限制。

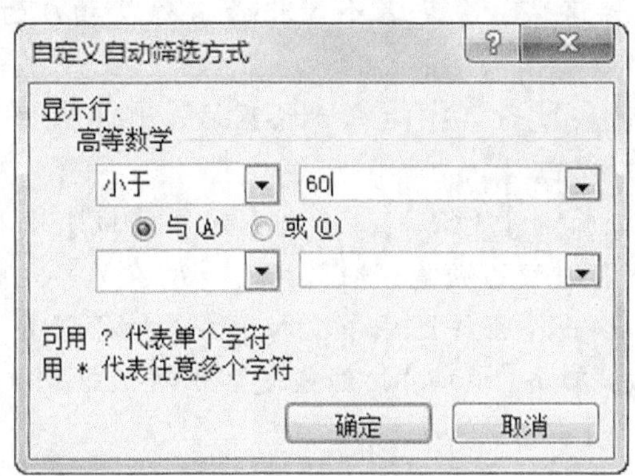

图 5-48 | 【自定义自动筛选方式】对话框

这时工作表中就只显示出高等数学成绩不及格的记录，其他记录都被隐藏。

2. 高级筛选

高级筛选也是对数据清单进行筛选，它与自动筛选的区别在于：自动筛选是通过单击【筛选】按钮来选择筛选条件，高级筛选则是在工作表上的条件区域设定筛选条件。高级筛选可以设定比较复杂的筛选条件，并能将符合条件的记录复制到另一个工作表或当前工作表的其他空白位置上，可按以下操作步骤执行。

（1）在执行高级筛选前，首先设定条件区域。该区域应在工作表中非数据清单的位置上设置。条件区域至少为两行，第一行为字段名，第二行及以下各行为筛选条件。

然后定义多个条件。如果在两个字段下面的同一行中输入条件，系统将按【与】条件处理；如果在不同行中输入条件，则按【或】条件处理。

（2）选定数据所在的单元格区域，在【数据】选项卡的【排序和筛选】组中单击【高级】按钮。

（3）在弹出的【高级筛选】对话框中，可以进行以下设置。

①【方式】区域中有两个单选项。如果选中【在原有区域显示筛选结果】单选项，则筛选结果显示在原数据清单位置，不符合条件的记录被隐藏；如果选中【将筛选结果复制到其他位置】单选项，则位于下方的【复制到】输入框中指定复制筛选结果的目标区域，可以是其他工作表或当前工作表的其他位置。

②【列表区域】输入框显示参与筛选的源数据地址，若之前已选定数据区域，则当前输入框中显示具体地址；若之前没有选定数据区域，则此时可以单击输入框右边的【折叠】按钮，在工作表中选择数据区域，再单击【返回】按钮恢复显示对话框。

③【条件区域】输入框指定包含筛选条件的单元格区域，可以单击输入框右边的【折叠】按钮，在工作表中选择建立好的条件区域，再单击【返回】按钮恢复显示对话框。

④【选择不重复的记录】复选框可以设定在符合条件的筛选结果中是否要包含内容相同的重复记录。

（4）单击【确定】按钮，完成设置。若要取消高级筛选的结果，显示原数据清单的所有记录，在【数据】选项卡的【排序和筛选】组中单击【清除】按钮。

例 5-12 使用【高级筛选】功能筛选出各门成绩都大于 70 分的记录。

步骤 1：先建立条件区域，包括各个课程的名称及相应的筛选条件，如图 5-49 所示。

步骤 2：选定数据区域，如 A2:I14 单元格区域，在【数据】选项卡的【排序和筛选】组中单击【高级】按钮。

步骤 3：弹出【高级筛选】对话框，单击【列表区域】输入框右边的【折叠】按钮，在数据表中选中所有课程的成绩，即数据清单所在的单元格区域，单击【返回】按钮恢复显示对话框。单击【条件区域】输入框右边的【折叠】按钮，在数据表中选中刚才建立的条件区域，单击【返回】按钮恢复显示对话框，如图 5-50 所示，单击【确定】按钮完成设置。

此时，在数据表中只显示满足条件的记录，其他记录被隐藏。

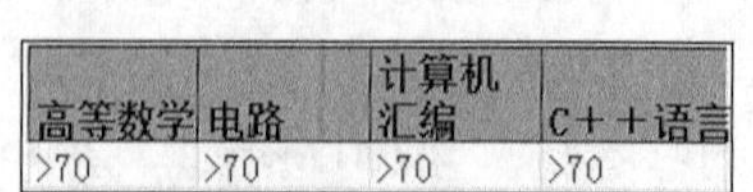

高等数学	电路	计算机汇编	C++语言
>70	>70	>70	>70

图 5-49｜建立条件区域

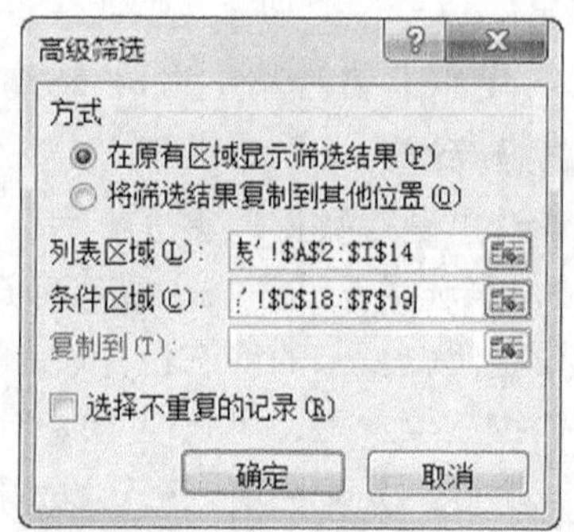

图 5-50｜【高级筛选】对话框

5.5.3 数据分类汇总

数据的排序和筛选只是简单的数据库操作，在数据库应用中还有一项重要的操作，那就是对数据的分类汇总。分类汇总就是将经过排序后已具有一定规律的数据进行汇总，生成各类汇总报表。

1. 创建简单分类汇总

对数据进行分类汇总，首先要求数据表的每个字段都有字段名，即数据区的每一列要有列标题。Excel 是根据字段名来创建数据组并进行分类汇总的。

创建简单分类汇总，即一级分类汇总，可以按以下操作步骤进行。

（1）选定要分类汇总的列，先对该列进行排序，使同类型的记录集中在一起。

（2）在排序完成的基础上，选中需汇总的数据清单中的单元格区域，在【数据】选项卡的【分级显示】组中单击【分类汇总】按钮。

（3）弹出【分类汇总】对话框，在【分类字段】下拉列表中选择要对哪个列、哪个字段进行分类汇总，该下拉列表中列出了数据清单中的各字段。

（4）在【汇总方式】下拉列表中选择要对汇总的字段值以何种方式进行汇总，包括求和、计数、平均值、最大值、最小值等汇总方式。

（5）在【选定汇总项】下拉列表中选择要对哪些字段、哪些列进行汇总。这和分类字段是不一样的，分类字段是选择对哪个列进行分类、分组，汇总项是在分类完成的基础上，再具体地对哪些列的值进行统计汇总，可在选多列的值同时进行统计汇总。

（6）单击【确定】按钮完成设置。

在【分类汇总】对话框中还有三个复选项：【替换当前分类汇总】一般为默认选项，不用修改，这是在多级分类汇总中设置的；【每组数据分页】选项设置是否把分类汇总完的数据进行分页显示；【汇总结果显示在数据下方】选项设置分类汇总完的数据是否显示在原数据的下方。这三个复选项可以按默认设置，无须更改。

例 5-13 使用【分类汇总】功能统计各专业各门课程的平均分，如图 5-51 所示。

学号	姓名	专业	班级	高等数学	电路	计算机汇编	C++语言
		程序设计 平均值		69.50	60.50	81.00	76.05
		计算机网络 平均值		49.25	69.75	84.50	77.84
		图形图像 平均值		64.75	59.75	77.25	68.68
		总计平均值		61.17	63.33	80.92	74.19

图 5-51｜按专业分类汇总

步骤 1： 因为要根据专业进行分类汇总，所以选定专业所在列，然后进行排序，如图 5-52 所示。

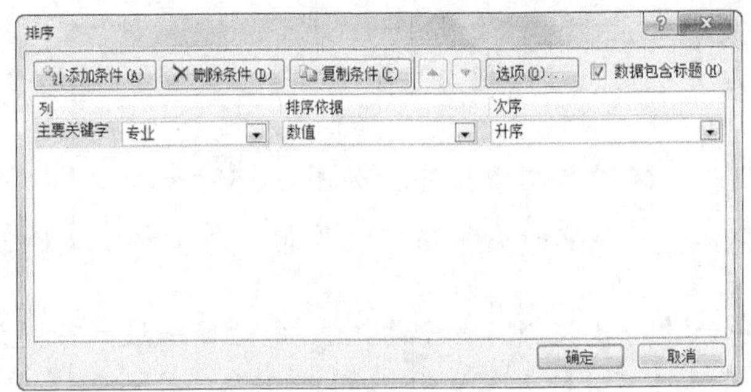

图 5-52｜按专业排序

步骤 2：排序完成，选中成绩表中的单元格区域，在【数据】选项卡的【分级显示】组中单击【分类汇总】按钮。

步骤 3：弹出【分类汇总】对话框，在【分类字段】下拉列表中选择“专业”，在【汇总方式】下拉列表中选择“平均值”，在【选定汇总项】下拉列表中选择“高等数学”“电路”等各门课程。单击【确定】按钮，如图 5-53 所示。

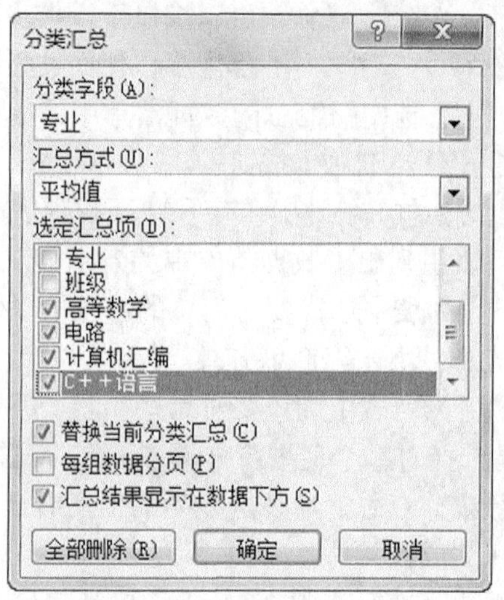

图 5-53 |【分类汇总】对话框

2. 创建多级分类汇总

在 Excel 中可以创建多级分类汇总，如果希望在简单分类汇总的基础上再对专业里的班级进行分类汇总，可创建一个多级分类汇总，按以下操作步骤进行。

（1）对要参与多级分类汇总的多列进行多重排序。

（2）在排序完成的基础上，单击需汇总的数据区域内的任一单元格，在【数据】选项卡的【分级显示】组中单击【分类汇总】按钮。

（3）在弹出的【分类汇总】对话框中，先设置一级的分类汇总，设置【分类字段】【汇总方式】【选定汇总项】的值，单击【确定】按钮。

（4）在【数据】选项卡的【分级显示】组中单击【分类汇总】按钮，弹出【分类汇总】对话框，进行下一级的分类汇总设置，设置【分类字段】【汇总方式】【选定汇总项】的值。

（5）设置完各项的值后，一定要取消选中【替换当前分类汇总】复选项，单击【确定】按钮完成设置。

例 5-14 使用【分类汇总】功能统计各专业各班级各门课程的平均分，如图 5-54 所示。

步骤 1：对专业及班级进行二重排序，如图 5-55 所示。

步骤 2：排序完成，单击成绩表中任一单元格，在【数据】选项卡的【分级显示】组中单击【分类汇总】按钮。

步骤 3：在弹出的【分类汇总】对话框中，先设置一级的分类汇总，按照例 5-13 中的设置，设置【分类字段】【汇总方式】【选定汇总项】的值，单击【确定】按钮。

学号	姓名	专业	班级	高等数学	电路	计算机汇编	C++语言
			1班 平均值	77.00	67.00	79.00	78.75
			2班 平均值	62.00	54.00	83.00	73.35
		程序设计 平均值		69.50	60.50	81.00	76.05
			1班 平均值	55.00	72.50	84.00	72.07
			2班 平均值	43.50	67.00	85.00	83.60
		计算机网络 平均值		49.25	69.75	84.50	77.84
			1班 平均值	77.00	67.00	80.00	76.40
			2班 平均值	52.50	52.50	74.50	60.95
		图形图像 平均值		64.75	59.75	77.25	68.68
		总计平均值		61.17	63.33	80.92	74.19

图 5-54｜按专业、班级分类汇总

图 5-55｜按专业、班级排序

步骤 4：在【数据】选项卡的【分级显示】组中单击【分类汇总】按钮。弹出【分类汇总】对话框，进行下一级的分类汇总设置，这时，设置【分类字段】为“班级”，【汇总方式】【选定汇总项】的值不变，即统计各门课程的平均值。

步骤 5：设置完各项的值后，取消选中【替换当前分类汇总】复选项，单击【确定】按钮完成设置，如图 5-56 所示。

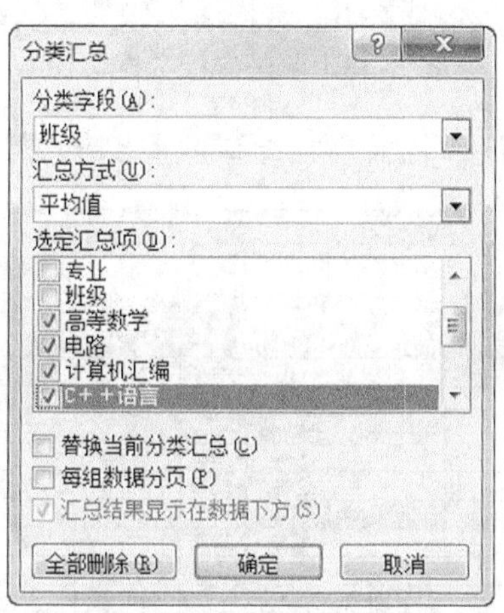

图 5-56｜取消选中【替换当前分类汇总】复选项

3. 分级显示数据

完成分类汇总后，数据将分级显示。这时在工作表左边出现显示视图，单击显示视图上面的各个按钮，可分级显示数据，利用分级显示可以快速地查看汇总信息。下面介绍分级显示视图中的各个按钮。

（1）一级数据按钮（1）：单击该按钮，显示一级数据，即汇总项的总和。

（2）二级数据按钮（2）：单击该按钮，显示一级和二级数据，即分类汇总数据组各汇总项的和。

（3）三级数据按钮（3）：单击该按钮，显示前三级数据，即数据清单的原始数据。

（4）显示明细数据按钮（+）：单击该按钮显示明细数据。

（5）隐藏明细数据按钮（-）：单击该按钮隐藏明细数据。

明细数据是相对汇总数据而言的，实际上就是数据表中的原始记录。可相应地单击各个按钮，显示各级数据。

例 5-15 分级显示成绩的分类汇总表。

步骤 1：单击一级数据按钮，显示一级数据，即汇总项的总和，如图 5-57 所示。

	A	B	C	D	E	F	G	H
1	大一成绩表							
2	学号	姓名	专业	班级	高等数学	电路	计算机汇编	C++语言
24			总计平均值		61.17	63.33	80.92	74.19

图 5-57｜单击一级数据按钮

步骤 2：单击二级数据按钮，显示一级和二级数据，即分类汇总数据组各汇总项的和，如图 5-58 所示。

	A	B	C	D	E	F	G	H
1	大一成绩表							
2	学号	姓名	专业	班级	高等数学	电路	计算机汇编	C++语言
9			程序设计 平均值		69.50	60.50	81.00	76.05
16			计算机网络 平均值		49.25	69.75	84.50	77.84
23			图形图像 平均值		64.75	59.75	77.25	68.68
24			总计平均值		61.17	63.33	80.92	74.19

图 5-58｜单击二级数据按钮

步骤 3：单击三级数据按钮，显示前三级数据，如图 5-59 所示。

	A	B	C	D	E	F	G	H
1	大一成绩表							
2	学号	姓名	专业	班级	高等数学	电路	计算机汇编	C++语言
5				1班 平均值	77.00	67.00	79.00	78.75
8				2班 平均值	62.00	54.00	83.00	73.35
9			程序设计 平均值		69.50	60.50	81.00	76.05
12				1班 平均值	55.00	72.50	84.00	72.07
15				2班 平均值	43.50	67.00	85.00	83.60
16			计算机网络 平均值		49.25	69.75	84.50	77.84
19				1班 平均值	77.00	67.00	80.00	76.40
22				2班 平均值	52.50	52.50	74.50	60.95
23			图形图像 平均值		64.75	59.75	77.25	68.68
24			总计平均值		61.17	63.33	80.92	74.19

图 5-59｜单击三级数据按钮

以此类推，可查看各级数据。

4. 清除分类汇总

当不需要在当前工作表中显示分类汇总结果时，可以清除分类汇总，操作步骤如下。

（1）选中分类汇总数据清单所在的单元格区域。

（2）在【数据】选项卡的【分级显示】组中单击【分类汇总】按钮。

（3）在弹出的【分类汇总】对话框中单击【全部删除】按钮，即可清除分类汇总。

5.5.4 数据透视表

数据透视表是一种可对大量数据进行快速汇总并建立交叉列表的交互式表格。它不仅可以转换行和列用以查看数据的不同汇总结果，显示不同界面以筛选数据，还可以根据需要显示区域内的数据，是用户分析、组织复杂数据的有力工具。

1. 建立数据透视表

建立数据透视表，要选定组成数据透视表的三要素：行字段、列字段、数据字段。它本身没有改变数据清单，只是将其重新组织，形成新的数据表现形式，操作步骤如下。

（1）选择数据清单的任一单元格，在【插入】选项卡的【表格】组中单击【数据透视表】下拉按钮，在下拉列表中选择【数据透视表】选项。

（2）弹出【创建数据透视表】对话框，在【表/区域】输入框中选择数据源所在的单元格区域，然后选择放置数据透视表的位置，单击【确定】按钮。

（3）系统自动将创建的数据透视表基本版式显示在一个新的工作表中，并在窗口右边打开【数据透视表字段列表】面板，将相应的字段分别拖到【报表筛选】【列标签】【行标签】【数值】区域。

【报表筛选】区域：用来放置筛选的字段。

【行标签】区域：放置作为行标题的字段。

【列标签】区域：放置作为列标题的字段。【行标签】和【列标签】字段用来设置分类的字段。

【数值】区域：放置数据透视表中汇总显示的数据，相当于选择了用于分类汇总的数据。

例 5-16 使用【数据透视表】功能统计各个专业各个班的学生人数和平均分。

步骤 1：选择数据清单的任一单元格，在【插入】选项卡的【表格】组中单击【数据透视表】下拉按钮，在下拉列表中选择【数据透视表】选项。

步骤 2：弹出【创建数据透视表】对话框，在【表/区域】输入框中选择数据源所在的单元格区域 A2:J14，在【选择放置数据透视表的位置】区域中选中【新工作表】单选项，如图 5-60 所示，单击【确定】按钮。

步骤 3：在新工作表中自动显示数据透视表的基本样式，并在窗口右边显示【数据透视表字段列表】面板，如图 5-61 所示。

步骤 4：在【数据透视表字段列表】面板中，要按各个专业各个班来统计，可将【专业】字段拖到【行标签】区域，将【班级】字段拖到【列标签】区域。

步骤 5：要统计学生人数和平均分，即将数据按学生的姓名进行计数，将平均分进行平均值计算，因此可将【姓名】字段和【平均分】等字段拖到【数值】区域，如

图 5-62 所示。

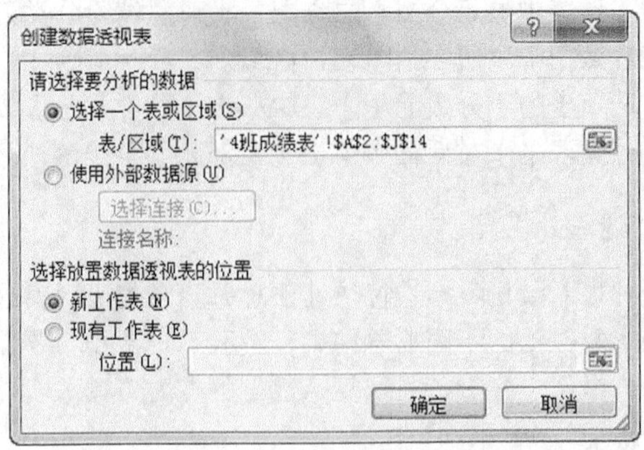

图 5-60 |【创建数据透视表】对话框

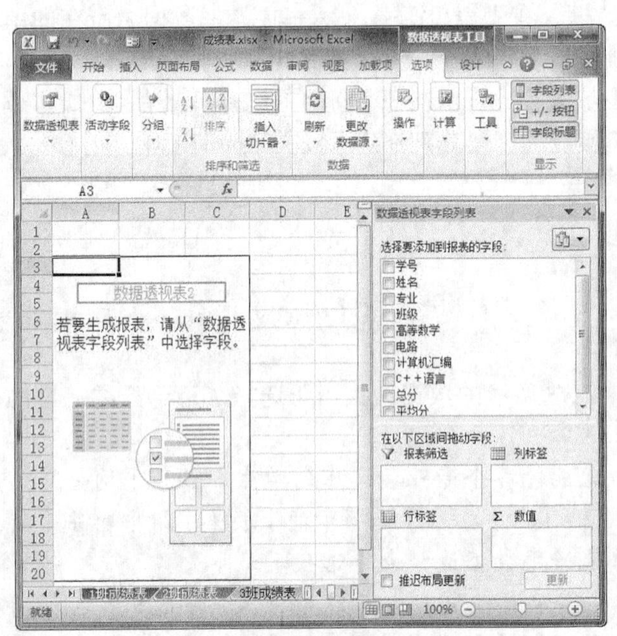

图 5-61 |【数据透视表字段列表】面板

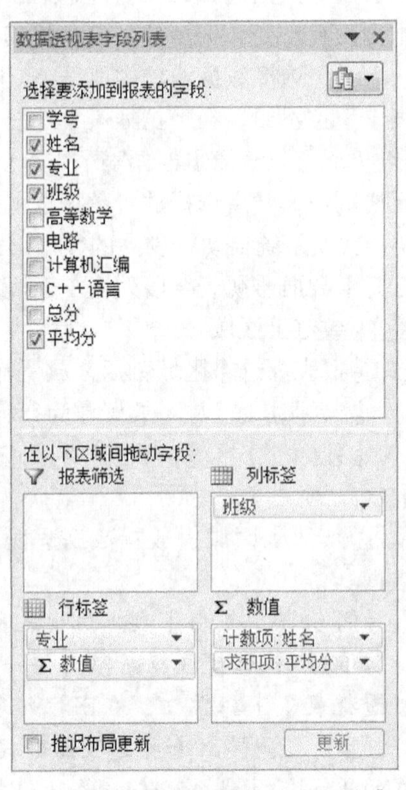

图 5-62 |【数据透视表字段列表】面板设置

在将【姓名】字段添加到【数值】区域时，须使用默认的【计数】汇总方式，因为要统计学生人数，需要使用计数汇总方式，因此不需要更改汇总方式。

同样地，将【平均分】字段添加到【数值】区域时，使用的是默认的【求和】汇总方式。这里需要更改汇总方式为平均值，因此在【数值】区域的【求和项：平均分】上单击，在弹出的列表中选择【值字段设置】选项，弹出【值字段设置】对话框，在【值字段汇总方式】列表框中选择【平均值】汇总方式，如图 5-63 所示，单击【确定】

按钮。

步骤 6：完成的数据透视表如图 5-64 所示。

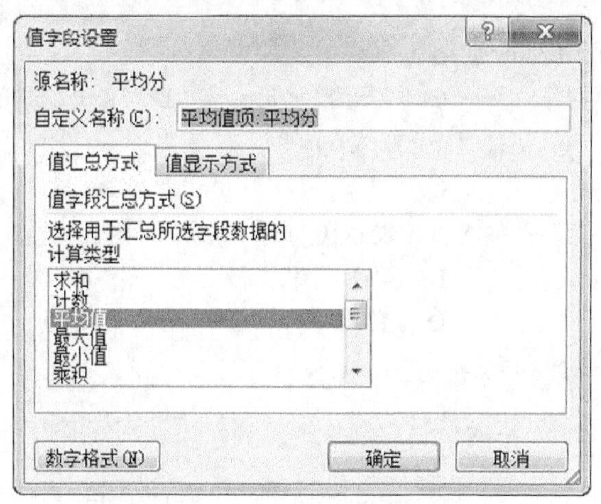

图 5-63 |【值字段设置】对话框

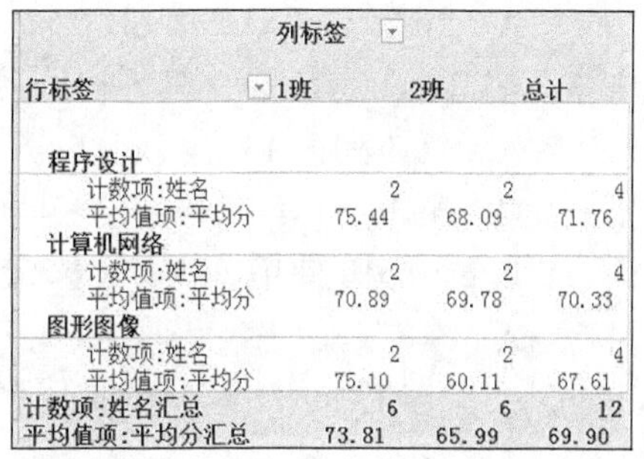

	列标签		
行标签	1班	2班	总计
程序设计			
计数项:姓名	2	2	4
平均值项:平均分	75.44	68.09	71.76
计算机网络			
计数项:姓名	2	2	4
平均值项:平均分	70.89	69.78	70.33
图形图像			
计数项:姓名	2	2	4
平均值项:平均分	75.10	60.11	67.61
计数项:姓名汇总	6	6	12
平均值项:平均分汇总	73.81	65.99	69.90

图 5-64 | 完成设置的数据透视表

2. 更改数据透视表

（1）增减字段

可以将数据透视表中的字段直接拖出，也可以将【数据透视表字段列表】面板中的字段直接拖到数据透视表来实现字段的增减。

（2）改变字段的汇总方式

选中数据透视表中的任一单元格，在【数据透视表工具—选项】选项卡的【计算】组中单击【按值汇总】下拉按钮，从下拉列表中选择【其他选项】选项，打开【值字段设置】对话框，重新选择想要的汇总方式，单击【确定】按钮。

例 5-17 更改数据透视表，调整【专业】字段和【班级】字段的位置，并添加对各个专业、各个班级总分的平均分计算。

步骤 1：在数据透视表区域单击任一单元格，显示【数据透视表字段列表】面板。重新将原先的【行标签】区域的【专业】字段拖到【列标签】区域中，将原先的【列标签】区域中的【班级】字段拖到【行标签】区域中。

步骤 2：将该面板右边的【总分】字段拖到【数值】区域，并单击该字段，在弹出的列表中选择【值字段设置】选项，弹出【值字段设置】对话框，在【值字段汇总方式】列表框中选择【平均值】汇总方式，单击【确定】按钮，即可在数据透视表中查看更改后的结果。

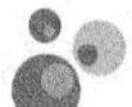

本章小结

本章主要介绍运用 Excel 2010 进行表格数据的编辑、计算、管理和分析，利用 Excel 2010 实现公式、函数的引用，以及数据图表化、数据管理和分析（如排序、筛选、分类汇总等）。

习题

1. 工作表是行和列组成的表格，其行和列分别用（　　）来加以区分。

A. 数字和数字　　B. 数字和字母　　C. 字母和字母　　D. 字母和数字

2. Excel 2010 默认每个工作簿内包含（　　）张工作表。

A. 10　　B. 5　　C. 7　　D. 3

3. 在 Excel 2010 中，编辑栏的名称栏显示为 A13，表示（　　）的单元格。

A. 第 1 列第 13 行　　B. 第 1 列第 1 行

C. 第 13 列第 1 行　　D. 第 13 列第 13 行

4. Excel 2010 使用（　　）来定义一个区域。

A. “( )”　　B. “:”　　C. “｜”　　D. “;”

5. 在保存工作簿时默认的扩展名为（　　）。

A. .xlsx　　B. .txt　　C. .doc　　D. .dbf

6. Excel 2010 函数的各参数间用（　　）来分隔。

A. 逗号　　B. 空格　　C. 冒号　　D. 分号

7. 往 A1 单元格中输入字符串时，其长度超过 A1 单元格的显示长度，若 B1 单元格非空，则字符串的超出部分将（　　）。

A. 被截断显示，加大 A1 单元格的列宽后被截部分照常显示

B. 作为另一个字符串存入 B1 中

C. 显示########

D. 继续超格显示

8. 若在 Sheet2 的 F5 单元格中输入公式时，需要引用 Sheet1 中的 B3 单元格的数据，正确的引用是（　　）。

A. Sheet1！B3　　B. Sheet1（B3）

C. Sheet1 B3　　D. Sheet1！（B3）

9. “分类汇总”中的分类是指按照某字段的值对记录分组，下面的说法中正确的是（　　）。

A. 该字段必须是数值型的　　B. 该字段必须是字符型的

C. 该字段必须是逻辑型的　　D. 事先必须将该字段排序

10. 绝对地址在被复制到其他单元格时，其单元格地址（　　）。

A. 不变　　B. 发生改变　　C. 部分改变　　D. 不能复制

第 6 章

PowerPoint 2010 应用

理论要点：

1. PowerPoint 2010 窗口组成区域的介绍；
2. 幻灯片的几种视图的作用；
3. 超级链接、切换方式和放映方式的介绍；
4. 设计模板的应用；
5. 母版的概念及作用。

技能要点：

1. 在幻灯片中添加声音、图片、视频等多媒体对象；
2. 在幻灯片中设置切换及动画效果；
3. 使用动作按钮、超链接设置幻灯片的跳转；
4. 在幻灯片中导入 Excel 文件，生成图表；
5. 使用母版设置演示文稿的统一外观；
6. 幻灯片的运行、放映设置。

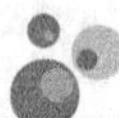

6.1 PowerPoint 2010 基本操作

6.1.1 PowerPoint 2010 窗口

从【开始】菜单的【程序】二级菜单中选择 Microsoft PowerPoint 2010 程序或者直接在桌面上单击 Microsoft PowerPoint 图标启动 PowerPoint 程序，屏幕上出现 PowerPoint 主界面窗口，如图 6-1 所示。PowerPoint 文档的默认扩展名为“.pptx”。

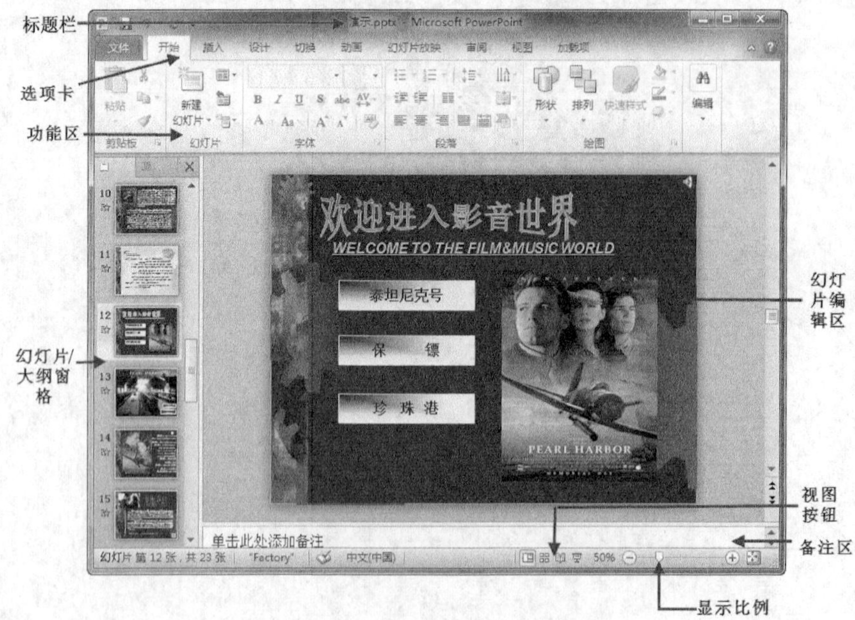

图 6-1 | PowerPoint 2010 界面窗口

下面对 PowerPoint 2010 窗口进行介绍。

1. 标题栏

程序窗口顶端是标题栏。在标题栏上显示当前执行的应用软件名和演示文稿名。

2. 幻灯片编辑区

幻灯片是演示文稿的基本元素。在幻灯片视图模式下窗口中央是幻灯片编辑区，可以对演示文稿内容进行编辑、修改。

3. 幻灯片/大纲窗格

幻灯片/大纲窗格用于显示幻灯片的数量及顺序，通过它可以掌握整个演示文稿的结构。在【幻灯片】窗格下，会显示各幻灯片的编号及缩略图；在【大纲】窗格下，会显示各幻灯片的文本大纲。

4. 视图按钮

单击演示文稿的视图按钮，可以在各种不同视图下浏览幻灯片。

5. 选项卡

PowerPoint 2010 将所有的命令集中在几个选项卡中，选择某个选项卡可以切换到对应的功能区。

6. 功能区

PowerPoint 2010 将一些常用的命令用按钮来代替，当需要进行某一功能的操作时，只需要单击相应的图标按钮即可。

7. 备注区

备注区主要用于给幻灯片添加备注，为使用者提供更多的注释。

8. 显示比例

显示比例滑块可以调整正在编辑的文档的显示比例。

6.1.2 PowerPoint 2010 视图方式

PowerPoint 2003 提供了 4 个视图按钮，如图 6-2 所示，它们各有不同的用途，用户可以单击窗口右下角的视图按钮进行切换。

图 6-2｜PowerPoint 2010 的视图按钮

1. 普通视图

单击【普通视图】按钮，即可进入普通视图方式，如图 6-3 所示。它将演示文稿窗口划分为三个窗格：大纲/幻灯片、幻灯片编辑和幻灯片备注。左侧为大纲/幻灯片窗格，用户可以单击选项卡来进行切换。右侧为幻灯片编辑窗格，用于对幻灯片进行编辑加工。底部为幻灯片备注窗格，备注信息可添加到备注窗格中。

单击左侧的【幻灯片】按钮，即可进入【幻灯片】窗格。它把所有幻灯片以缩略图大小的图形显示在窗口的左边来观看幻灯片。使用缩略图能更方便地通过演示文稿导航观看设计更改的效果。

单击左侧的【大纲】按钮，即可进入【大纲】窗格。它将演示文稿各张幻灯片的文本内容以提纲形式显示出来。每张幻灯片按序号及主体文本的层次关系进行排列。该视图方式便于用户从整体上查看演示文稿幻灯片的主体思想，比较适合创建演示文稿和组织演示文稿的内容，如图 6-4 所示。

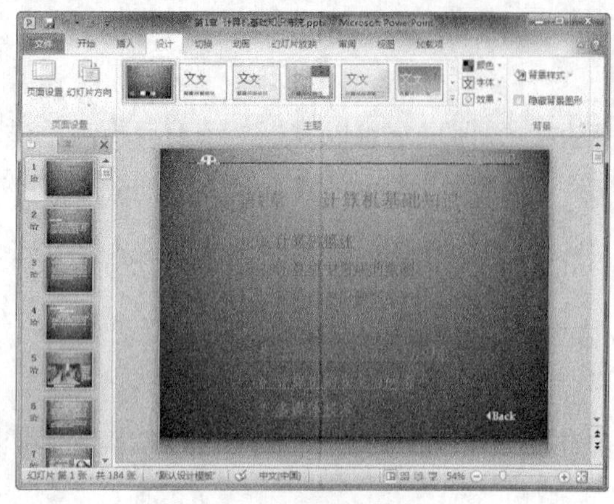

图 6-3｜普通视图

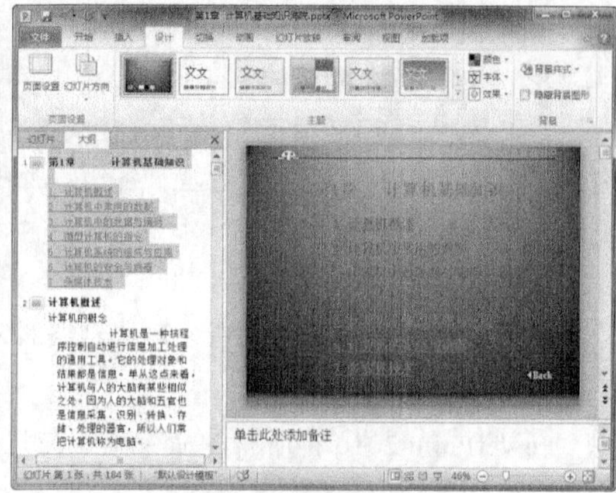

图 6-4｜【大纲】窗格

两种窗格都可以重新排列、添加或删除幻灯片。

2. 幻灯片浏览视图

单击【幻灯片浏览】按钮，即可进入此视图方式。它可以显示用户创建的演示文稿中所有幻灯片的缩略图。该视图方式不能改变幻灯片的内容，但可以清楚地观察到整个演示文稿的全貌，适用于对幻灯片进行组织和排序，也可以轻松地添加、删除、移动或复制幻灯片，如图 6-5 所示。还可以利用幻灯片浏览工具栏设置幻灯片的放映时间、切换方式和动画效果等演示特征。单击缩略图下方的切换图标可以观察其演示效果。

图 6-5｜幻灯片浏览视图

3. 幻灯片放映视图

单击【幻灯片放映】按钮即可进入此视图方式，用户可以从第一张幻灯片开始放映整个演示文稿，也可以观察某幻灯片的版面设置和动画效果。当显示完最后一张幻灯片时，系统自动退出该视图方式。如果要中止放映过程，可以在屏幕上单击鼠标右键，在弹出的快捷菜单中选择【结束放映】命令。

4. 阅读视图

阅读视图只显示标题栏、阅读区和状态栏，用于查看演示文稿，而不是放映演示文稿，如图 6-6 所示。

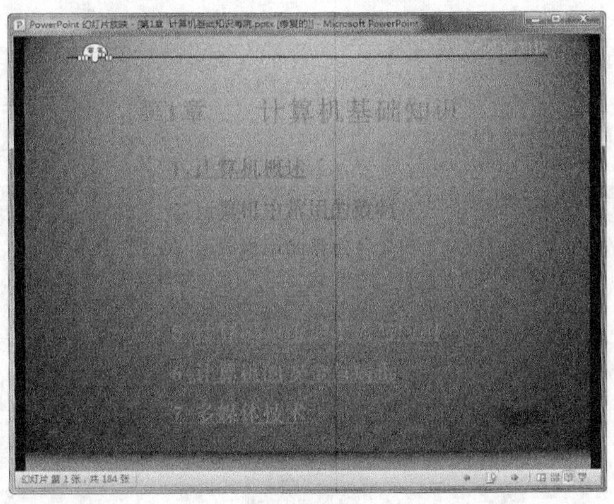

图 6-6 | 阅读视图

6.2 创建演示文稿

6.2.1 创建演示文稿

启动 PowerPoint 后，系统自动创建演示文稿 1，可以通过 3 种方式创建演示文稿。

1. 利用模板创建演示文稿

使用 PowerPoint 2010 提供的模板来创建演示文稿，选择一个基本符合要求的文稿样式模型，填入相应的文字或直接修改原有模型中的内容，形成自己的演示文稿，简单、直观、快捷。

（1）单击【文件】按钮，在下拉菜单中选择【新建】命令，如图 6-7 所示。

（2）在【可用的模板和主题】类别中，选择【样本模板】选项，在【样本模板】页面中选择一种需要的样本模板，如选择“培训”，如图 6-8 所示，单击右边的【创建】按钮，就可以创建一个培训类别的演示文稿。

2. 利用 Office.com 模板创建演示文稿

除了使用样本模板以外，Office 2010 还提供了 Office.com 模板供用户使用。

（1）单击【文件】按钮，在下拉菜单中选择【新建】命令。

（2）在【Office.com 模板】栏中双击需要的类别，如“会议”，即在 Office.com 模板中搜索相关模板，如图 6-9 所示，选择所需的模板样式，单击【下载】按钮，即可弹出【正在下载模板】对话框显示下载进度。下载完成后，将根据下载的模板自动创建演示文稿。

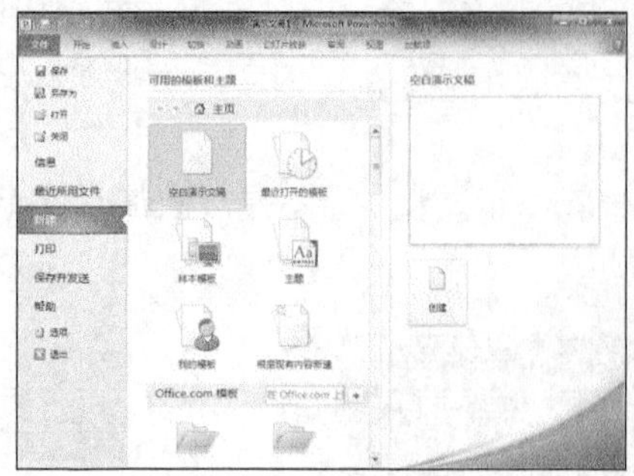

图 6-7｜选择【新建】命令

图 6-8｜【样本模板】页面

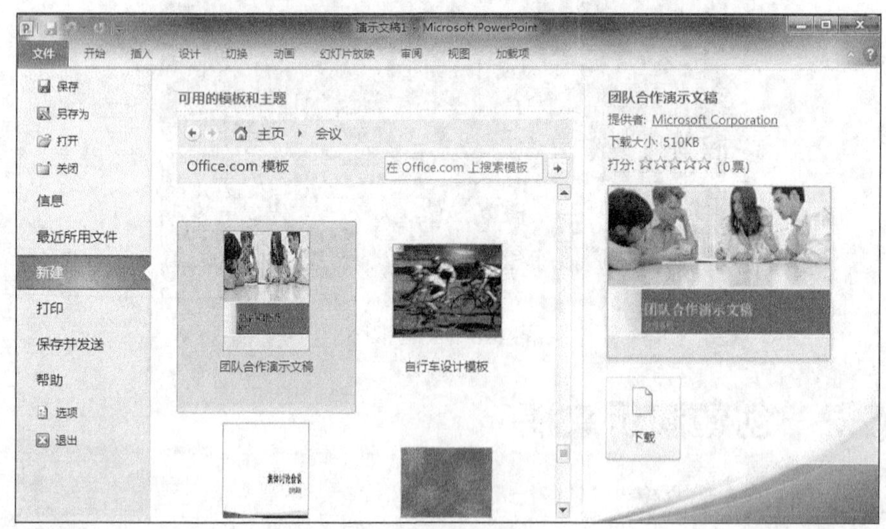

图 6-9｜Office.com 模板

3. 创建空白演示文稿

如果用户对自己即将制作的演示文稿无论是从内容结构上，还是从外观风格上都用自己的设计，可以创建一个空白的演示文稿，再对其进行具体的编辑设计。

（1）启动 PowerPoint 2010 程序，系统会自动新建一个空白的演示文稿，如图 6-10 所示，默认【标题幻灯片】版式。除此之外，还可以单击【文件】按钮，在下拉菜单中选择【新建】命令，在【可用的模板和主题】类别中选择【空白演示文稿】选项，单击【创建】按钮，也可以创建一个空白演示文稿。

（2）如果对默认的版式不满意，可以单击【开始】选项卡的【幻灯片】组中的【版式】下拉按钮，在弹出的下拉列表中选择自己想要的幻灯片版式，如图 6-11 所示；或者在幻灯片编辑区单击鼠标右键，在弹出的快捷菜单中选择【版式】命令，在出现的子列表中选择所需的版式。

（3）若要添加内容，单击相应的占位符，输入内容即可。

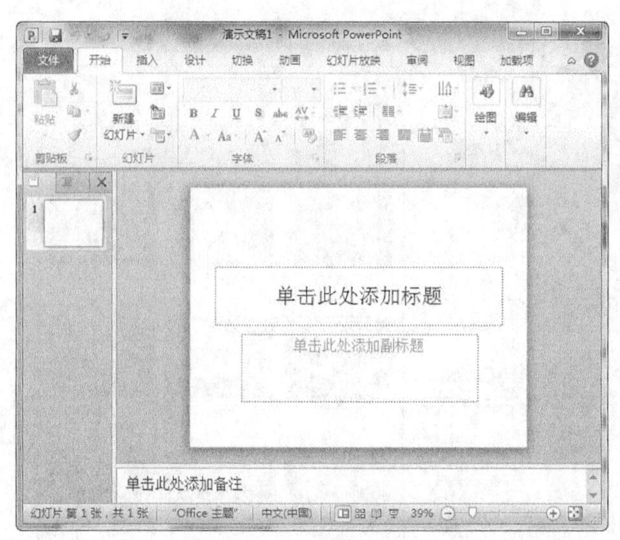

图 6-10 | 空白演示文稿

图 6-11 | 幻灯片版式

6.2.2 幻灯片基本操作

在制作好幻灯片后，用户可以对演示文稿进行适当的编排，包括插入新幻灯片、移动与复制幻灯片、删除幻灯片等。

1. 插入新幻灯片

编辑完幻灯片，如果要添加新的幻灯片并进行编辑，可进行如下操作。

（1）在幻灯片浏览视图下，在要插入幻灯片的位置单击，此时，一条黑线将出现在两张幻灯片之间，如图 6-12 所示；或者在普通视图下，选中要插入新幻灯片的位置的前一个幻灯片。

（2）在【开始】选项卡的【幻灯片】组中单击【新建幻灯片】下拉按钮，在弹出的列表框中选择需要插入的新幻灯片版式，如图 6-13 所示，或者用鼠标右键单击要插入新幻灯片的位置，在弹出的快捷菜单中选择【新建幻灯片】命令，即默认插入一个【标题和内容】版式的新幻灯片。

2. 移动与复制幻灯片

用户可以调整每张幻灯片的排列次序，也可以对具有较好版式的幻灯片进行复制。

（1）移动幻灯片

① 在普通视图或幻灯片浏览视图下，单击要移动的幻灯片，按住鼠标左键并拖动幻灯片。

② 此时用户可看到一条黑线跟随鼠标移动，当黑线移动到需要的位置时松开鼠标，将看到幻灯片移动到所选的位置上。

（2）复制幻灯片

① 选择需要复制的幻灯片。

② 单击【开始】选项卡的【幻灯片】组中的【新建幻灯片】下拉按钮，在弹出的列表框中选择【复制所选幻灯片】选项，就可以在该幻灯片后面插入一张具有相同内容和版

式的幻灯片。

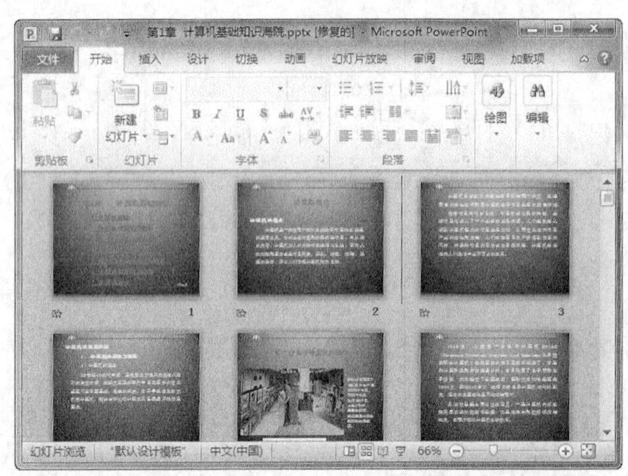

图 6-12 ｜在要插入幻灯片的位置单击

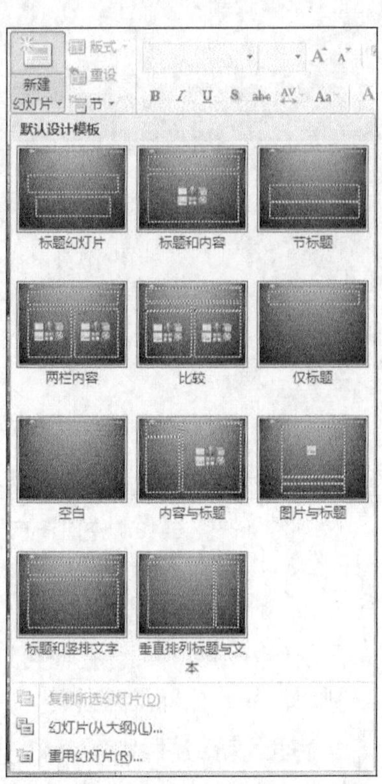

图 6-13｜【新建幻灯片】下拉列表

也可以使用【开始】选项卡的【剪贴板】组的【复制】与【粘贴】按钮，将所选幻灯片复制到相应的位置上。

3. 删除幻灯片

对于不需要的幻灯片，可以将其删除。选中要删除的幻灯片，然后按键盘上的【Delete 键】，或者用鼠标右键单击要删除的幻灯片，在弹出的快捷菜单中选择【删除幻灯片】命令即可进行删除。如果误删除了某张幻灯片，可以单击【快速访问栏】上的【撤销】按钮 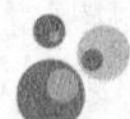，恢复上一步的操作。

6.3 设计演示文稿

6.3.1 应用各媒体对象

无论以何种方式创建的幻灯片，其内容往往不能完全符合用户的要求，这时就需要插入新的内容，添加各种媒体对象进行幻灯片的设计和编辑。

1. 输入文字

在应用了某张版式的幻灯片中会出现提示文字“单击此处添加标题”的虚线框，即“占位符”。只要单击占位符中相应的位置，就可将光标定位其中并输入文本。但如果要在占位符以外的位置输入文字，可以使用在 Word 中介绍的文本框功能。

（1）单击【插入】选项卡的【文本】组中的【文本框】下拉按钮，在弹出的下拉列表中选择【横排文本框】或【垂直文本框】选项。

（2）拖动鼠标在幻灯片中“画”出一个文本框，可在文本框中输入相应的文字。

插入幻灯片中的文本框可以任意改变位置和大小。将鼠标指针置于文本框上，当出现四向箭头时，拖动鼠标即可改本文本框的位置；将鼠标移到文本框边缘的八个点上，鼠标指针会变成双向的箭头，此时按住左键拖动可以任意改变文本框的大小。

在幻灯片中输入文本后，还可以继续修饰文字，设置相应的段落格式和文字格式。

（1）若要设置段落格式，可以选中文本框中的段落文字，在【开始】选项卡的【段落】组中有相应按钮设置相关的段落格式，或者单击【段落】组的扩展按钮，弹出【段落】对话框，直接在【行距】选项里设置所需要的行距值，在【段前】【段后】选项里设置相应的段落距离，如图 6-14 所示，单击【确定】按钮完成设置。

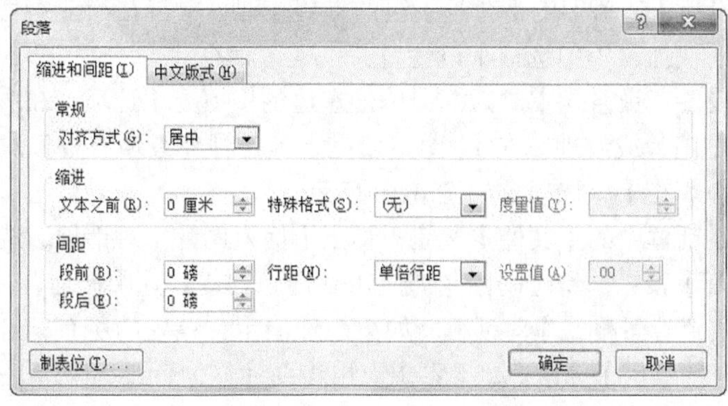

图 6-14 | 【段落】对话框

（2）若要设置文字格式，可以选中文本框中的文字，在【开始】选项卡的【字体】组中有相应按钮设置相关的字体格式，或者单击【字体】组的扩展按钮，弹出【字体】对话框，可在其中设置字体、字体样式、大小、字体颜色和其他效果，如图 6-15 所示，单击【确定】按钮完成设置。

图 6-15 | 【字体】对话框

2. 插入图像对象

图像是一种视觉化的语言。在幻灯片中插入剪贴画或其他图片，可增加演示文稿的展示效果。PowerPoint 为用户提供了一个剪辑库，它包含上千种剪贴画、图片和数十种声音、影片剪辑等，使用户可以方便地插入各类多媒体对象，也可以从计算机本地文件中插入图片。

（1）如果要插入剪贴画，单击【插入】选项卡的【图像】组中的【剪贴画】按钮；如果要插入来自文件的图片，单击【插入】选项卡的【图像】组中的【图片】按钮。

（2）此时弹出【插入图片】对话框，选择文件夹中的图片，单击【插入】按钮，即可将所选图片插入当前幻灯片中。

3. 设置幻灯片背景

用户还可以插入特定的图片作为幻灯片的背景，操作步骤如下。

（1）单击【设计】选项卡的【背景】组的扩展按钮，或者在当前幻灯片编辑区单击鼠标右键，在弹出的快捷菜单中选择【设置背景格式】命令。

（2）弹出【设置背景格式】对话框，单击左边的【填充】选项，在右侧选择【纯色填充】【渐变填充】【图片或纹理填充】【图案填充】等各种背景填充效果。若要选择图片，选中【图片或纹理填充】单选项，如图 6-16 所示。

（3）单击该对话框中的【文件】按钮，弹出【插入图片】对话框，选择要作为背景的图片，单击【插入】按钮，所选的图片即应用到选中的幻灯片中作为背景。

（4）返回【设置背景格式】对话框，如果想让演示文稿内的所有幻灯片都应用此背景图片，就单击【全部应用】按钮；如果不想应用该图片作为背景，单击【重置背景】按钮，撤销背景的设置。

4. 插入表格

在幻灯片中插入表格有两种方法，介绍如下。

方法一：单击【插入】选项卡的【表格】组中的【表格】下拉按钮，在弹出的下拉列表中可以直接选择创建几行几列的表格，如图 6-17 所示，可以直接生成 10×8 表格。

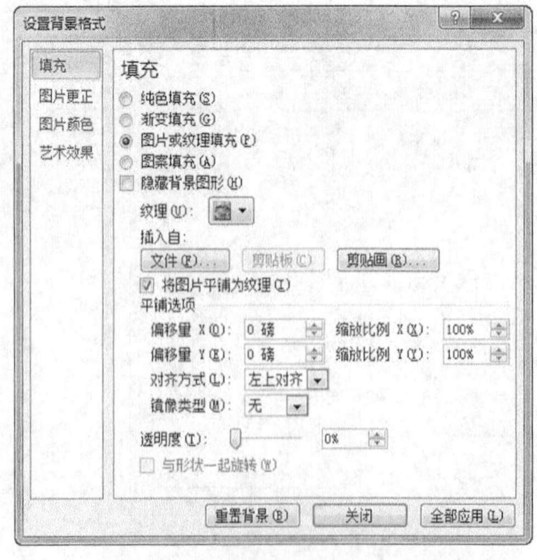

图 6-16 | 【设置背景格式】对话框

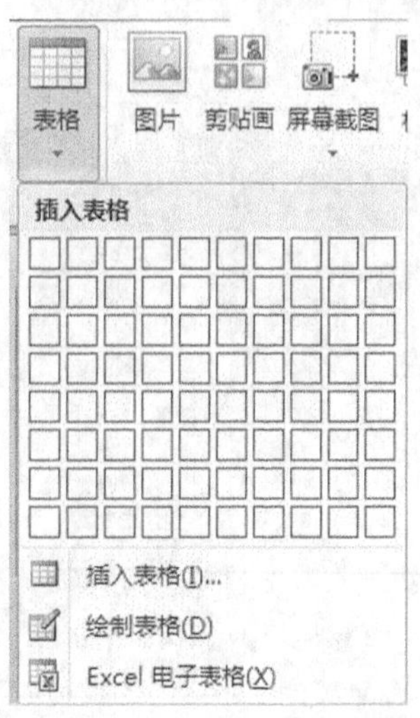

图 6-17 | 【表格】下拉列表

方法二：还可以在【表格】下拉列表中选择【插入表格】选项，在弹出的【插入表格】对话框中输入表格所需的列数和行数，如图 6-18 所示，单击【确定】按钮即可。

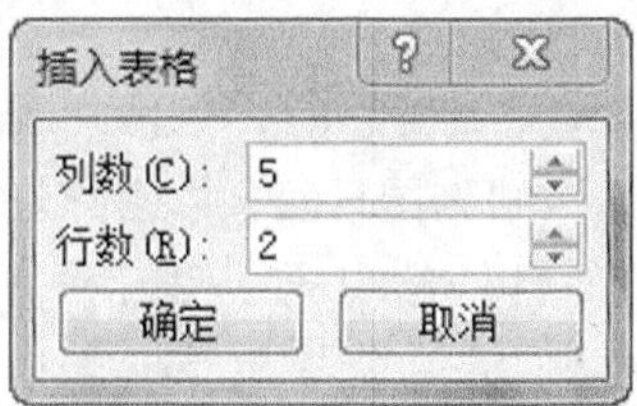

图 6-18 |【插入表格】对话框

插入的表格可通过鼠标拖曳调整单元格的大小。如果想增加或删除行和列，可以在表格内单击鼠标右键，在弹出的快捷菜单中选择【插入】或【删除行】【删除列】命令，还可以在【表格工具—设计】和【表格工具—布局】选项卡中使用相关按钮，对表格格式进行设置。

5. 插入图表

PowerPoint 中有一个 Microsoft Graph 的图表模板，可以用其来制作所需的图表，并添加到演示文稿的幻灯片中，操作步骤如下。

（1）单击【插入】选项卡的【插图】组中的【图表】按钮，在弹出的【插入图表】对话框中选择所需的图表类型，如图 6-19 所示，单击【确定】按钮。

（2）幻灯片中即生成相应类型的图表，同时弹出【Microsoft PowerPoint 中的图表】的 Excel 窗口，如图 6-20 所示，窗口中显示的是样本数据表。将自己要制作图表的数据替换掉原数据表中的数据，然后将 Excel 表格窗口关闭，依据数据表中的数据而生成的图表即显示在幻灯片中。

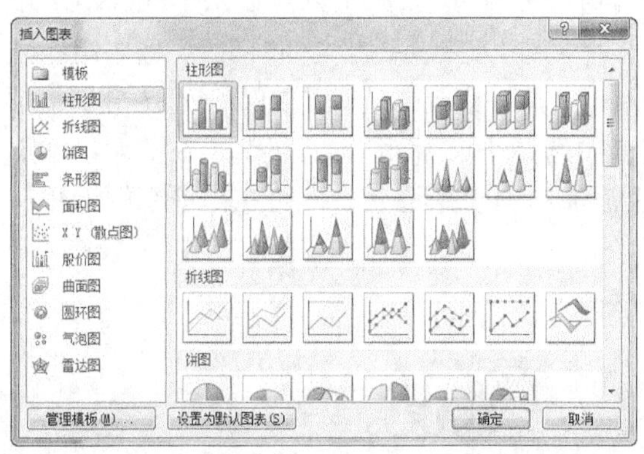

图 6-19 |【插入图表】对话框

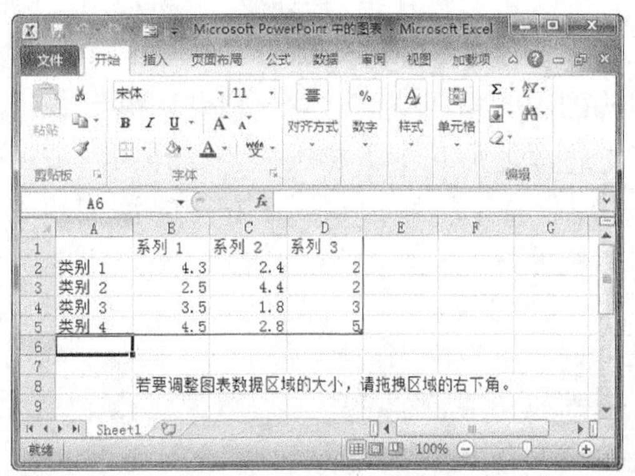

图 6-20 |【Microsoft PowerPoint 中的图表】的 Excel 窗口

（3）若要再次编辑图表，选中图表，在出现的【图表工具】下的【设计】【布局】【格式】选项卡中选中相应的功能区上的按钮就可以编辑图表了。

在 PowerPoint 的幻灯片中可以直接插入 Excel 中创建的图表，在 Excel 中选中要复制的图表，单击【开始】选项卡的【剪贴板】组中的【复制】按钮，然后在 PowerPoint 中要插入图表的位置单击，单击【开始】选项卡的【剪贴板】组中的【粘贴】按钮，就可以将图表插入幻灯片中。

6. 插入 SmartArt

SmartArt 图形是以直观的方式交流信息的，包括列表、流程、循环、层次结构图等。例如要插入 SmartArt 图形中的组织结构图，组织结构图是用来表现组织结构的图表，用户可以使用该图来表现企业和公司等部门的组织结构关系，操作步骤如下。

（1）单击【插入】选项卡的【插图】组中的【SmartArt】按钮，弹出【选择 SmartArt 图形】对话框，如图 6-21 所示，选择所要的类型。这里可以选择【层次结构】中的【组织结构图】选项，单击【确定】按钮。

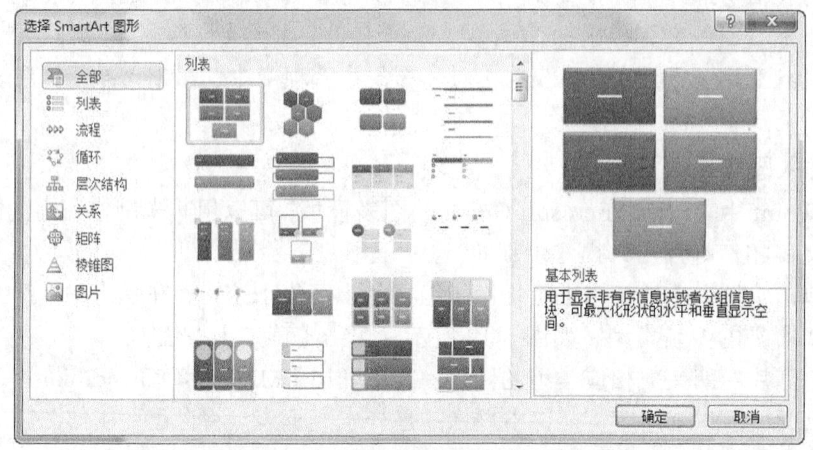

图 6-21 |【选择 SmartArt 图形】对话框

（2）幻灯片中会生成一个默认的组织结构图，如图 6-22 所示，并显示【SmartArt 工具—设计】和【SmartArt 工具—格式】选项卡，可用于更改图表结构和格式。选中组织结构图中要添加结构的某一图框，单击【SmartArt 工具—设计】选项卡的【创建图形】组中的【添加形状】下拉按钮，在弹出的下拉列表中选择【在后面添加形状】【在前面添加形状】【在上方添加形状】【在下方添加形状】【添加助理】等选项，即可在当前图框上添加相应的结构，如图 6-23 所示。

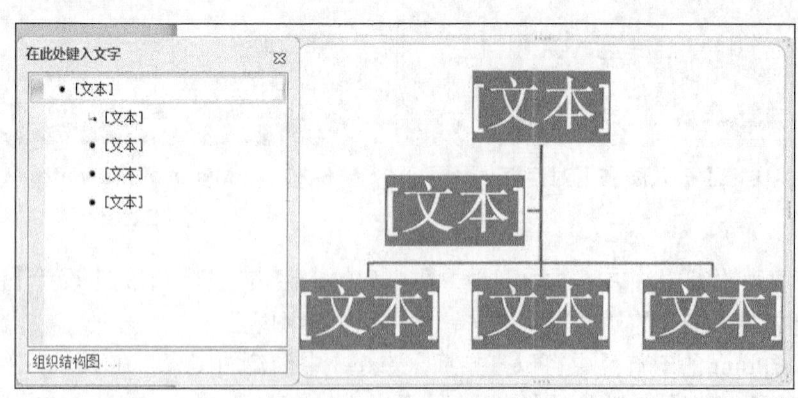

图 6-22 | 默认的组织结构图

（3）分别在组织结构图中的各个图框中输入所需的文本。

（4）可单击【SmartArt 工具—设计】选项卡的【创建图形】组中的【布局】下拉按钮，在弹出的下拉列表中选择一种结构图布局，如图 6-24 所示。

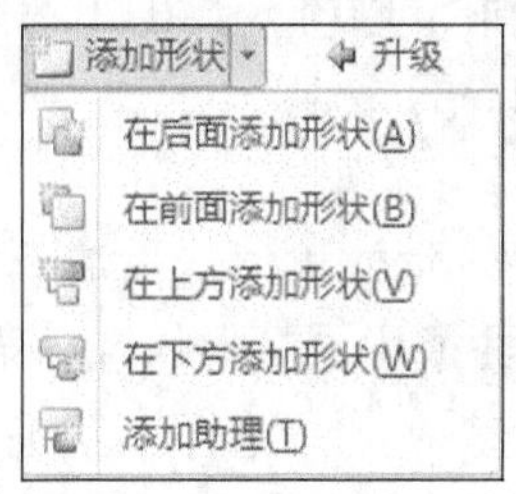

图 6-23 |【添加形状】下拉列表

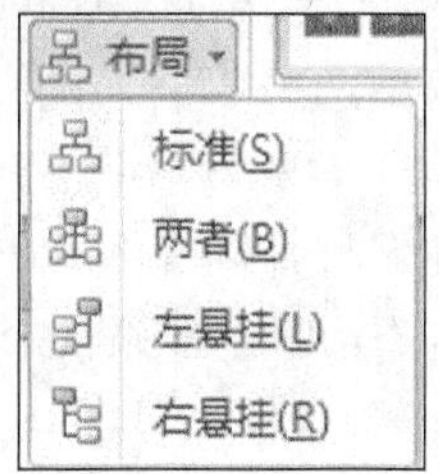

图 6-24 |【布局】下拉列表

（5）可单击【SmartArt 工具—设计】选项卡的【创建图形】组中的【升级】【降级】按钮，调整组织结构图上的级别。可单击【SmartArt 工具—设计】选项卡的【SmartArt 样式】组中的【更改颜色】按钮可更改组织结构图的颜色。还可单击【SmartArt 工具—格式】选项卡的各按钮设置形状的样式。

（6）编辑完成后，在幻灯片中组织结构图以外的区域单击，结束对组织结构图的编辑。如果想再对插入幻灯片中的组织结构图进行修改，可直接在幻灯片中单击组织结构图内的区域，再显示【SmartArt 工具—设计】和【SmartArt 工具—格式】选项卡，进行编辑修改。

7. 插入自选图形

在幻灯片中添加自选图形的操作步骤如下。

（1）单击【插入】选项卡的【插图】组中的【形状】下拉按钮，在弹出的下拉列表中选择一种图形，如图 6-25 所示。

（2）此时鼠标指针变成十字形，在幻灯片中的适当位置作为起点，拖动鼠标，绘制出相应的图形。还可通过鼠标拖曳改变自选图形的大小及移动其位置。

（3）若要在自选图形上添加文本，可用鼠标右键单击自选图形，在弹出的快捷菜单中选择【编辑文字】命令。此时在图形中出现一个文本框，鼠标变成可输入状态的光标，即可输入所需的文字。

选中图形对象，会显示【绘图工具—格式】选项卡，用户可以在该选项卡的各功能区中设置所选定的图形对象的填充颜色、线条颜色和样式等。

8. 插入艺术字

在幻灯片中添加艺术字的操作步骤如下。

（1）单击【插入】选项卡的【文本】组中的【艺术字】下拉按钮，在弹出的下拉列表中选择某种艺术字样式，即在幻灯片中添加艺术字的占位符。

（2）在占位符中输入文本内容。选中艺术字，会显示【绘图工具—格式】选项卡，可在该选项卡的各功能区中设置艺术字的填充颜色、线条颜色和效果等。

9. 插入影片和声音

（1）插入影片

用户还可以在幻灯片中插入多媒体剪辑，选择插入来自【Microsoft 剪辑库】中的视频文件或计算机本地文件中的视频文件。可在幻灯片中插入的影片有.avi 格式、.mov 格式、.mpeg 格式、.mp4 格式、.wmv 格式、.asf 格式等。单击【插入】选项卡的【媒体】组中的【视频】下拉按钮，在弹出的下拉列表中可以选择【文件中的视频】【来自网站的视频】【剪贴画视频】等选项，这里选择【文件中的视频】选项，弹出【插入视频文件】对话框，在对话框中选择要插入的视频文件，单击【插入】按钮。

（2）插入声音

用户可以在幻灯片中插入声音来制作一个视觉、听觉效果俱佳的演示文稿，能在幻灯片中插入的声音有 MIDI 音乐、CD 中的歌曲、MP3 歌曲或由 CD 中的音乐录制而成的 WAV 文件等。

① 单击【插入】选项卡的【媒体】组中的【音频】下拉按钮，在弹出的下拉列表中选择【文件中的音频】【剪贴画音频】【录制音频】等选项，这里选择【文件中的音频】选项，弹出【插入音频】对话框，在对话框中选择要插入的音频文件，单击【插入】按钮。

② 此时幻灯片中会出现一个喇叭状的声音图标，如图 6-26 所示。同时显示【音频工具—播放】选项卡，在该选项卡的各功能区设置音频播放的相关选项。

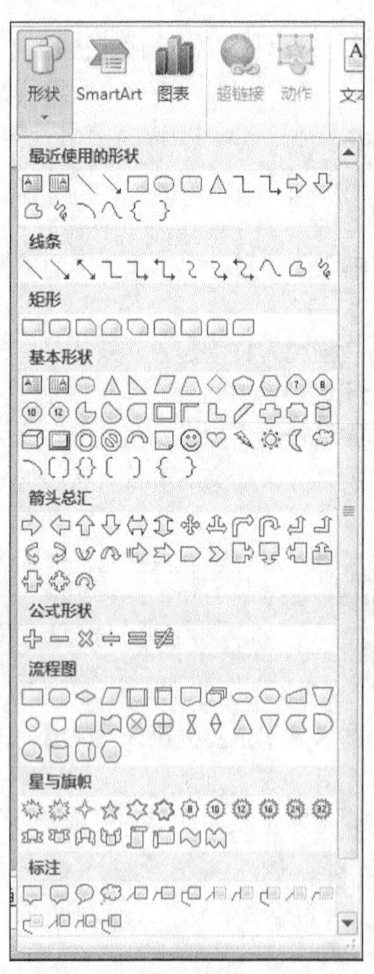

图 6-25 |【形状】下拉列表

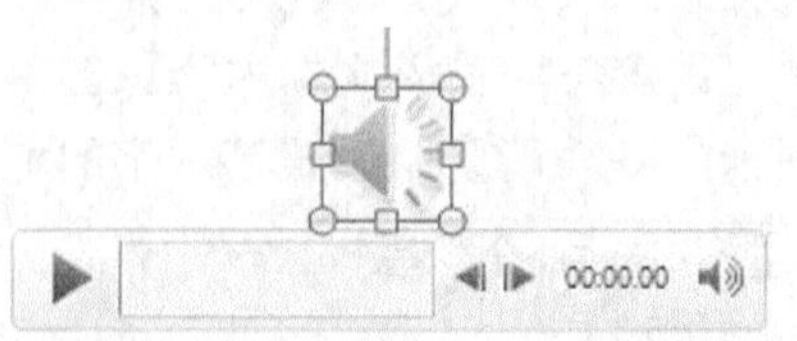

图 6-26 | 插入的声音图标

例 6-1 制作《WTO 对各行业的冲击量》演示文稿，效果如图 6-27～图 6-29 所示。

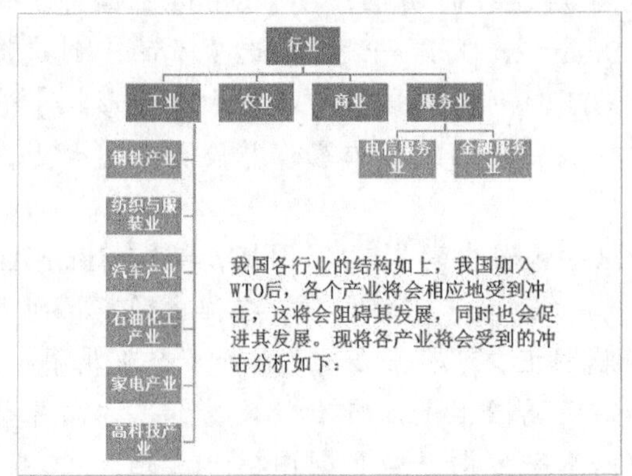

图 6-27 | 幻灯片 1

图 6-28 | 幻灯片 2

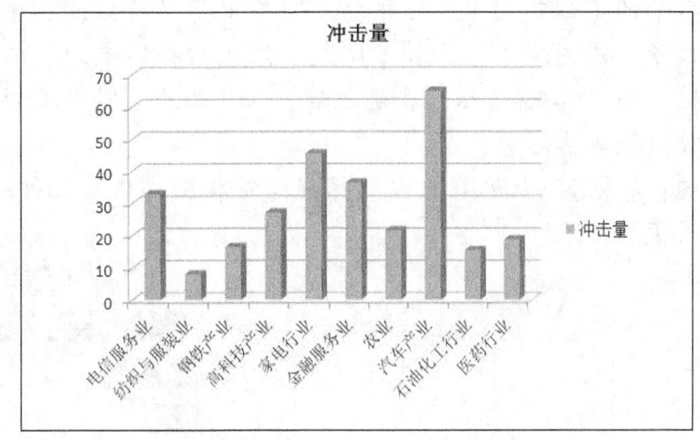

图 6-29 | 幻灯片 3

（1）制作幻灯片 1 的操作步骤如下。

步骤 1：新建一个空演示文稿，版式选择【空白】版式。

步骤 2：单击【插入】选项卡的【插图】组中的【SmartArt】按钮，弹出【选择 SmartArt 图形】对话框，选择【层次结构】中的【组织结构图】选项，单击【确定】按钮，即在幻灯片中添加图 6-30 所示的组织结构图雏形。

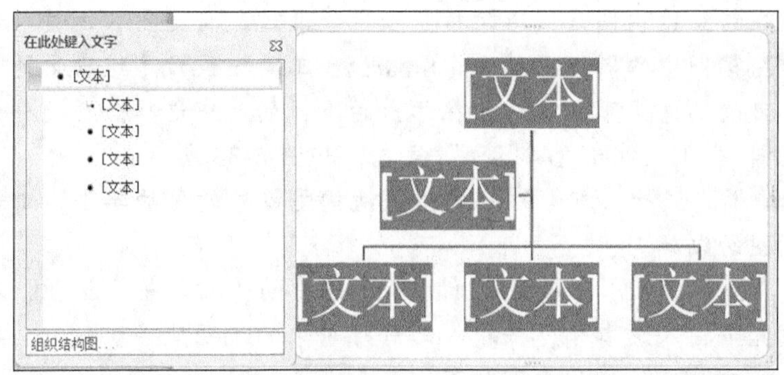

图 6-30 | 组织结构图雏形

按照幻灯片 1 中的“行业组织结构图”结构，第 2 层有 4 个行业，即工业、农业、商业、服务业，因此选中组织结构图中的第 2 层左边的图框，按【Delete】键将其删除。选中组织结构图中第 1 层图框，单击【SmartArt 工具—设计】选项卡的【创建图形】组中的【添加形状】下拉按钮，在弹出的下拉列表中选择【在下方添加形状】选项，即在第 1 层下添加一个下属。在图框中输入相应的文字内容，并设置字体大小，如图 6-31 所示。

步骤 3：添加“工业”的下属行业。选中组织结构图中的“工业”图框，单击【SmartArt 工具—设计】选项卡的【创建图形】组中的【添加形状】下拉按钮，在弹出的下拉列表中选择【在下方添加形状】选项，添加一个下属图框，可单击多次，添加多个下属图框。

默认方式下，如果添加多个下属图框，则下属图框是以标准版式、水平方向并行排列的。但是考虑到幻灯片的宽度，不能都以水平方向并行排列图框。因此，“工业”的下属多个行业需要以垂直方向竖形排列。此时选中“工业”图框，单击【SmartArt 工具—设计】选项卡的【创建图形】组中的【布局】下拉按钮，在弹出的下拉列表中选择【左悬挂】选项。应用完【左悬挂】版式，组织结构图中的“工业”下属图框的版式就产生了变化，如图 6-32 所示。在这之后，往“工业”图框添加的下属图框将都以竖形方向左悬挂版式垂直排列。

可以看到通过【布局】下拉列表可以选择组织结构图提供的几种结构的排列方式，进而更好地组织图框。

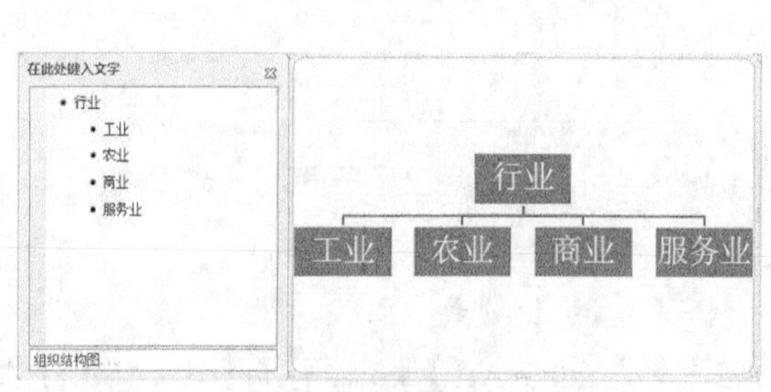

图 6-31 | 设置组织结构图

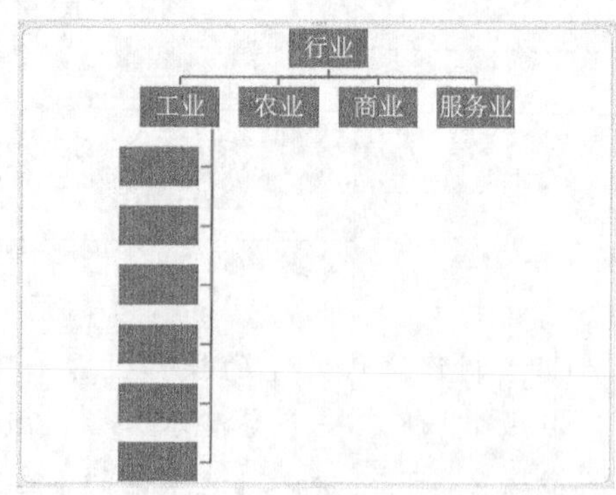

图 6-32 | 应用【左悬挂】版式

步骤 4：以此类推，构建出幻灯片 1 中的组织结构图，并输入相应的文本内容。可将鼠标放置在组织结构图虚线占位框角点上，通过鼠标拖曳，调整组织结构图的大小。选中组织结构图中的图框，单击【SmartArt 工具—设计】选项卡的【SmartArt 样式】组中的【更改颜色】下拉按钮，在弹出的下拉列表中选择合适的样式颜色，这里选择“彩色范围-强调文字颜色 3 至 4”样式，如图 6-33 所示。

步骤 5：编辑完成后，在幻灯片中组织结构图以外的区域单击，工具栏消失，结束对组织结构图的编辑。

步骤 6：单击【插入】选项卡的【文本】组中的【文本框】按钮，在幻灯片中的组织结构图位置下插入文本框，并输入幻灯片 1 中的说明文字。

（2）制作幻灯片 2 的操作步骤如下。

步骤 1：在【幻灯片】窗格中，将鼠标定位在幻灯片 1 后面，单击【开始】选项卡的【幻灯片】组中的【新建幻灯片】下拉按钮，在弹出的下拉列表中选择【空白】版式，即在当前演示文稿第 1 张幻灯片后插入新的空白版式幻灯片。

步骤 2：制作幻灯片 2 中的表格。单击【插入】选项卡的【表格】组中的【表格】下拉按钮，在弹出的下拉列表中选择【插入表格】选项。弹出【插入表格】对话框，输入列数“2”和行数“11”，单击【确定】按钮即可在幻灯片中插入表格。通过鼠标拖拉调整表格的位置及大小，并输入所需的文本内容。

步骤 3：制作幻灯片 2 中的标题图形。单击【插入】选项卡的【插图】组中的【形状】下拉按钮，在弹出的下拉列表中选择【星与旗帜】类别中的【竖卷形】图形。在当前幻灯片中插入此自选图形，调整其位置及大小。选中该图形，选择【绘图工具—格式】选项卡的【形状样式】组中的“彩色轮廓-蓝色-强调颜色 1”样式。另外还可以单击【形状填充】【形状轮廓】【形状效果】等按钮设置图形的效果。

步骤 4：制作幻灯片 2 中的艺术字标题。单击【插入】选项卡的【文本】组中的【艺术字】下拉按钮，在弹出的下拉列表中选择所需的样式，如图 6-34 所示，这里选择“填充-茶色，文本 2，轮廓-背景 2”样式。在当前幻灯片中即插入艺术字占位符，输入文字内容，利用鼠标拖拉调整其大小，并将其移至标题图形内。通过【绘图工具—格式】选项卡的【艺术字样式】组中的【文本填充】【文本轮廓】【文本效果】按钮可更改艺术字的填充颜色、轮廓及阴影等效果。

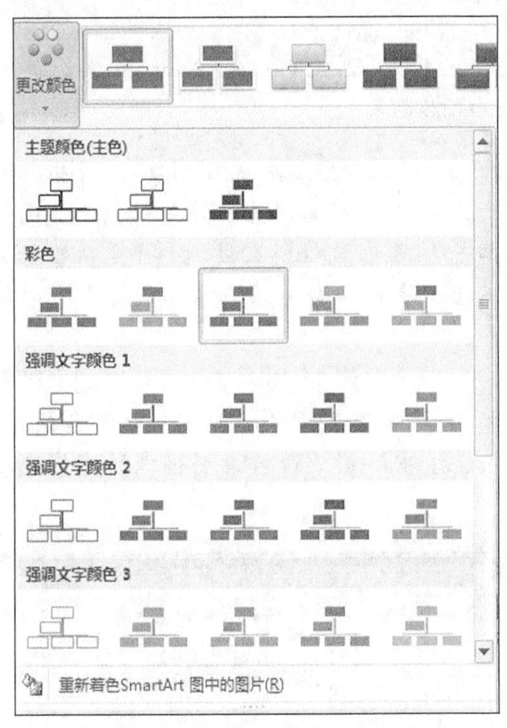

图 6-33 | 【更改颜色】列表框

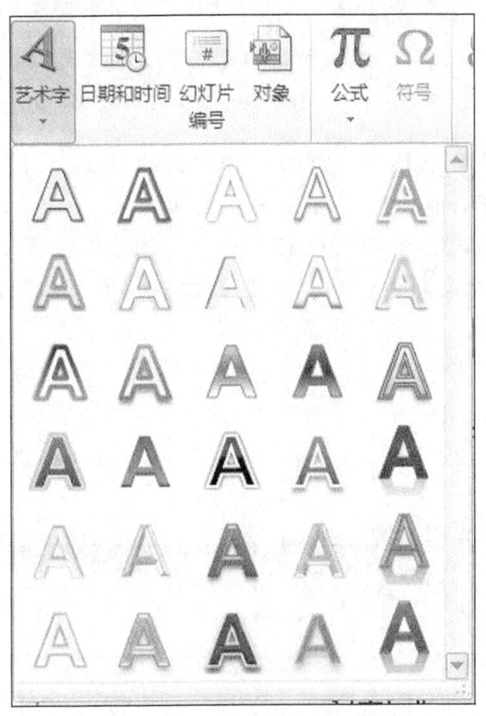

图 6-34 | 【艺术字】列表框

步骤 5：制作幻灯片 2 中的图像。单击【插入】选项卡的【图像】组中的【剪贴画】按钮，在窗口右边显示剪贴画面板，单击【搜索】按钮，显示自带的剪贴画，选择幻灯片 2 中的剪贴画并将其插入当前幻灯片中，并利用鼠标拖拉调整其位置及大小。

（3）制作幻灯片 3 的操作步骤如下。

步骤 1：在【幻灯片】窗格中，将鼠标定位在幻灯片 2 后面，单击【开始】选项卡的【幻灯片】组中的【新建幻灯片】下拉按钮，在弹出的下拉列表中选择【空白】版式，即在当前演示文稿第 2 张幻灯片后插入新的空白版式幻灯片。

步骤 2：制作幻灯片 3 中的图表。单击【插入】选项卡的【插图】组中的【图表】按钮，弹出【插入图表】对话框，选择【柱形图】类别中的【三维簇状柱形图】选项，单击【确定】按钮，出现一个样本图表和一个“Microsoft PowerPoint 中的图表”的 Excel 窗口，如图 6-35 所示，窗口中显示样本数据表。

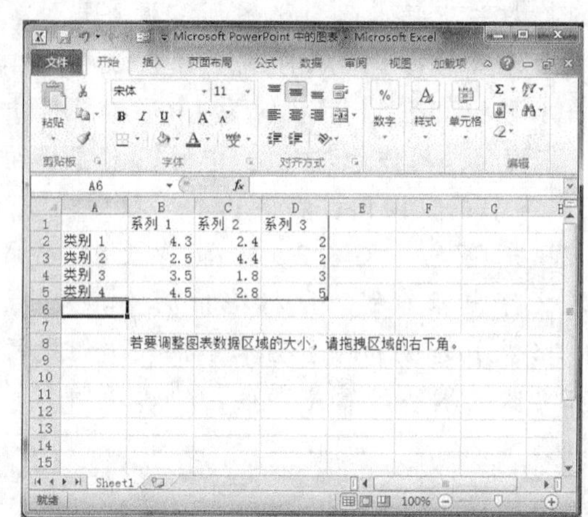

图 6-35｜样本图表和数据表

步骤 3：该幻灯片所需的数据来自于 Excel 文件“PPT 图表数据.xlsx”，因此打开 Excel 文件“PPT 图表数据.xlsx”，将“WTO 行业冲击表”工作表中的数据复制。调整“Microsoft PowerPoint 中的图表”的 Excel 窗口中的蓝色边框所在区域，将复制的数据粘贴到该区域，并生成相应的图表。然后将 Excel 表格窗口关闭，依据数据表中的数据而生成的图表即显示在幻灯片中。

步骤 4：选中生成的图表，会显示【图表工具—设计】【图表工具—布局】【图表工具—格式】选项卡，如图 6-36～图 6-38 所示。在这些选项卡的功能区中使用各按钮，可设置图表的相应样式布局和格式。这与在 Excel 中对图表进行设置格式的操作是类似的。

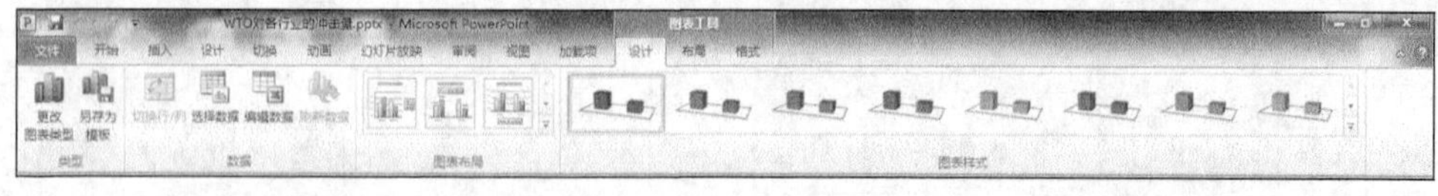

图 6-36｜【图表工具—设计】选项卡

图 6-37｜【图表工具—布局】选项卡

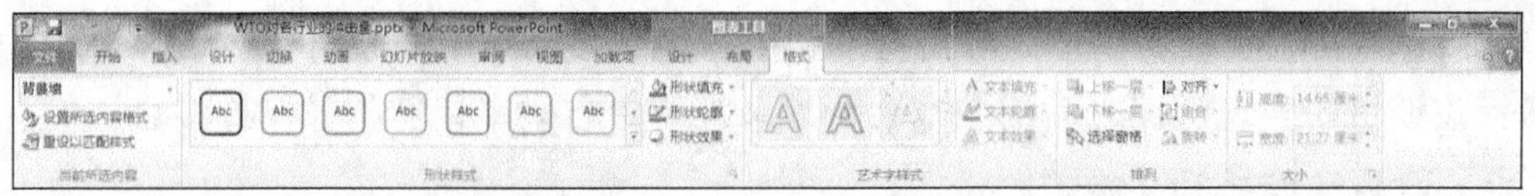

图 6-38 |【图表工具—格式】选项卡

6.3.2 创建超级链接

超级链接是指将幻灯片中的某些对象，如文字或图形，设置成为特定的索引和标记，对这些对象采用一定的触发方式就可以引发其他事件。PowerPoint 2010 具有超级链接功能，它允许用户在放映演示文稿时根据需要跳转到不同的位置，如演示文稿中的某一张幻灯片、其他的文档文件、某个 URL 等。这种链接方式使演示文稿的内容组织更加灵活，也大大增强了幻灯片的表现力。

实现超级链接有两种方式：使用【超链接】命令或设置【动作按钮】。

1. 使用【超链接】命令

超级链接是以幻灯片中的某个对象为索引标记，把它作为一个触发开关，单击这个索引标记即可实现演示内容的跳转。在设置超级链接之前，应保存当前文件及目的文件。

设置超级链接的操作步骤如下。

（1）选中要创建超级链接的对象，如某个文本。

（2）单击【插入】选项卡的【链接】组中的【超链接】按钮，或者用鼠标右键单击选中的文本，在弹出的快捷菜单中选择【超链接】命令，打开【插入超链接】对话框，如图 6-39 所示。在【插入超链接】对话框中为超链接设定链接目标地址。

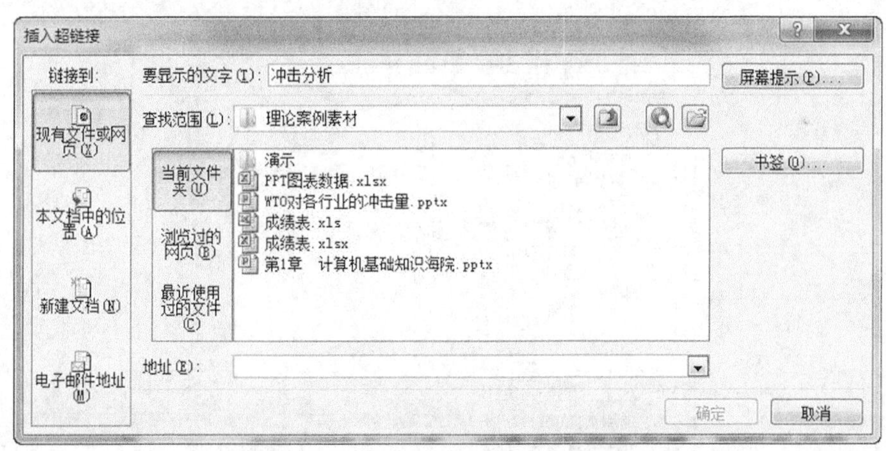

图 6-39 |【插入超链接】对话框

- 现有文件或网页：可以建立一个指向现有文件或 Web 页的链接。
- 本文档中的位置：将超文本链接到本文件中的某个位置，如某张幻灯片。
- 新建文档：链接到新建文档。
- 电子邮件地址：链接到带有“收件人”地址的电子邮件。

（3）单击【确定】按钮，完成超级链接的创建。

设置了超级链接的文本会添加下划线，并以系统配色方案中指定的颜色显示。在演示文稿放映过程中，用鼠标指向超级链接的索引标记时，鼠标指针显现为小手形状，单击即可激活该链接。实现链接之后的文本会变为系统配色方案中指定的另一种颜色。

2. 设置动作按钮

利用动作按钮也可以创建具有同样效果的超级链接，但 PowerPoint 2010 一般将它们预设为一些基本功能，如前进、后退、开始和结束等。利用这些按钮可使演示过程更为灵活、方便。设置动作按钮的操作步骤如下。

（1）单击【插入】选项卡的【插图】组中的【形状】下拉按钮，在弹出的下拉列表底部有一排动作按钮，如图 6-40 所示。它是 PowerPoint 2010 预设的动作按钮，用户可以选择其中的某个按钮。

图 6-40｜动作按钮

（2）选好后，鼠标指针呈现十字形状。在幻灯片中合适的位置拖动鼠标形成一个按钮图形。

（3）此时会弹出【动作设置】对话框，该对话框有两个选项卡，即【单击鼠标】和【鼠标移过】。根据按钮的触发事件是鼠标单击按钮时跳转还是鼠标移过按钮时跳转，分别选择【单击鼠标】或【鼠标移过】选项卡，如选择【单击鼠标】选项卡。

（4）对话框默认设置按钮是无动作，若要设置按钮的超级链接动作，用户可以选中【超链接到】单选项，在其下拉列表框中列出了可以链接的目标位置，如图 6-41 所示。

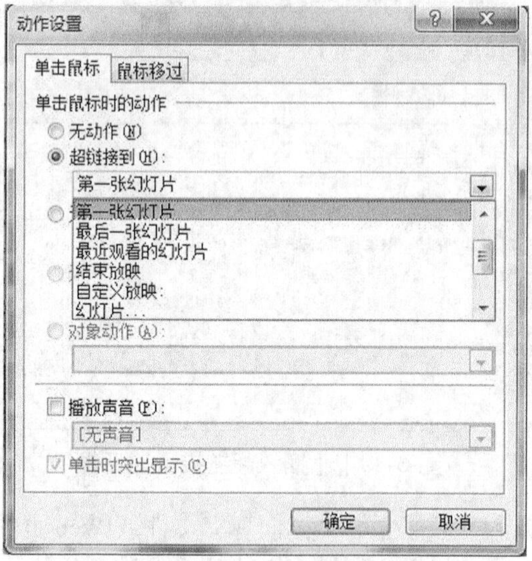

图 6-41｜【动作设置】对话框

如果在【超链接到】下拉列表框中选择【幻灯片...】选项，可以链接到本演示文稿中的其他幻灯片；选择【URL...】选项，可以链接到某个 URL 地址上；选择【其他 Powerpoint 演示文稿...】选项或【其他文件...】选项可以链接到其他文件上，如 Powerpoint 文件、Word

文件、Excel 文件等。

另外，在【动作设置】对话框中选中【运行程序】单选项，可以选择链接到某个可执行的程序。

动作按钮是一个图形对象，可以利用【绘图工具—格式】选项卡上的各个按钮对其进行格式设置。

例 6-2 在例 6-1 所做的演示文稿中添加超链接和动作按钮实现内容的跳转，效果如图 6-42 所示。

图 6-42｜新幻灯片 1

在幻灯片 1 前添加一张新幻灯片，成为新的幻灯片 1，原来的幻灯片/变为幻灯片 2，幻灯片放映时单击幻灯片中的文字“行业结构图”，能跳转到行业结构图的幻灯片，即幻灯片 2；单击幻灯片中的文字“行业冲击量表”，能跳转到具有表格内容的幻灯片，即幻灯片 3；单击幻灯片中的文字“行业冲击量图表”，能跳转到具有图表内容的幻灯片，即幻灯片 4。具体操作步骤如下。

步骤 1：在【幻灯片】窗格中，将鼠标定位在幻灯片 1 前面，单击【开始】选项卡的【幻灯片】组中的【新建幻灯片】下拉按钮，在弹出的下拉列表中选择【空白】版式，即在当前演示文稿第 1 张幻灯片前面插入新的空白版式幻灯片。

步骤 2：单击【插入】选项卡的【插图】组中的【SmartArt】按钮，弹出【选择 SmartArt 图形】对话框，如图 6-43 所示，选择【列表】类别中的【垂直曲形列表】图形，单击【确定】按钮，即在新的幻灯片 1 中插入一个垂直曲形列表图形。在该图形的 3 个文本框中输入相应的文字内容。

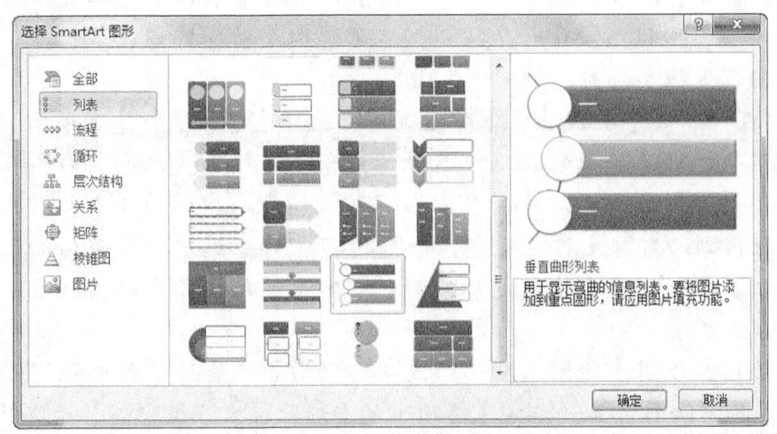

图 6-43｜【选择 SmartArt 图形】对话框

选中该垂直曲形列表图形，单击【SmartArt 工具—设计】选项卡的【SmartArt 样式】组中的【更改颜色】下拉按钮，在弹出的下拉列表中选择所需要的颜色，这里选择【彩色-强调文字颜色】样式。选中该垂直曲形列表图形，在【SmartArt 工具—设计】选项卡的【SmartArt 样式】组中单击下拉按钮，在弹出的下拉列表中选择【三维-优雅】样式。

步骤 3：设置超链接。选中垂直曲形列表图形中的第 1 个文本内容“行业结构图”，单击【插入】选项卡的【链接】组中的【超链接】按钮，弹出【插入超链接】对话框，如图 6-44 所示。在【链接到:】栏中选择【本文档中的位置】选项，在其右边的【请选择文档中的位置】列表中选择【2.幻灯片 2】，即单击该文字链接，将跳转到幻灯片 2。单击【确定】按钮完成超链接的设置。

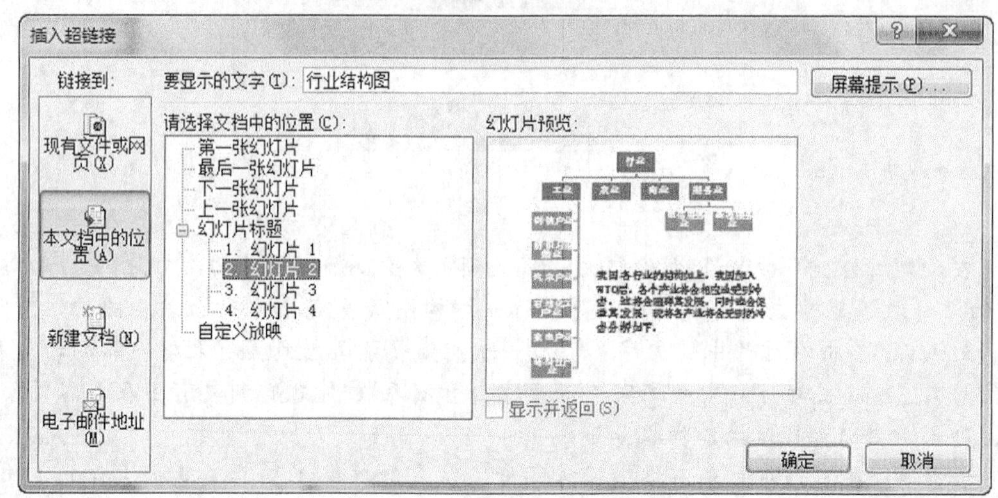

图 6-44 |【插入超链接】对话框

步骤 4：以此类推。分别设置超链接，使鼠标单击文字“行业冲击量表”时链接到幻灯片 3，鼠标单击文字“行业冲击量图表”时链接到幻灯片 4。

图 6-45 中，在幻灯片放映到幻灯片 2 时希望能跳转回幻灯片 1，需要在幻灯片 2 中添加按钮，单击时返回幻灯片 1。

步骤 5：单击【插入】选项卡的【插图】组中的【形状】下拉按钮，在弹出的列表底部有一排动作按钮，选择一个按钮，这里选择【动作按钮：第一张】按钮，在幻灯片中合适的位置拖动鼠标绘制一个按钮图形。

步骤 6：在弹出的【动作设置】对话框中，选择【单击鼠标】选项卡，再选中【超链接到】单选项，在其下拉列表框中选择“第一张幻灯片”选项，如图 6-46 所示。

如果是要链接到其他幻灯片，可以在其下拉列表框中选择【幻灯片...】选项。在弹出的【超链接到幻灯片】对话框中，如图 6-47 所示，选中所要跳转的幻灯片，如这里选择【1.幻灯片 1】，单击【确定】按钮。返回【动作设置】对话框后，再单击【确定】按钮完成设置。

选中该按钮，使用【绘图工具—格式】选项卡各功能区的各按钮可以设置按钮的格式，这里选择【绘图工具—格式】选项卡的【形状样式】组中的【强烈效果-橄榄色，强调颜色 3】样式来修饰按钮。

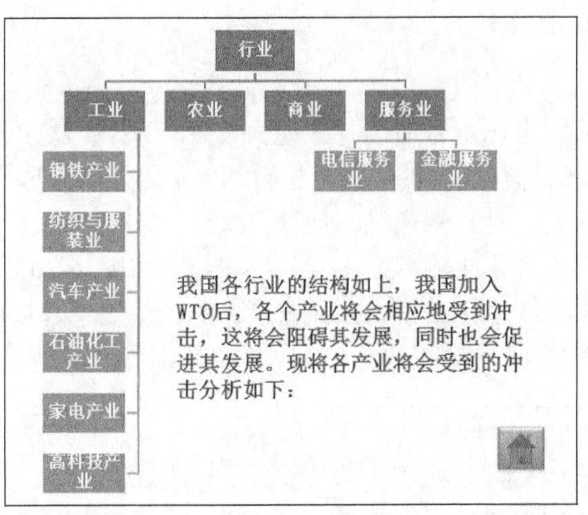

图 6-45 | 添加了动作按钮的幻灯片 2

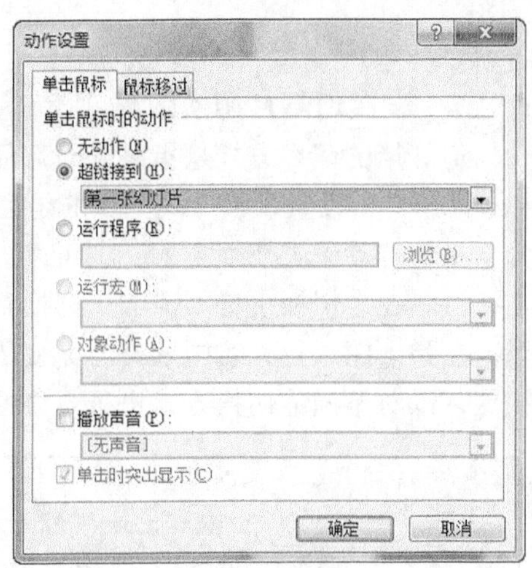

图 6-46 | 【动作设置】对话框

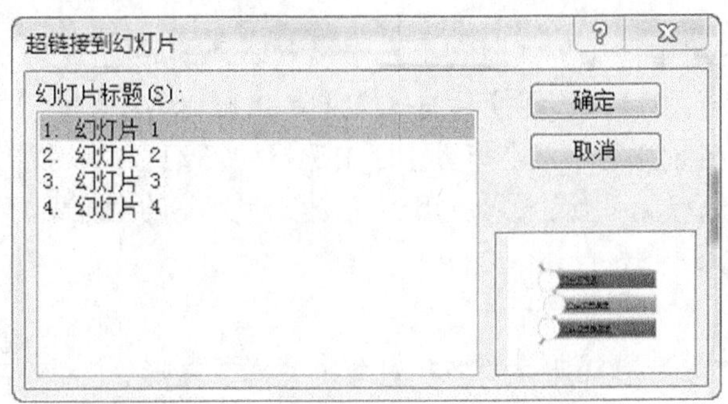

图 6-47 | 【超链接到幻灯片】对话框

同样地，在幻灯片 3 和幻灯片 4 中分别添加动作按钮，使其处于幻灯片放映视图下单击此按钮能返回幻灯片 1，如图 6-48 和图 6-49 所示。步骤同上所述，不再赘述。

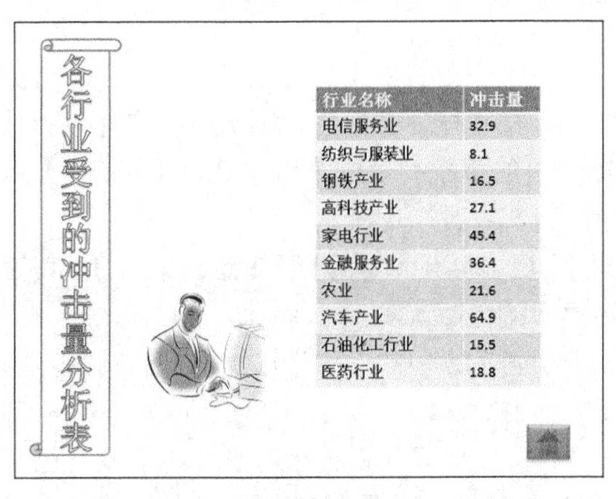

图 6-48 | 添加了动作按钮的幻灯片 3

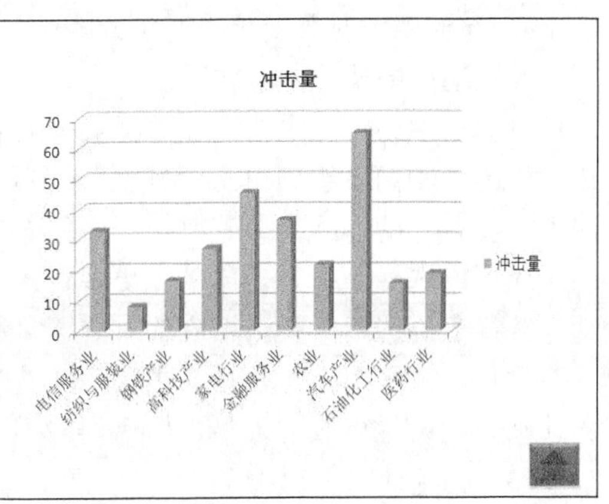

图 6-49 | 添加了动作按钮的幻灯片 4

6.3.3 应用动画效果

放映幻灯片时，演示文稿内容是展示的主要部分，使用动画和设置切换效果将有助于突出重点。

1. 设置幻灯片切换效果

幻灯片的切换方式是指某张幻灯片进入或退出屏幕时的特殊视觉效果。例如，盒状收缩、溶解等。设置切换方式的目的是为了使幻灯片之间的过渡衔接自然。用户可以为选定的某张幻灯片设置切换方式，也可以为一组幻灯片设置相同的切换方式。

（1）在【切换】选项卡的【切换到此幻灯片】组中单击“其他”按钮，如图 6-50 所示。在弹出的下拉列表中选择所需要的切换方式。选择好切换方式后，单击【效果选项】按钮可以对不同的切换方式进行效果的设置。

图 6-50 |【切换】选项卡

（2）在【计时】组中的【持续时间】栏中设置切换的时间。

（3）在【计时】组中可以选择换片方式为【单击鼠标时】或者【设置自动换片时间】。

（4）用户可在【计时】组中的【声音】栏中选择伴随幻灯片切换同步产生的声音效果。

（5）如果想让所设置的切换方式应用到整个演示文稿的全部幻灯片，则单击【全部应用】按钮，完成设置。

2. 设置动画

使用动画功能可以对幻灯片中的各种对象（文本、图形、图表元素、多媒体等）进行动画效果设置。它主要具有以下几方面的动画功能。

- 每个项目符号及对象的播放顺序及呈现方式。
- 每个对象启动动画的方式及时间。
- 图表中元素显现的动画效果。
- 播放动画时改变其他对象的颜色。

设置动画的操作步骤如下。

（1）选中幻灯片中要添加动画效果的对象，如文本框对象、图片对象等，在【动画】选项卡的【动画】组中单击“其他”按钮，在弹出的下拉列表中为对象选择【进入】【强调】【退出】【动作路径】等效果，如图 6-51 所示。

还可以选择下拉列表中的【更多进入效果】【更多强调效果】【更多退出效果】【其他动作路径】等选项，弹出相应的对话框，选择更多的效果。

（2）选择好相应的动画方式后，可以单击【动画】组中的【效果选项】按钮，为不同的动画方式设置相应的效果，如图 6-52 所示。

（3）在【计时】组中，可以在【开始】栏中选择该动画效果什么时候开始播放，包括【单击时】【与上一动画同时】【上一动画之后】3 个选项，如图 6-53 所示，分别用于设置动画效果在鼠标单击时播放、与上一个动画效果同时播放、在上一个动画效果播放完后再播放，并可以设置【持续时间】和【延迟】。

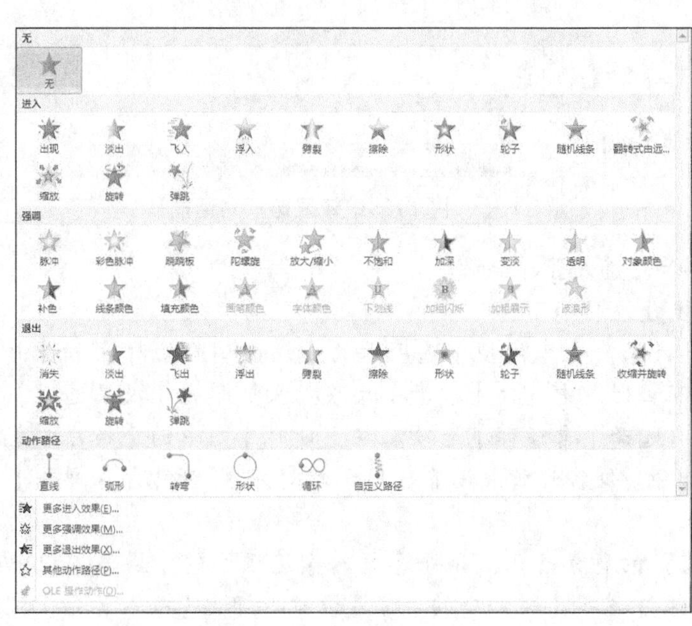

图 6-51 | 【动画】下拉列表

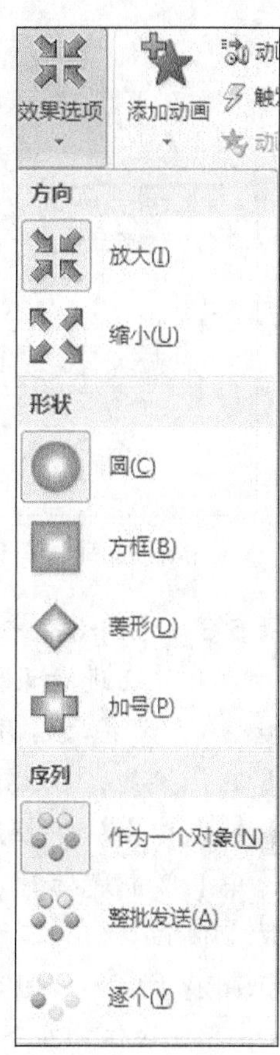

图 6-52 | 【效果选项】下拉列表

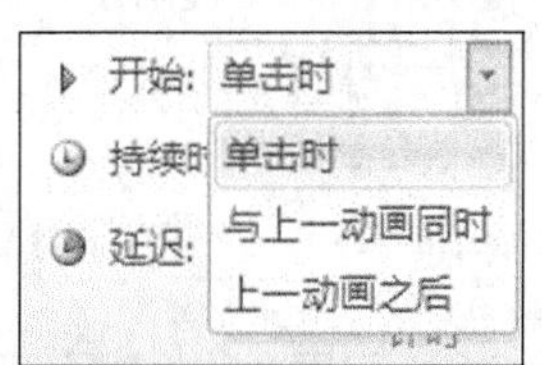

图 6-53 | 【开始】下拉列表

（4）单击【高级动画】组中的【动画窗格】按钮，在窗口的右边打开【动画窗格】面板，在面板上会显示添加的各个对象的动画列表，可以调整各个对象的动画播放先后顺序，直接在动画效果列表框中的该对象上按住鼠标左键不放，上下拖动调整到具体的顺序位置再松开鼠标。单击【播放】按钮，在幻灯片窗口预览动画效果。

（5）在动画效果列表框中，用鼠标右键单击某一对象，弹出下拉菜单，如图 6-54 所示。在该菜单中选择【效果选项】命令，打开效果选项对话框，如图 6-55 所示，在该对话框内可针对不同的动画效果进行进一步的选项设置。

在动画效果列表框中，用鼠标右键单击某一对象，弹出下拉菜单，选择【显示高级日程表】命令，可在动画效果列表框中以进度条的形式显示各个动画效果的持续时间。

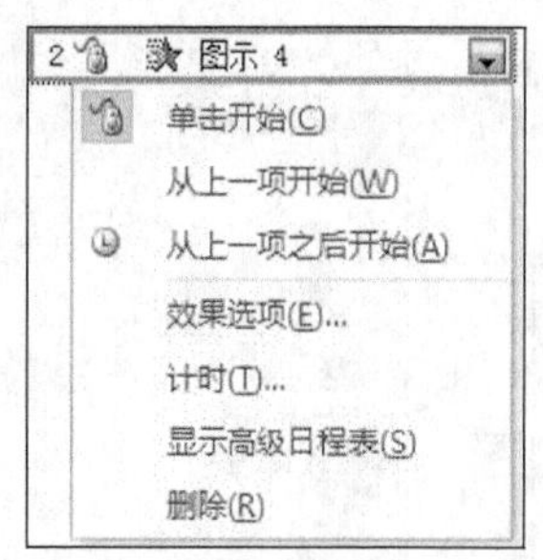

图 6-54｜动画效果下拉菜单

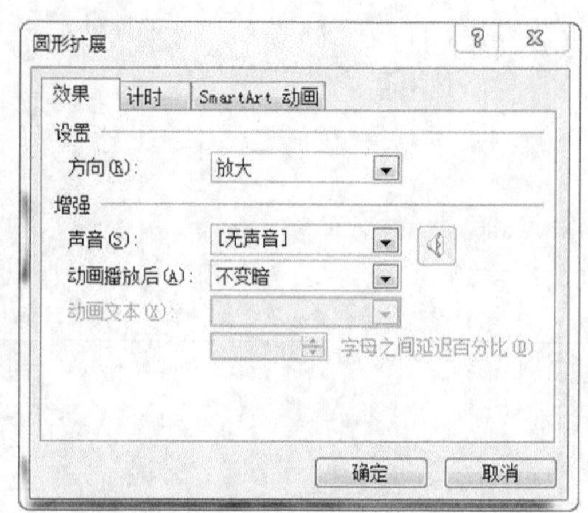

图 6-55｜效果选项对话框

例 6-3　为例 6-2 中的演示文稿设置动画效果。

对幻灯片 2 进行设置的操作步骤如下。

步骤 1：设置幻灯片切换效果。在【切换】选项卡的【切换到此幻灯片】组中单击“其他”按钮，在弹出的下拉列表中选择【棋盘】切换效果。单击【效果选项】下拉按钮，在弹出的下拉列表中选择【自顶部】选项。在【计时】组中的【换片方式】栏中选中【单击鼠标时】复选项。仅将此效果设置应用于幻灯片 2，所以不必单击【全部应用】按钮。

步骤 2：添加一段演示文稿的背景音乐。单击【插入】选项卡的【媒体】组中的【音频】下拉按钮，在下拉列表中选择【文件中的音频】选项。弹出【插入音频】对话框，选择要插入的声音文件，单击【插入】按钮，即在幻灯片中添加一个喇叭图标。单击【音频工具—播放】选项卡的【音频选项】组中的【开始】下拉按钮，在其下拉列表中选择【自动】选项，若不想幻灯片放映时出现喇叭图标，可以选中【放映时隐藏】复选项，如图 6-56 所示。

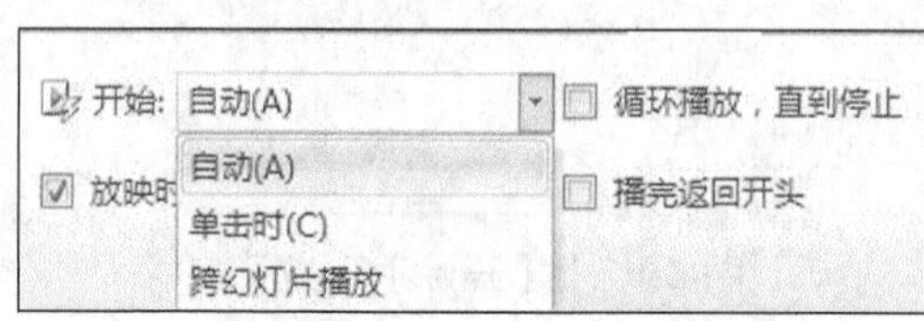

图 6-56｜【音频选项】组设置

步骤 3：设置动画。单击【动画】选项卡的【高级动画】组中的【动画窗格】按钮，打开【动画窗格】面板，在动画效果列表框中已添加了音乐对象，我们希望随着幻灯片开始放映之后，背景音乐就开始播放，所以这里选中列表框中的音乐对象，在【动画】选项卡的【计时】组中的【开始】栏中选择【上一动画之后】选项。用鼠标右键单击列表框中的音乐对象，弹出下拉菜单，选择【效果选项】命令，打开【播放音频】对话框，在【效果】选项卡中设置音乐从头开始播放，在当前幻灯片之后停止播放，若想音乐贯穿整个演示文稿，可以设置在几张幻灯片后停止播放，如图 6-57 所示。

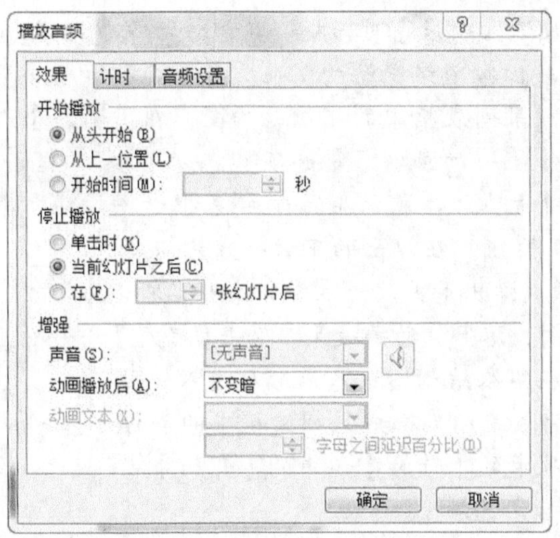

图 6-57 | 【播放音频】对话框

步骤 4：设置文本框的动画效果。在幻灯片 2 中选中说明文字所在的文本框，单击【动画】选项卡的【动画】组中的“其他”按钮，在弹出的下拉列表中选择【更多进入效果】选项，弹出【更改进入效果】对话框，如图 6-58 所示。在该对话框中选择【轮子】动画效果，单击【确定】按钮。我们希望文本框在幻灯片播放与背景音乐开始的同时进入，因此选中动画窗格列表框中的文本框，在【动画】选项卡的【计时】组中的【开始】栏中选择【与上一动画同时】选项。

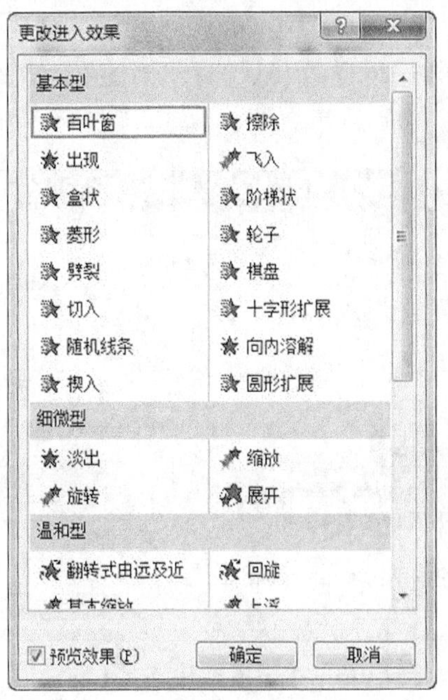

图 6-58 | 【更改进入效果】对话框

步骤 5：设置组织结构图的动画效果。在幻灯片 2 中选中组织结构图，单击【动画】选项卡的【动画】组中的“其他”按钮，在弹出的下拉列表中选择【更多进入效果】选项，弹出【更改进入效果】对话框。在该对话框中选择【曲线向上】动画效果，单击【确定】按钮。我们希望组织结构图在文本框进入后顺序进入，因此选中【动画窗格】面板中的动画效果列表框中的组织结构图，在【动画】选项卡的【计时】组中的【开始】栏中选择【上一动画之后】选项。

步骤 6：设置按钮的动画效果。在幻灯片 2 中选中按钮，单击【动画】选项卡的【动画】组的“其他”按钮，在弹出的下拉列表中选择【更多进入效果】选项，弹出【更改进入效果】对话框。在该对话框中选择【向内溶解】动画效果，单击【确定】按钮。我们希望按钮在组织结构图进入后顺序进入，因此选中【动画窗格】面板中的动画效果列表框中的动作按钮，在【动画】选项卡的【计时】组中的【开始】栏中选择【上一动画之后】选项。

完成幻灯片 2 的自定义动画设置，如图 6-59 所示。对于幻灯片 1、幻灯片 3 和幻灯片 4 的动画设置操作以此类推，效果可自行设计。

图 6-59｜完成设置后的动画窗格

6.3.4 设置放映方式

制作完演示文稿，其最终目的是放映幻灯片。用户可以利用多种方式进行放映，通过设置放映方式，进行不同的放映操作。

1. 设置放映方式

对幻灯片的放映方式进行设置步骤如下。

（1）单击【幻灯片放映】选项卡的【设置】组中的【设置幻灯片放映】按钮，弹出【设置放映方式】对话框，如图 6-60 所示。

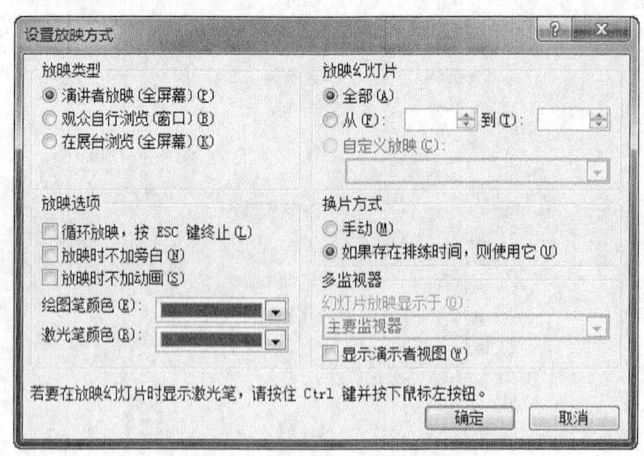

图 6-60｜【设置放映方式】对话框

（2）在【放映类型】栏中选择放映的类型，是以全屏幕还是窗口方式放映。

（3）在【放映选项】栏中设置幻灯片的循环放映方式以及是否加旁白和动画等内容。

（4）在【放映幻灯片】栏中指定播放的幻灯片，可以放映整个演示文稿中的幻灯片，也可通过指定幻灯片起止页码播放演示文稿的部分内容。

（5）在【换片方式】栏中可以选定放映幻灯片时所采用的换片方式。如果选择【手动】单选项，PowerPoint 会忽略默认的排练时间，但不会删除已存在的幻灯片排练时间；如果选择【如果存在排练时间，则使用它】单选项，而幻灯片并没有预设的排练时间，则必须手动切换幻灯片。

（6）根据需要设置完成后，单击【确定】按钮即可。

2. 自动放映

通过幻灯片切换的设置使幻灯片自动放映，操作步骤如下。

选择【切换】选项卡，在【计时】组的【换片方式】栏中可以设定是用鼠标单击操作进行换页，或按预定的时间自动换页。如果希望在幻灯片放映时，可以隔一段时间，自动翻页进行放映，可以选中【设置自动换片时间】复选项，在输入框内输入每隔多少秒自动翻页放映。

3. 排练计时

对于非交互式演示文稿，在放映时可为其设置自动演示功能，即幻灯片根据预先设置的显示时间一张一张自动演示。在设置排练计时，首先应根据用户演讲内容的长短来确定每张幻灯片需要停留的时间，然后通过下面的方法来设置排练计时。

（1）切换到演示文稿的第 1 张幻灯片。

（2）单击【幻灯片放映】选项卡的【设置】组中的【排练计时】按钮，将进入演示文稿的放映视图，同时弹出【录制】对话框，如图 6-61 所示。

（3）【录制】对话框会计算演讲者的演讲时间。完成该张幻灯片内容的演讲后，可单击【下一项】按钮进行手动切换幻灯片，这时【幻灯片放映时间】文本框会重新计算新的幻灯片的演讲时间，在显示滞留的时间中会累计演示文稿的总时间。

如果在预演讲中，遇到某些事情需要中断，可以单击【暂停录制】按钮，先暂停预演，再单击提示框中的【继续录制】按钮继续预演。如果预演中觉得效果不好，想重来一次，可单击【重复】按钮，【幻灯片放映时间】文本框内的时间将会从零开始，重新计算该张幻灯片的演讲时间。

（4）当设置完最后一张幻灯片后，会弹出图 6-62 所示的对话框。该对话框显示了演讲完整个演示文稿共需多少时间，并询问用户是否使用这个时间。如果要使用这个时间，单击【是】按钮，否则单击【否】按钮。

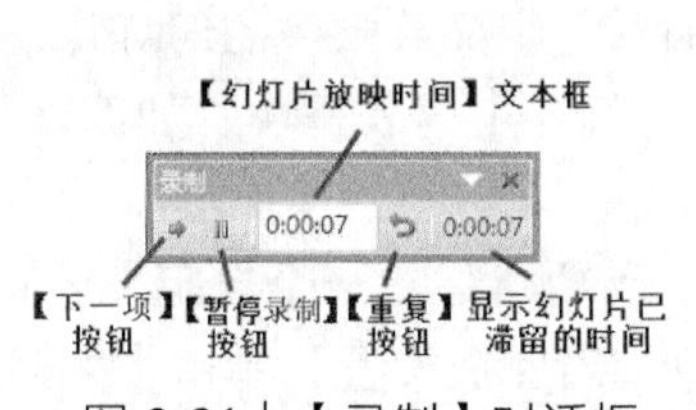

图 6-61 | 【录制】对话框

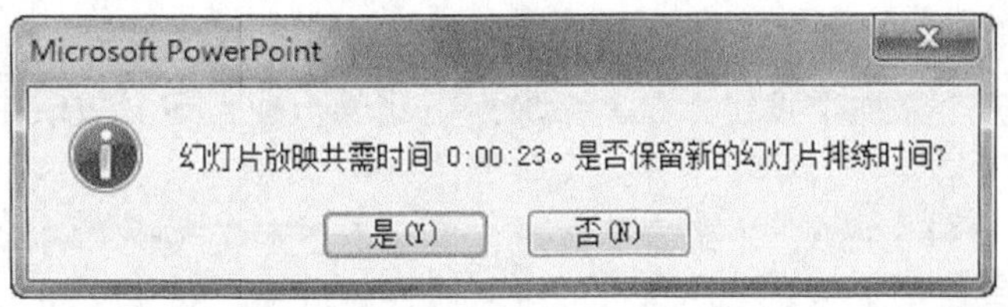

图 6-62 | 提示对话框

（5）单击【是】按钮后，演示文稿会切换到幻灯片浏览视图，在每张幻灯片的缩略图下给出刚才排练计时中预演的时间。单击【幻灯片放映】按钮，则幻灯片就按照排练计时预演的时间进行自动换片。

4. 自定义放映

用户可以把演示文稿分成几个部分，并为各部分设置自定义放映，以针对不同的观众，在放映时更灵活地跳转，选择相应内容。

（1）单击【幻灯片放映】选项卡的【开始放映幻灯片】组中的【自定义幻灯片放映】下拉按钮，在弹出的下拉列表中选择【自定义放映】选项，弹出【自定义放映】对话框，如图 6-63 所示。

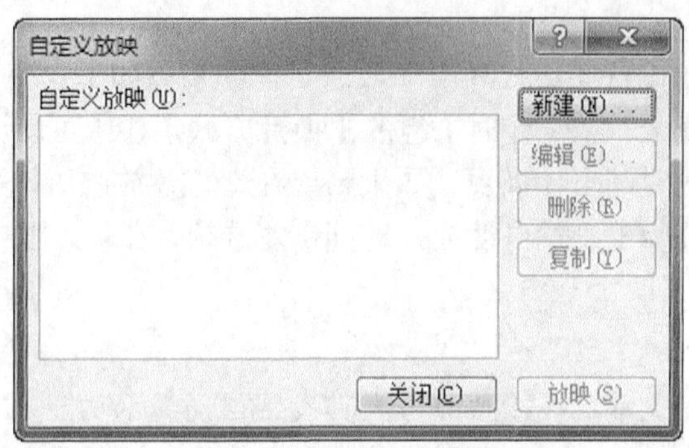

图 6-63 |【自定义放映】对话框

（2）单击【新建】按钮，弹出【定义自定义放映】对话框，如图 6-64 所示。

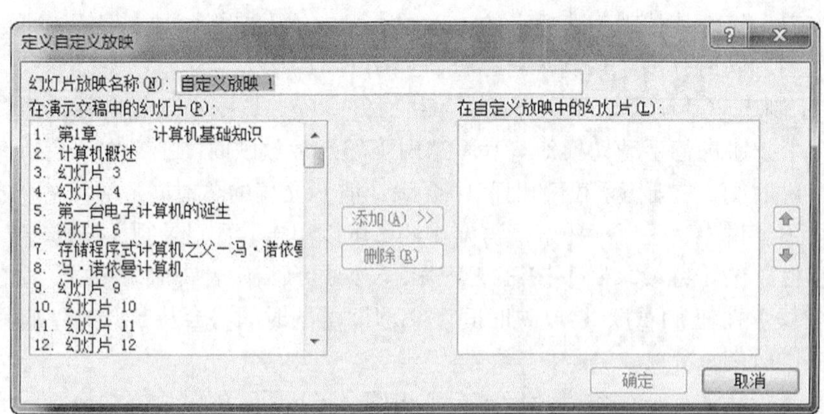

图 6-64 |【定义自定义放映】对话框

（3）在【幻灯片放映名称】文本框中输入新建的放映名称。

（4）在【在演示文稿中的幻灯片】列表框中选择要添加到自定义放映中的幻灯片，单击【添加】按钮，将其添加到右侧的【在自定义放映中的幻灯片】列表框中，如图 6-65 所示。

（5）单击【确定】按钮，返回【自定义放映】对话框。若要再建立一个自定义放映，再单击【新建】按钮，再新建自定义放映，如图 6-66 所示。若完成设置，单击【关闭】按钮。

（6）设置完成后，我们在放映幻灯片时，如果要跳转到某部分的内容，可以用鼠标右键单击幻灯片，在弹出的快捷菜单中选择【自定义放映】命令，弹出的级联菜单中给出了我们在自定义放映里设置的放映名称，如图 6-67 所示。选择某一自定义放映名称，即可跳转到相应的幻灯片。

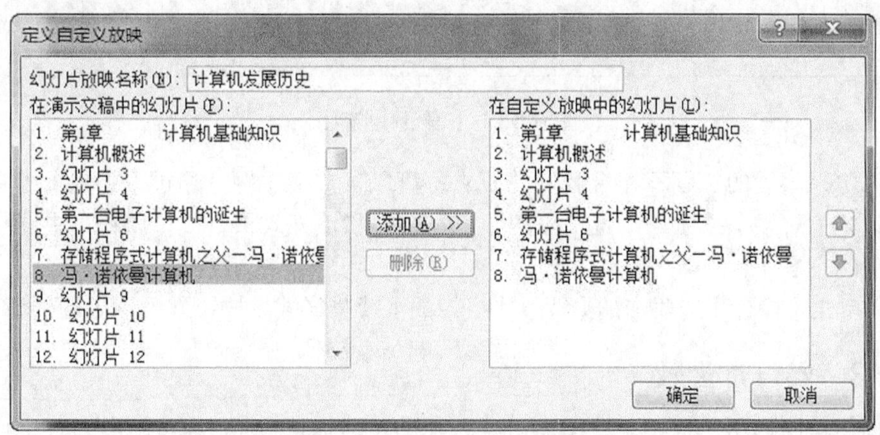

图 6-65 | 选择要添加的幻灯片

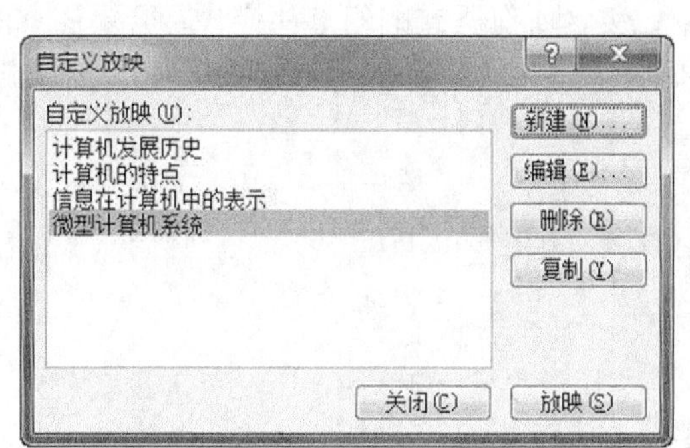

图 6-66 | 【自定义放映】对话框

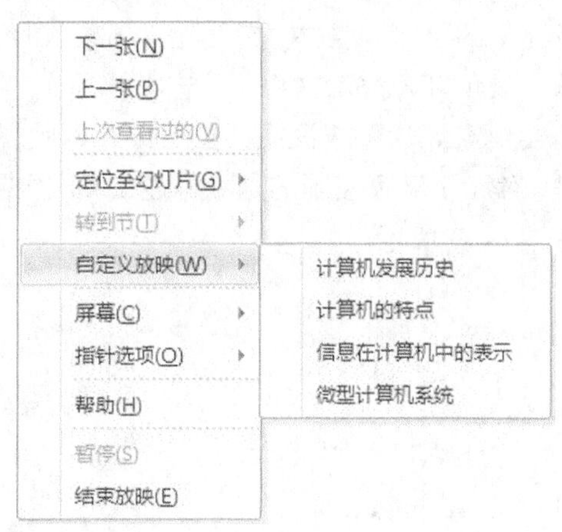

图 6-67 | 【自定义放映】命令

6.4 美化演示文稿

使用 PowerPoint 2010 制作的演示文稿具有一致的外观。控制幻灯片外观，美化演示文稿的方法有应用设计模板、应用配色方案、应用母版等。

6.4.1 应用设计模板

对于已经创建好的演示文稿，PowerPoint 提供了多种设计模板。这些模板都带有不同的背景图案，可以将其应用到演示文稿上，操作步骤如下。

（1）单击【设计】选项卡的【主题】组的“其他”按钮，如图 6-68 所示，在弹出的下拉列表中直接选择所需的主题，即可将该模板的背景和图案应用到演示文稿的所有幻灯片。

如果想让模板只应用于某一张或几张幻灯片，可以在主题上单击鼠标右键，从弹出的快捷菜单中选择【应用于选定幻灯片】命令。

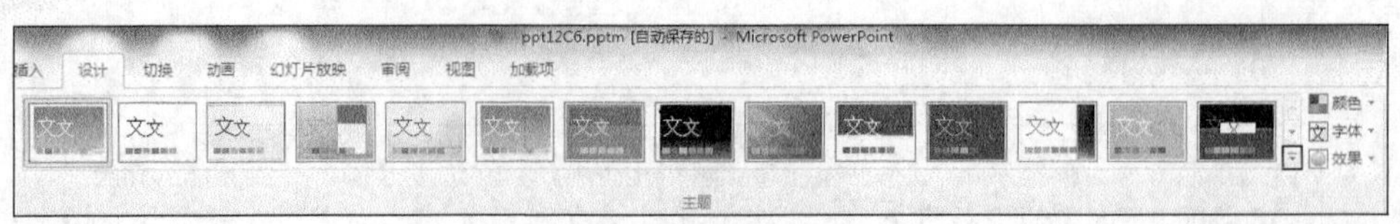

图 6-68 |【设计】选项卡

（2）如果内置的主题不符合我们的要求，可以自定义主题。通过【主题】组中的【颜色】【字体】【效果】按钮来设置相应的颜色、字体和填充效果，就可以在【主题】列表中看到设置的主题了。

（3）单击【设计】选项卡的【背景】组中的【背景样式】按钮来设置主题的背景样式。

6.4.2 幻灯片母版

幻灯片母版记录了演示文稿中所有幻灯片的布局信息，可以通过更改幻灯片母版的格式来改变所有基于该母版的演示文稿中的幻灯片。可更改的元素包括母版中的背景图片、各元素的位置、文本的字号、字形、颜色等，操作步骤如下。

（1）打开演示文稿，单击【视图】选项卡的【母版视图】组中的【幻灯片母版】按钮，切换到幻灯片母版视图。在幻灯片母版视图中，包含所有版式的幻灯片样式，需要注意的是，幻灯片母版控制的是除标题幻灯片以外的所有幻灯片的格式，所以它是最常用的母版，如图 6-69 所示。

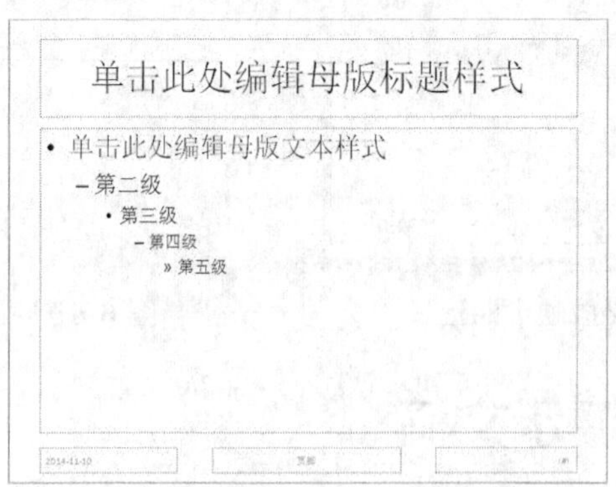

图 6-69 | 切换到幻灯片母版视图

（2）在幻灯片母版中可以对各元素进行以下设置。

- 单击标题占位符，可以设置标题的颜色、字体、字号。例如，选中标题占位符，设置字体为宋体、字号为 16 磅、颜色为红色，则关闭幻灯片母版视图后，该样式会应用到幻灯片所有使用标题占位符的文字标题上。
- 单击日期/时间占位符，可以在幻灯片中添加固定的或自动更新的日期和时间。还可以选中该占位符，设置颜色、字体、字号，则会应用到幻灯片的日期/时间文字上。
- 单击页脚占位符，可以在幻灯片中添加页脚。还可以选中该占位符，设置颜色、字体、字号，则会应用到幻灯片的日页脚文字上。
- 单击数字区占位符，可以在幻灯片中添加数字。还可以选中该占位符，设置颜色、字体、字号，则会应用到幻灯片的数字页码文字上。

• 另外可以添加母版的背景，应用到演示文稿中。还可以在母版上添加图片等对象，则会添加到演示文稿的所有幻灯片中。

（3）设置完成后，单击【幻灯片母版】选项卡的【关闭】组中的【关闭母版视图】按钮，切换到普通视图模式下，这时可以看到母版中的效果都应用到了演示文稿中的幻灯片中。

并不是所有的幻灯片在每个细节部分都必须与幻灯片母版相同，例如可能需要使某张幻灯片的格式与别的幻灯片不同。这时用户就可以通过直接更改这张幻灯片的格式，而这不会影响其他幻灯片或母版。

例 6-4 为“办公自动化软件应用”演示文稿设置放映方式。

对“办公自动化软件应用”演示文摘完成如下操作。

（1）将“办公自动化软件应用”演示文摘中的幻灯片应用幻灯片母版，将其中的标题字体都设置成黑体，日期改成 2005-12-20，页脚内容设置为“office 办公软件”，在数字区输入数字 1、2 等页码，日期、页脚、页码字体颜色都设置为红色，将幻灯片母版应用到所有幻灯片。

（2）将幻灯片 3～21 自定义放映为“Word 字处理”，幻灯片 22～34 自定义放映为“Excel 电子表格”，将幻灯片 35～52 自定义放映为“PowerPoint 演示文稿”，将幻灯片 53～59 自定义放映为“Office 集成应用”。

（3）分别利用幻灯片切换和排练计时，将每张幻灯片的放映时间设置为 1 秒。

（4）在此基础上，将幻灯片的放映设置为循环放映。

步骤 1：双击打开“办公自动化软件应用”演示文摘，单击【视图】选项卡的【母版视图】组中的【幻灯片母版】按钮，切换到【幻灯片母版】编辑模式下，选中标题占位符中样例文字，单击【开始】选项卡的【字体】组中的“字体”下拉按钮，在弹出的下拉列表中选择字体。

要添加数字、日期、页脚等内容，单击【插入】选项卡的【文本】组中的【页眉和页脚】按钮，弹出【页眉和页脚】对话框，选中【日期和时间】【幻灯片编号】【页脚】复选项，并输入相应内容，如图 6-70 所示，单击【全部应用】按钮。

在幻灯片母版中单击日期/时间占位符，输入日期“2005－12－20”。单击页脚占位符，输入文字“office 办公软件”。单击日期/时间占位符、页脚占位符和数字占位符，单击【开始】选项卡的【字体】组中的【字体颜色】下拉按钮，在弹出的下拉列表中设置字体颜色为红色，如图 6-71 所示。

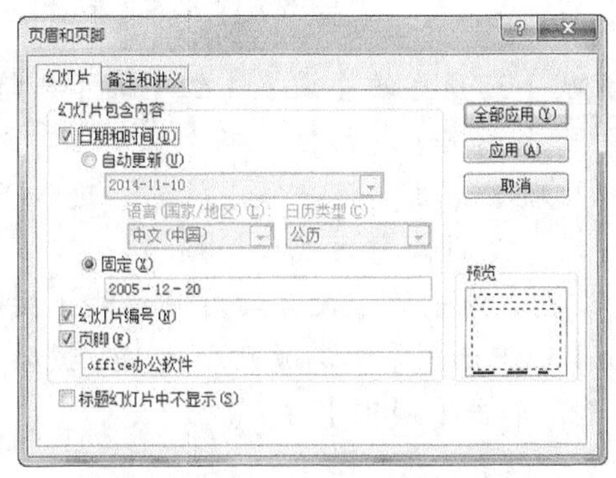

图 6-70 |【页眉和页脚】对话框

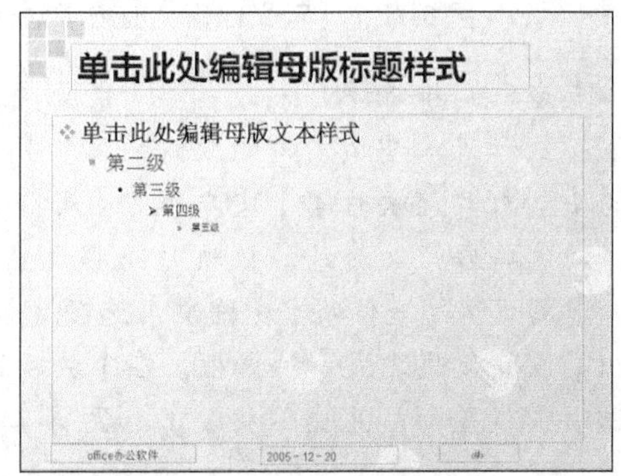

图 6-71 | 母版视图设置

幻灯片母版视图设置完后，单击【幻灯片母版】选项卡的【关闭】组中的【关闭母版视图】按钮，切换到演示文稿的编辑状态下。

步骤 2：单击【幻灯片放映】选项卡的【开始放映幻灯片】组中的【自定义幻灯片放映】按钮，在弹出的下拉列表上选择【自定义放映】选项，弹出【自定义放映】对话框。单击【新建】按钮，将弹出【定义自定义放映】对话框。

在【幻灯片放映名称】文本框中输入新建的放映名称“Word 字处理”，在【在演示文稿中的幻灯片】列表框中选择要添加到自定义放映中的幻灯片，单击【添加】按钮，将其添加到右侧的【在自定义放映中的幻灯片】列表框中，如图 6-72 所示，单击【确定】按钮，返回【自定义放映】对话框。

再单击【新建】按钮，按要求添加“Excel 电子表格”“PowerPoint 演示文稿”“Office 集成应用”等自定义放映，最后单击【关闭】按钮，完成所有设置。

步骤 3：单击【切换】选项卡，在【计时】组中的【换片方式】栏中选中【设置自动换片时间】选项，在输入框内输入每隔 1 秒自动翻页放映，如图 6-73 所示，因为要将每张幻灯片的放映时间都设置为 1 秒，所以这里单击【全部应用】按钮。

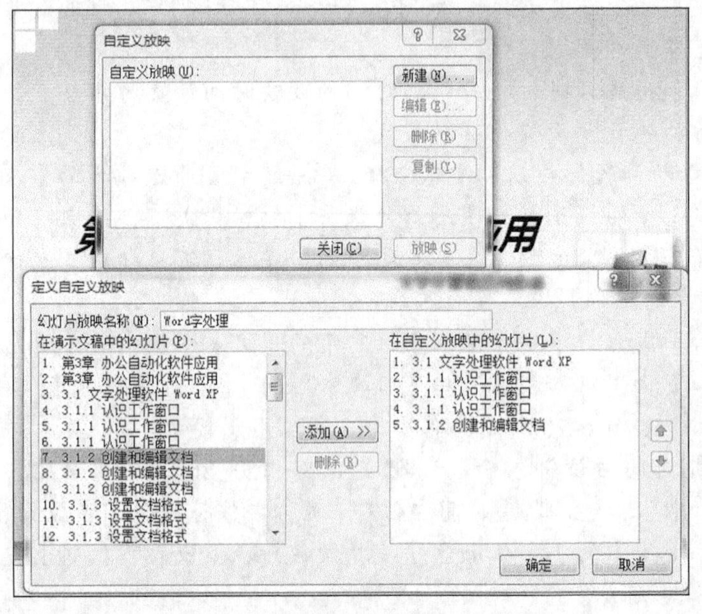

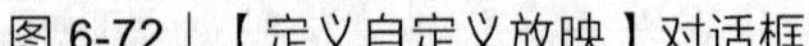
图 6-72 |【定义自定义放映】对话框

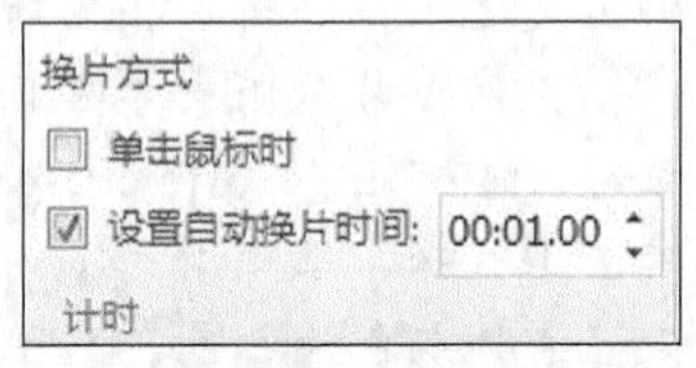

图 6-73 | 换片方式选项

或者利用排练计时方式，单击【幻灯片放映】选项卡的【设置】组中的【排练计时】按钮，进入演示文稿的放映视图，同时弹出【录制】对话框，当【录制】对话框中的【幻灯片放映时间】文本框中显示 1 秒后，就可单击【下一项】按钮，进入下一页，依次将每张幻灯片的放映时间都设置为 1 秒，不过此种方式比较烦琐。

步骤 4：单击【幻灯片放映】选项卡的【设置】组中的【设置幻灯片放映】按钮，弹出【设置放映方式】对话框。在【放映选项】栏中选中【循环放映，按 Esc 键终止】复选项，设置幻灯片循环放映，如图 6-74 所示，单击【确定】按钮。

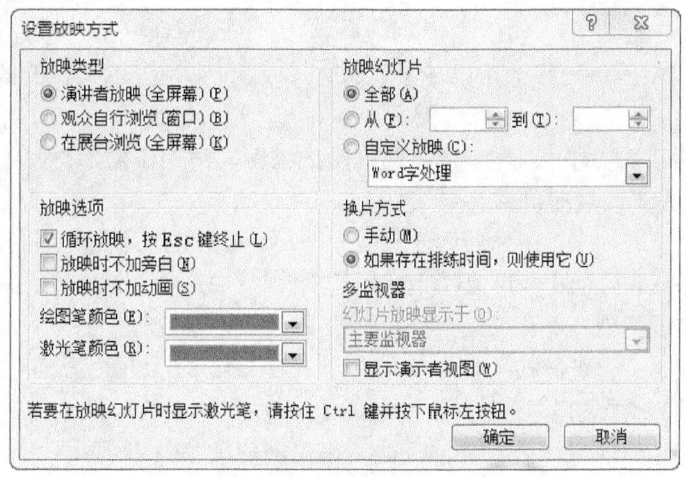

图 6-74 | 【设置放映方式】对话框

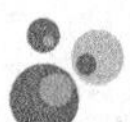

本章小结

本章主要介绍运用 PowerPoint 2010 制作演示文稿，包括在演示文稿中应用动画效果、配色方案、设计模板来美化演示文稿，通过创建超级链接、设置放映方式来控制演示文稿的放映。

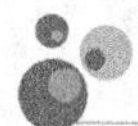

习题

1. PowerPoint 2010 演示文稿默认的保存类型是（　　）。

   A. .pot　　B. .ppt　　C. .pptx　　D. .prt

2. 如果希望在演示文稿的放映过程中，不需要人工加以控制，可以进行下列（　　）设置。

   A. 设置放映方式

   B. 设置动作按钮

   C. 录制旁白

   D. 设置幻灯片切换方式，并进行排练计时

3. 如果要从一个幻灯片“溶解”到下一个幻灯片，应从“幻灯片放映”菜单中选择（　　）命令。

   A. 动作按钮　　B. 预设动画　　C. 幻灯片切换　　D. 自定义动画

4. 下面（　　）不是 PowerPoint 2010 主窗口（普通视图）的组成部分。

   A. 幻灯片编辑区

   B. 显示幻灯片的序号，演示文稿所包含幻灯片的页数等信息的“状态栏”

   C. 包含有“改写、扩展、……”等工作方式的“状态栏”

   D. 包含有“从当前幻灯片开始幻灯片放映”的视图方式按钮区

5. PowerPoint 2010 提供了多种（　　），它包含了相应的配色方案、母版和字体样式等，可供用户快速生成风格统一的演示文稿。

A. 版式　　B. 模板　　C. 母版　　D. 幻灯片

6. 演示文稿中的每一张演示的单页称为（　　），它是演示文稿的核心。

A. 版式　　B. 模板　　C. 母版　　D. 幻灯片

7.（　　）视图方式下，显示的是幻灯片的缩图，适用于对幻灯片进行组织和排序、添加切换功能和设置放映时间。

A. 幻灯片　　B. 大纲　　C. 幻灯片浏览　　D. 备注页

8. 在 PowerPoint 2010 中可以插入的内容有（　　）。

A. 文字、图表、图像　　B. 声音、电影

C. 幻灯片、超级链接　　D. 以上几个方面

9. 下面的说法中，正确的是（　　）。

A. 幻灯片中的每一个对象都只能使用相同的动画效果

B. 各个对象的动画的出现顺序是固定的，不能随便调整

C. 任何一个对象都可以使用不同的动画效果，各个对象都可以以任意顺序出现

D. 上面 3 种说法都不正确

10. 演示文稿中的每张幻灯片都是基于某种（　　）创建的，它预定义了新建幻灯片的各种占位符布局情况。

A. 模板　　B. 版式　　C. 母版　　D. 幻灯片

第 7 章 数字媒体技术

知识要点：

1. 数字媒体的概念和范畴；
2. 数字媒体的分类和特性；
3. 数字媒体技术的概念和范畴。

知识拓展：

1. 数字媒体技术的应用；
2. 虚拟现实技术的应用。

7.1 数字媒体

7.1.1 什么是媒体

我们的眼睛和耳朵经常被“多媒体”“传统媒体”“数字媒体”“新媒体”“超媒体”“自媒体”等词语霸占着。我们享受着各种媒体带来的便利、多彩及高效的服务。近年来，我国更是将媒体融合发展作为“一项紧迫课题”提升到国家高度。那到底什么是媒体呢？

1. 媒体

媒体（Media）一词来源于拉丁语“Medius”，意为两者之间。媒体是指传播信息的媒介。它是指用于传递信息与获取信息的工具、渠道、载体、中介物，或实现信息从信息源传递到受信者的一切技术手段。媒体有两层含义，一是承载信息的数据或符号，如文字、声音、图像、动画等；二是储存、呈现、处理、传递信息的实体，如书本、挂图、磁盘、光盘、磁带以及相关的播放设备等。

国际电信联盟（ITU）把媒体分成五类：感觉媒体、表示媒体、存储媒体、传输媒体、显示媒体，如图 7-1 所示。其核心是表示媒体，即信息的存在形式和表现形式，如日常生活中的报纸、电视、广播、广告、杂志等，借助于这些载体，信息得以交流传播。媒体传递信息的基本元素主要包括声音、图片、视频、影像、动画和文字等，它们都是媒体的组成部分。

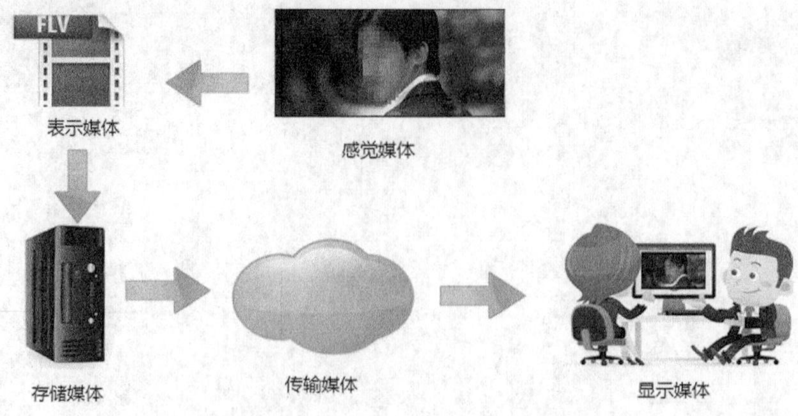

图 7-1｜国际电信联盟的五大媒体

2. 多媒体

多媒体（Multimedia）是多种媒体的综合，一般包括文本、声音和图像等多种媒体形式。在计算机系统中，多媒体指组合两种或两种以上媒体的一种人机交互式信息交流和传播媒体。使用的媒体包括文字、图片、照片、声音、动画、影片，以及应用程序所提供的互动功能。

3. 超媒体

超媒体（UltraMedia）是一种采用非线性网状结构对块状多媒体信息（包括文本、图像、视频等）进行组织和管理的技术。超媒体在本质上和超文本是一样的，只不过超文本技术在诞生的初期管理的对象是纯文本，所以称作超文本。随着多媒体技术的兴起和发展，超文本技术的管理对象从纯文本扩展到多媒体，为强调管理对象的变化，就产生了超媒体这个词。

4. 流媒体

流媒体（Streaming Media）是指将一连串的媒体数据压缩后，经过网上分段发送数据，在网上即时传输影音以供观赏的一种技术与过程。此技术使得数据包得以像流水一样发送，让用户可以“边下载边观看”，而不必在观看前下载整个媒体文件。

5. 自媒体

自媒体（We Media）是指普通大众通过网络等途径向外发布他们本身的事实和新闻的传播方式，是普通大众经由数字科技与全球知识体系相连之后，一种提供与分享他们本身的事实和新闻的途径。自媒体是私人化、平民化、普泛化、自主化的传播者，以电子化的手段，向不特定的大多数或者特定的单个人传递规范性及非规范性信息的新媒体的总称。图 7-2 所示为两大典型自媒体平台微博和微信的标志。

图 7-2｜自媒体平台

6. 新媒体

新媒体是一个相对的概念，是报刊、广播、电视等传统媒体发展起来的新媒体形态，现阶段包括博客、IPTV、手机媒体、数字电视、移动电视等。新媒体是利用数字技术，通过计算机网络、无线通信网、卫星等渠道，以及计算机、手机、数字电视机等终端，向用户提供信息和服务的传播形态。从空间上来看，“新媒体”特指与“传统媒体”相对应的，以数字压缩和无线网络技术为支撑，利用其大容量、实时性和交互性，可以跨越地理界线，最终得以实现全球化的媒体。

7.1.2 什么是数字媒体

数字媒体是指以二进制数的形式记录、处理、传播、获取的信息载体。这些载体包括数字化的文字、图形、图像、声音、视频影像和动画等，以及存储、传输这些信息的媒体。《2005 中国数字媒体技术发展白皮书》中给“数字媒体”做出了这样的定义：数字媒体是数字化的内容作品，以现代网络为主要传播载体，通过完善的服务体系，分发到终端和用户进行消费。该定义比较科学地反映了数字媒体技术及其产业内涵。数字媒体具有数字化特征和媒体特征，有别于传统媒体；数字媒体不仅在于内容的数字化，更在于其传播手段的网络化。

7.1.3 数字媒体的分类

数字媒体的分类形式多样，可从不同的角度对数字媒体进行不同的划分。

1. 按时间属性划分

按照时间属性划分，数字媒体可以分为静止媒体和连续媒体。静止媒体是指内容不会随着时间变化而变化的数字媒体，如文本、图形、图像等。连续媒体是指内容随着时间而变化的数字媒体，如音频、视频、虚拟图像等。

2. 按来源属性划分

按来源属性划分，数字媒体可以分为自然媒体和合成媒体。自然媒体是指客观世界存在的景物、声音等，经过专门的设备进行数字化和编码处理之后得到的数字媒体，如数码相机拍摄的照片、数字摄像机拍摄的影像、MP3 数字音乐、数字电影电视等。合成媒体是指以计算机为工具，采用特定符号、语言或算法表示的，由计算机生成（合成）的文本、音乐、语音、图像和动画等，如用 3D 制作软件制作出来的动画角色等。

3. 按组成属性划分

按组成元素划分，数字媒体可以分为单一媒体和多媒体。单一媒体是指单一信息载体组成的媒体。多媒体是指多种信息载体的综合表现形式和传递方式。

7.1.4 数字媒体的特性

数字媒体使人们以原来不可能的方式交流、生活、工作。例如，零售业的市场推广、一对一销售，医药行业的诊断图像管理，政府机构的视频监督管理，教育行业的多媒体远程教学，金融行业的客户服务等。数字媒体主要具有以下特性。

1. 数字化

数字化是数字媒体的基本特征，也是区别于传统媒体的主要特征。其表示方式从传统的模拟信号进化到“0、1”形式的数字化信号，数字信号质量好、处理方便，更有利于存储和传输，数字媒体体现出传统媒体无法比拟的优势。

2. 多样化

数字媒体能够有机地结合、加工和处理文字、图形、图像、音频、视频、动画等多种信息元素，为用户提供丰富的视听信息，能够更有效、更直接的传播丰富、复杂的信息。

3. 交互性

数字媒体的交互性是其数字化的主要特征，数字化的技术的出现，使数字媒体的交互性成为可能，交互性也成为数字媒体技术的核心特征。数字媒体的交互性为用户选择和获取信息提供了更灵活的手段和方式。例如，传统电视系统的媒体信息是单向流通的，电视台播放内容，用户接收内容，完全没有选择性；而数字媒体技术的交互性改变了这种现状，交互电视的出现大大增加了用户的主动性，用户不仅可以坐在家里通过遥控器、机顶盒和屏幕上的菜单来收看自己点播的节目，而且还能利用它来购物、学习、经商和享受各种信息服务。

4. 用户体验的趣味性

娱乐是人类的普遍性需求，娱乐的主要体验形式是趣味性。数字媒体内容作品衍生出的媒体产业丰富多样，流媒体影视、数字游戏、互联网、数字电视等为人们提供了丰富多彩的娱乐空间，媒体的趣味性得到了很好的展现。

5. 媒体传播的大众化

传统的大众传播过程需要庞大的媒体组织机构，而在数字媒体传播领域，信息的发布仅需要一台可以上网的计算机，另外网络媒体的可交互性使信息传播者和接受者之间可以实时的通信交互，实现平等分享。在数字媒体传播领域，每一个参与者既可以是信息的接受者，也可以是信息的创造者、分享者，从而催生了媒体领域的“草根”文化。

7.2 数字媒体技术及应用

7.2.1 什么是数字媒体技术

数字媒体技术其实是一系列综合技术，主要研究文字、图形、图像、音频、视频以及动画等数字媒体的捕获、加工、存储、传递、再现及相关技术。数字媒体技术涉及的范围广、技术新、研究内容深，是多种学科和技术交叉的领域，其主要技术范畴包括以下几个方面。

1. 数字音频处理

数字音频处理包括音频及其传统技术（记录、编辑技术）、音频的数字化技术（采样、量化、编码）、数字音频的编辑技术、语音编码技术。常见的数字音频处理软件有 Adobe Audition、GoldWave 等。

2. 数字图像处理

数字图像处理包括数字图像的计算机表示方法（位图、矢量图等）、数字图像的获取技术、图像的编辑和创意设计。常用的图像处理软件有 Photoshop 等。

3. 数字视频处理

数字视频处理包括数字视频基本编辑技术和后期特效处理技术。常用的视频处理软件有 Premiere 等。

4. 数字动画设计

数字动画设计包括动画的基本原理、动画设计基础、数字二维动画技术、数字三维动画技术、数字动画的设计与创意。常用的动画设计软件有 3D Max、Flash 等。

5. 数字游戏设计

数字游戏设计包括游戏设计相关软件技术（Direct、OpenGL、Direct 等）、游戏设计与创意。

6. 数字媒体压缩

数字媒体压缩包括数字媒体压缩技术及分类、通用的数据压缩技术、数字媒体压缩标准，如用于声音的 MP3 和 MP4，用于图像的 JPEG，用于运动图像的 MPEG。

7. 数字媒体存储

数字媒体存储包括内存储器、外存储器和光盘存储器等。

8. 数字媒体管理与保护

数字媒体管理与保护包括数字媒体的数据管理、媒体存储模型及应用、数字媒体版权保护概念及框架、数字版权保护技术，如加密技术、数字水印技术和权利描述语言等。

9. 数字媒体传输技术

数字媒体传输技术包括流媒体传输技术、P2P 技术、IPTV 技术等。

7.2.2 数字媒体技术的应用

数字媒体技术有着广泛的应用领域，包括以下几个方面。

1. 教育培训方面

数字媒体技术可以开发远程教育系统、网络多媒体资源、制作数字电视节目等。由于数字媒体能够实现图文并茂、人机交互、反馈，从而能有效地激发受众的学习兴趣，受众可以根据自己的特点和需要来有针对性地选择学习内容、主动参与。以互联网为基础的远程教学，极大地冲击着传统的教育模式，把集中式教育发展成为使用计算机的分布教学。学生可以不受地域限制，接受远程教师的多媒体交互指导，因此，教学突破了时空的限制，并且能够及时交流信息、共享资源。

例如，中国大学 MOOC 如图 7-3 所示。其中，MOOC 是 Massive Open Online Course（大规模在线开放课程）的缩写，是一种任何人都能免费注册使用的在线教育模式。MOOC 有一套类似于线下课程的作业评估体系和考核方式。每门课程定期开课，整个学习过程包括多个环节：观看视频、参与讨论、提交作业，穿插课程的提问和终极考试等。

图 7-3 | 中国大学 MOOC

2. 电子商务领域

数字媒体技术可以开发网上电子商城，实现网上交易。网络为商家提供了推销产品或服务的机会。通过网络电子广告、电子商务网站，商家能将商品信息迅速传递给顾客，顾客可以订购自己喜爱的商品。例如，淘宝网是亚太地区较大的网络零售、商圈，由阿里巴巴集团在 2003 年 5 月创立，是中国深受欢迎的网购零售平台。

3. 信息发布方面

数字媒体技术可以让组织机构或者个人成为信息发布的主体。各公司、企业、学校、政府部门都可以建立自己的信息网站，通过媒体资料展示自我和提供信息。超文本链接使大范围发布信息成为可能。讨论区、BBS 可以让任何人发布信息，实时交流。另外，博客、播客等形式为人们提供了展示自我和发布个人信息的舞台。图 7-4 所示为厦门海洋职业技术学院网站发布的学校新闻。

图 7-4 | 厦门海洋职业技术学院网站发布的学校新闻

4. 个人娱乐方面

数字媒体技术可以开发娱乐网站，利用 IPTV、数字游戏、影视点播、移动流媒体等为人们提供娱乐。随着数据压缩技术的改进，数字电影从低质量的 VCD 上升为高质量的 DVD。通过数字电视，人们不仅可以看电视、录像、实现视频点播，而且可以使用微机、互联网、联网电话、电子邮箱、计算机游戏、家居购物和理财等。计算机游戏已成为流行的娱乐方式，特别是网络在线游戏，因其新颖、开放、交互性好和娱乐性强等特点，受到越来越多人的青睐。

5. 电子出版方面

在电子出版方面，开发多媒体教材，出版网上电子杂志、电子书籍等，实现编辑、制作、处理输出数字化，发行数字化越发流行。电子出版是数字媒体和信息高速公路应用的产物。电子出版物的内容可以包括教育、学术研究、医疗资料、科技知识、文学参考、地理文物、百科全书、字典词典、检索目录、休闲娱乐等。目前，许多国内外报刊杂志都有相应的网络电子版。目前国内主要电子杂志发布平台有 ZCOM 电子杂志门户、Xplus 新数通、POCO 魅客、iebook 第一门户等。图 7-5 所示为瑞丽电子杂志网站。

图 7-5｜瑞丽电子杂志网站

6. 创意设计方面

创意设计方面包括工业设计、企业徽标设计、漫画创作、动画原型设计、数字绘画制作、游戏设计等。创意设计是多媒体活泼性的重要来源，好的创意不仅使应用系统独具特色，也大大提高了系统的可用性和可视性。精彩的创意将为整个多媒体系统注入生命与色彩。多媒体应用程序之所以有巨大的诱惑力，主要归功于其丰富多彩的多种媒体同步表现形式和直观灵活的交互功能。

7.2.3 产业人才需求

数字媒体产业包括用数字化技术生成、制作、管理、传播、运营和消费的文化内容产品及服务，具有高增值、强辐射、低消耗、广就业、软渗透的属性。“文化为体，科技为媒”是数字媒体行业的精髓。数字媒体产业的发展水平在某种程度上体现了一个国家在信息服务、传统产业升级换代及前沿信息技术研究和集成创新方面的实力和产业水平。

国家提出推动传统媒体和新兴媒体融合发展，加快媒体数字化建设，打造一批新型主流媒体。福建省相关文件也指出，要实施数字经济领跑行动，提高数字技术基础研发能力，在人工智能、虚拟现实以及 5G 等主导产业和新兴产业领域，推动产学研发展。人才需求量还可从以下几个方面表现出来。

（1）伴随移动互联网的飞速发展，基于互联网应用的移动媒体被越来越多的受众所认可，衍生出对 UI 设计师、用户体验设计师、手机游戏设计师等人才的需求。

（2）三维技术和虚拟现实技术的发展与成熟，商业化应用主要表现为三维展示、模型制作、动漫、建筑漫游、游戏开发、数字影像特效合成、虚拟交互等，相应行业的人才需求量巨大。

（3）根据“猎聘”大数据 2019 年第一季度的数据分析报告，广东、江浙沪、福建周边较发达地区对专业人才的需求量较大。

（4）互联网技术类岗位需求保持持续增长趋势，数字媒体产业将成为全国 IT 和娱乐业的支柱产业之一，每年将以 20%的人才需求增长、30%的薪资增长。数字媒体行业的快速生长必然需要大量不同层次、不同岗位的专门化人才。

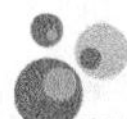

7.3 虚拟现实技术及应用

7.3.1 虚拟现实技术

近年来，数字媒体技术中研究和应用方面最火热的当属虚拟现实技术（Virtual Reality，VR）。无论是从技术特点还是从社会需求来讲，虚拟现实技术与数字媒体技术都有着非常密切的联系。

1. 虚拟现实技术

虚拟现实技术又称灵境技术，是 20 世纪发展起来的一项全新的实用技术。随着社会生产力和科学技术的不断发展，各行各业对 VR 技术的需求日益旺盛。VR 技术也取得了巨大进步，并逐步成为一个新的科学技术领域。在这个虚拟世界中，人们可以感受到视觉、听觉、触觉等方面的刺激。用一句话来说，就是使用 VR 工具，在虚拟世界的感受就像在现实世界一样。现在用户接触最多的就是 VR 眼镜。VR 眼镜开启后，会在眼前显示一个屏幕，让使用者觉得处在屏幕所显示的世界中，如太空飞船、大楼顶层边缘，图 7-6 所示为某用户使用 VR 眼镜和 VR 手柄体验虚拟现实技术。

图 7-6｜使用 VR 眼镜和 VR 手柄

2. 增强现实

增强现实（Augmented Reality，AR）和 VR 一样需要计算机技术，不同的是 AR 可以将虚拟信息显示在真实世界。使用过“支付宝集福”的人可能有这样的体验，就是可以将真实环境和虚拟信息或者物体展现在同一个画面里。图 7-7 所示为通过 AR 技术展示篮球场上的恐龙。虚拟物体和真实环境，除了在同一个画面中，甚至还可以同时在同一个空间中。AR 技术可以将新闻、视频、天气投射出来，实现更好的互动。另外，还可以辅助模拟游戏、3D 建模。

图 7-7｜篮球场上的恐龙

3. 混合现实

混合现实（Mixed Reality，MR）是将虚拟现实和增强现实完美地结合起来，提供一个新的可视化环境。值得一提的是，这个可视化环境中，物理实体和数字对象形成类似于全息影像的效果，可以进行一些交互行为，图 7-8 所示为混合现实场馆里的鲨鱼。

图 7-8｜混合现实场馆里的鲨鱼

7.3.2 虚拟现实技术的应用

《阿凡达》《黑客帝国》梦境般的场景使观众感到无与伦比的视觉震撼，从而带动了虚拟现实产业链的发展。VR 电影、VR 游戏、VR 旅游乃至 VR 电商、VR 教育等层出不穷，虚拟现实已经确确实实地走进人们的生活，VR/AR 的社会应用涵盖了多个领域，如图 7-9 所示。

常见的虚拟现实技术应用有以下几个。

1. VR 展馆

（1）国内外许多著名的博物馆，例如大英博物馆、法国卢浮宫或我国的故宫博物院等都融入了 VR 技术，从而更好地发挥其社会功能和教育功能。故宫博物院太和殿的全景如图 7-10 所示。

图 7-9 | VR/AR 的社会应用领域

图 7-10 | 故宫博物院太和殿的全景

（2）厦门大学网上展馆如图 7-11 所示。

图 7-11｜厦门大学网上展馆

2. VR 电影

爱奇艺 VR 频道如图 7-12 所示。

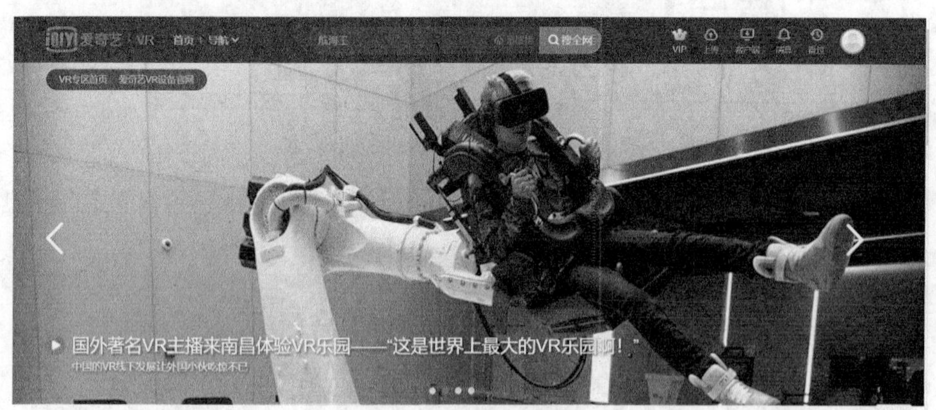

图 7-12｜爱奇艺 VR 频道

3. VR 房地产

房地产行业竞争越来越激烈，开发商选择利用 VR 技术，让客户主动参与、身临其境地从任意角度观察和体验产品。例如，“房天下”网站提供的 VR 全景看房，如图 7-13 所示。

4. VR 游戏

（1）深海沙盒生存游戏，该游戏的界面如图 7-14 所示。

（2）宇宙沙盒游戏，该游戏的界面如图 7-15 所示。

另外，正在逐步普及的 3D 电视机也是虚拟现实领域中立体现实技术的体现。如今，虚拟现实的应用需求也越来越强调与艺术的结合，要求作品既具有交互体验性，也具有观赏性。

图 7-13｜VR 全景看房

图 7-14｜深海沙盒生存游戏

图 7-15｜宇宙沙盒游戏

这些方面都充分说明，虚拟现实技术与数字媒体技术有着非常密切的关系，两者对技术的要求都有许多共同点。从某种意义上讲，虚拟现实是数字媒体技术在实际应用中的一种综合体现。

本章小结

本章主要介绍媒体、数字媒体的基本概念，学生不但要了解数字媒体技术的关键技术、应用场景与发展趋势，还要通过大量案例了解虚拟现实技术及其应用领域。

习题

1. 国际电信联盟（ITU）把媒体分成哪五类？
2. 数字媒体的特性有哪些？
3. 数字媒体的应用领域有哪些？请列举你所在生活或工作中的实例。

第 8 章

信息新技术导论

知识要点：

1. 初识云计算、大数据、物联网、人工智能、“互联网+”；
2. 云计算、“互联网+”的特点与应用；
3. 大数据、物联网的特征与应用；
4. 人工智能的实现方法与应用。

知识拓展：

1. 了解云计算的安全威胁、大数据的发展趋势与人才需求；
2. 熟悉物联网的关键技术。

8.1 云计算

8.1.1 初识云计算

“世界那么大，我想去看看。”这句流行的话语飞扬着每一个人的内心。如今，只要拥有 GPS 定位，走遍天下都不怕。

在没有 GPS 的时代，每到一个地方，我们都需要一张最新的当地地图。以前经常可见路人拿着地图问路的情景。而现在，我们只需要一部手机连上网络，就可以拥有一张全世界的地图，甚至还能够得到地图上得不到的信息，如交通路况、天气状况等。正是基于云计算技术的 GPS 带给我们这一切。地图、路况这些复杂的信息，并不需要预先安装在我们的手机中，而是储存在服务提供商的“云”中，我们只需在手机上按一个键，就可以快速地找到所要找的地方。

云计算这个术语首次在 2006 年 8 月的搜索引擎会议上提出，成为互联网的第三次革命。云计算（Cloud Computing）是分布式计算的一种，是指通过网络“云”将巨大的数据计算处理程序分解成无数个小程序，然后通过多部服务器组成的系统处理和分析这些小程序，得到结果并返回给用户。云计算早期，简单地说，就是简单的分布式计算和任务分发，并进行计算结果的合并。因而，云计算又称为网格计算。这项技术可以在很短的时间内（几秒）完成对数以万计的数据的处理，从而实现强大的网络服务。

从狭义上讲，云计算就是一种提供资源的网络，使用者可以随时获取“云”上的资源，按需求量使用，只要按使用量付费就可以，“云”就像自来水一样，我们可以随时接水，并且不限量，按照自己家的用水量，付费给自来水厂。

从广义上说，云计算是与信息技术、软件、互联网相关的一种服务，这种计算资源共享池称为“云”。云计算把许多计算资源集合起来，通过软件实现自动化管理，只需要很少的人参与，就能让资源被快速提供。也就是说，计算能力作为一种商品，可以在互联网上流通，就像水、电、煤气一样，可以方便地取用，而且价格较为低廉。

总之，云计算不是一种全新的网络技术，是继互联网、计算机后在信息时代的一种全新的网络应用概念，是信息时代的一个大飞跃。

8.1.2 云计算的特点

云计算的可贵之处在于高灵活性、可扩展性和高性价比等，与传统的网络应用模式相比，其具有以下优势与特点。

1. 虚拟化技术

虚拟化技术突破了时间、空间的界限，是云计算最为显著的特点，虚拟化技术包括应用虚拟和资源虚拟两种。

2. 动态可扩展

云计算具有高效的运算能力，在原有服务器基础上增加云计算功能，能够使计算速度迅速提高，最终实现动态扩展虚拟化，达到对应用进行扩展的目的。

3. 按需部署

计算机包含许多应用、程序软件等，不同的应用对应的数据资源库不同，所以用户运行不同的应用需要较强的计算能力对资源进行部署，而云计算平台能够根据用户的需求快速配备计算能力及资源。

4. 灵活性高

目前市场上大多数 IT 资源，软、硬件都支持虚拟化，如存储网络、操作系统和开发软、硬件等。可见云计算的兼容性非常强，不仅可以兼容低配置机器、不同厂商的硬件产品，还能够使外设获得更高的计算能力，灵活性非常高。

5. 可靠性高

单点服务器故障也不影响计算与应用的正常运行。因为单点服务器出现故障可以通过虚拟化技术将分布在不同物理服务器上面的应用进行恢复，或利用动态扩展功能部署新的服务器进行计算，可靠性高。

6. 性价比高

将资源放在虚拟资源池中统一管理在一定程度上优化了物理资源，用户不再需要昂贵、存储空间大的主机，可以选择相对廉价的机器组成云，一方面减少费用，另一方面计算性能不逊于大型主机。

7. 可扩展性

用户可以更为简单快捷地将自身所需的已有业务以及新业务进行扩展。例如，计算机云计算系统中出现设备的故障，对于用户来说，无论是在计算机层面上，还是在具体运用上均不会受到阻碍，可以利用云计算具有的动态扩展功能对其他服务器开展有效扩展。这样一来就能够确保任务得以有序完成。在对虚拟化资源进行动态扩展的情况下，同时能够高效扩展应用，提高了计算机云计算的可操作水平。

8.1.3 云计算的应用

较为简单的云计算技术已经普遍服务于现如今的互联网服务中，最为常见的就是网络搜索引擎和网络邮箱。

搜索引擎如百度和谷歌，在任何时刻，只要用移动终端就可以在搜索引擎上搜索任何自己想要的资源，通过云端共享数据资源。而网络邮箱也是如此，在过去，邮寄一封邮件是一件比较麻烦的事情，同时也是很慢的过程，而在云计算技术和网络技术的推动下，电子邮箱成为社会生活中的一部分，只要在网络环境下，就可以实现实时的邮件寄发。其实，云计算技术已经融入现今的社会生活，如图 8-1 所示。

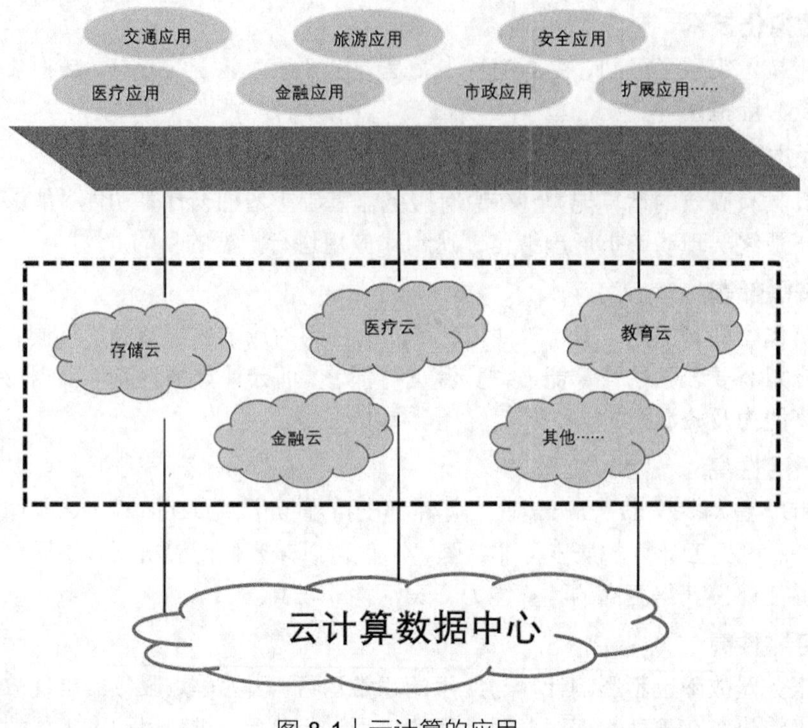

图 8-1｜云计算的应用

1. 存储云

存储云又称云存储，是在云计算技术上发展起来的一个新的存储技术。云存储是一个以数据存储和管理为核心的云计算系统。用户可以将本地资源上传至云端，并在任何地方连入互联网来获取云端上的资源。谷歌、微软等大型网络公司均有云存储的服务。存储云向用户提供了存储容器服务、备份服务、归档服务和记录管理服务等，大大方便了使用者对资源的管理。

2. 医疗云

医疗云是指在云计算、移动技术、多媒体、4G 通信、大数据及物联网等新技术基础上，结合医疗技术，使用“云计算”来创建医疗健康服务云平台，实现医疗资源的共享和医疗范围的扩大。因为云计算技术的运用与结合，医疗云提高了医疗机构的效率，方便居民就医。像现在医院的预约挂号、电子病历、医保服务等都是云计算与医疗领域结合的产物，医疗云还具有数据安全、信息共享、动态扩展、布局全国的优势。

3. 金融云

金融云是指利用云计算的模型，将信息、金融和服务等功能分散到庞大分支机构构成的互联网“云”中，旨在为银行、保险和基金等金融机构提供互联网处理和运行服务，同时共享互联网资源，达到高效率、低成本的目标。2013 年 11 月，阿里云整合阿里巴巴旗下资源并推出阿里金融云服务。因为金融与云计算的结合，现在只需要在手机上简单操作，就可以完成银行存款、购买保险和基金买卖等。

4．教育云

教育云实质上是指教育信息化的一种发展。具体来说，教育云可以将所需要的任何教育硬件资源虚拟化，然后将其传入互联网中，以向教育机构和学生老师提供一个方便快捷的平台。现在流行的慕课就是教育云的一种应用。

8.1.4 云计算的安全威胁

1．隐私被窃取

人们常常使用网络进行交易或购物，网上交易在云计算的虚拟环境下进行，交易双方会在网络平台上进行信息之间的沟通与交流。而网络交易存在着很大的安全隐患，不法分子可以通过云计算对网络用户的信息进行窃取，同时还可以在用户与商家进行网络交易时，来窃取用户和商家的信息，当他们在云计算的平台中窃取信息后，就会采用一些技术手段对信息进行破解，同时对信息进行分析，以此发现用户更多的隐私信息，甚至通过云计算来盗取用户和商家的交易信息。

2．资源被冒用

云计算的环境有着虚拟的特性，而用户通过云计算在线交易时，需要在保障双方网络信息都安全时才进行网络的操作，但是云计算中存储的信息很多，同时在云计算中的环境也比较复杂，云计算中的数据会出现滥用的现象，这样会影响用户的信息安全，同时造成一些不法分子利用被盗用的信息进行欺骗用户亲人的行为，同时还会有一些不法分子利用在云计算中盗用的信息进行违法的交易，以此造成云计算中用户的财产遭到损失，这些都是云计算信息被冒用引起的，同时这些也严重威胁了云计算的安全。

3．黑客攻击

黑客攻击指利用一些非法的手段进入云计算的安全系统，给云计算的安全网络带来一定的破坏的行为。黑客入侵给云计算带来的危害，远远大于病毒给云计算带来的危害，同时技术也难以对黑客攻击进行预防，这也是威胁云计算安全的重要问题之一。

4．计算机病毒

大量的用户通过云计算将数据存储到云计算中，一些病毒会导致以云计算为载体的计算机无法正常工作，而且这些病毒还能进行复制，并通过一些途径进行传播，致使以云计算为载体的计算机出现死机等现象。同时，因为互联网的快速传播，导致云计算或计算机一旦出现病毒，就会很快地进行传播，这也会产生很大的攻击力。

8.2 大数据

8.2.1 大数据时代

2019 年中国国际大数据产业博览会在“中国数谷”贵阳举行。在大数据加持下，贵阳修文猕猴桃变身“黄金果”，每个猕猴桃都有“身份证”——二维码，通过分析挖掘扫描数据，获取各种信息。小小的猕猴桃，如今也插上了科技的翅膀，形成一种新的产销业态。

一分钟内，微博推特上新发的数据量超过 10 万，在脸书上的浏览量超过 600 万。急速拓展的网络带宽以及各种穿戴设备所带来的大量数据，使数据呈井喷式增长。大数据时代的来临，带来了身价不断翻番的各种数据，它将在众多领域掀起变革的巨浪。目前，几乎所有世界级的互联网企业，都将业务触角延伸至大数据产业，无论是社交平台逐鹿、电商价格大战还是门户网站竞争，都有它的影子。

大数据（见图 8-2）一词越来越多地被提及，人们用它来描述和定义信息爆炸时代产生的海量数据。大数据是指无法在一定时间范围内用常规软件工具进行捕捉、管理和处理的数据集合，是需要新处理模式才能具有更强的决策力、洞察发现力和流程优化能力的海量、高增长率和多样化的信息资产。

图 8-2｜大数据

随着云计算技术的广泛应用，大数据也吸引了越来越多的关注。大数据技术的战略意义不在于掌握庞大的数据信息，而在于对这些含有意义的数据进行专业化处理。换言之，如果把大数据比作一种产业，那么这种产业实现盈利的关键，在于提高对数据的“加工能力”，通过“加工”实现数据的“增值”。

从技术上看，大数据与云计算的关系就像一枚硬币的正反面一样密不可分。大数据必然无法用单台的计算机进行处理，必须采用分布式架构。它的特色在于对海量数据进行分布式数据挖掘，但必须依托云计算的分布式处理、分布式数据库和云存储、虚拟化技术，如图 8-3 所示。

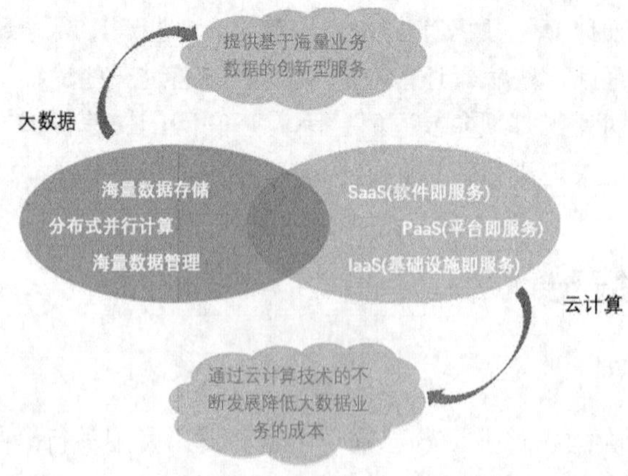

图 8-3｜大数据与云计算的关系

8.2.2 大数据的特征

大数据的特征包含以下 4 个层面。

（1）数据体量巨大（Volume）。从 TB 级别跃升到 PB 级别，数据的大小决定数据的价值和潜在的信息。

（2）数据类型繁多（Variety）。随着传感器种类的增多及智能设备、社交网络等的流行，数据类型也变得复杂，不仅包括传统的关系数据类型，也包括以网页、视频、音频、图片、文档等形式存在的未加工的、半结构化的和非结构化的数据。

（3）价值密度低（Value）。数据量呈指数增长的同时，隐藏在海量数据中的有用信息却没有以相应的比例增长，反而使我们获取有用信息的难度加大。以视频为例，在连续不间断的监控过程中，可能有用的数据仅需一两秒。

（4）流动速度快（Velocity）。通常理解的数据流动速度是指数据获取、存储及挖掘有效信息的速度，由于我们现在处理的数据是 PB 级代替 TB 级，“超大规模数据”和“海量数据”具有规模大、快速动态变化的特点，因此，形成流式数据是大数据的重要特征，数据流动的速度快到难以用传统的系统去处理。

大数据的“4V”特征表明其不仅是数据海量，对于大数据的分析将更加复杂、更追求速度、更注重实效。

8.2.3 大数据的发展趋势

大数据的发展趋势有以下几个。

1. 数据的资源化

资源化是指大数据成为企业和社会关注的重要战略资源，并已成为人们争相抢夺的新焦点。因而，企业必须要提前制订大数据营销战略计划，抢占市场先机。

2. 深度结合云计算

大数据离不开云计算。云处理为大数据提供了弹性可拓展的基础设备，是产生大数据的平台之一。自 2013 年开始，大数据技术已开始和云计算技术紧密结合，预计未来两者关系将更为密切。除此之外，物联网、移动互联网等新兴计算形态，也将一起助力大数据革命，让大数据营销发挥出更大的影响力。

3. 科学理论的突破

随着大数据的快速发展，就像计算机和互联网一样，大数据很有可能是新一轮的技术革命。随之兴起的数据挖掘、机器学习和人工智能等相关技术，可能会改变数据世界里的很多算法和基础理论，实现科学技术上的突破。

4. 数据科学和数据联盟的成立

未来，数据科学将成为一门专门的学科，被越来越多的人所认知。各大高校将设立专门的数据科学类专业，也会催生一批与之相关的新就业岗位。与此同时，基于数据平台，也将建立起跨领域的数据共享平台，之后，数据共享将扩展到企业层面，并且成为未来产业的核心环节。

5. 数据泄露泛滥

未来几年数据泄露事件的增长率也许会达到 100%，除非数据在其源头就能够得到安全保障。可以说，每个财富 500 强企业都可能面临数据攻击，无论它们是否已经做好安全防范。而所有企业，无论规模大小，都需要重新审视今天的安全定义。在财富 500 强企业中，超过 50%的企业将会设置“首席信息安全官”这一职位。企业需要从新的角度来确保自身以及客户数据的安全，所有数据在创建之初便需要获得安全保障，而并非在数据保存的最后一个环节，仅加强后者的安全措施已被证明于事无补。

6. 数据管理成为核心竞争力

数据管理成为核心竞争力，直接影响财务表现。当“数据资产是企业核心资产”的概念深入人心之后，企业对于数据管理便有了更清晰的界定，将数据管理作为企业核心竞争力。持续发展，战略性规划与运用数据资产成为企业数据管理的核心。数据资产管理效率与主营业务收入增长率、销售收入增长率呈正相关。此外，对于具有互联网思维的企业而言，数据资产竞争力所占比重约为 36%，数据资产的管理效果将直接影响企业的财务表现。

7. 数据质量是商业智能成功的关键

采用自助式商业智能（Business Intelligence，BI）工具进行大数据处理的企业将会脱颖而出。企业要面临的一个挑战是很多数据源会带来大量低质量数据。想要成功，企业需要理解原始数据与数据分析之间的差距，从而消除低质量数据并通过 BI 获得更佳决策。

8. 数据生态系统复合化程度加强

大数据的世界不只是一个单一的、巨大的计算机网络，而是一个由大量活动构件与多元参与者元素所构成的生态系统，由终端设备提供商、基础设施提供商、网络服务提供商、网络接入服务提供商、数据服务提供商、触点服务、数据服务零售商等一系列的参与者共同构建的生态系统。而今，这样一套数据生态系统的基本雏形已然形成，接下来的发展将趋向于系统内部角色的细分，也就是市场的细分；系统机制的调整，也就是商业模式的创新；系统结构的调整，也就是竞争环境的调整等，从而使数据生态系统复合化程度逐渐增强。

8.2.4 大数据架构下的人才需求

从大数据中获取价值，至少需要三类关键人才队伍。

（1）进行大数据分析的资深分析型人才。

（2）精通如何申请、使用大数据分析的管理者和分析家。

（3）实现大数据的技术支持人才。

此外，由于大数据涵盖内容广泛，还需要专业相关高端人才，如天体物理学家、生态学家、医学专家、社会网络学家和社会行为心理学家等。可以预测，在未来几年，资深数据分析人才短缺问题将越来越凸显。同时，还需要具有前瞻性思维的实干型领导者，他们能够基于大数据分析，制订相应策略并贯彻执行。

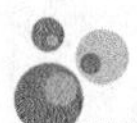

8.3 物联网

8.3.1 初识物联网

2015 年，国际电信联盟（ITU）发布了《ITU 互联网报告 2005：物联网》，无所不在的“物联网”通信时代即将来临。世界上所有的物体，从轮胎到牙刷、从房屋到纸巾，都可以通过物联网主动进行交换，其中，ETC 不停车收费系统就是物联网（The Internet of Things，IOT）较好的应用之一。ETC 是目前世界上先进的路桥收费方式，广泛应用于高速公路收费领域，在道路、大桥、隧道收费当中也备受欢迎，过往车辆通过道口时无须停车，即可实现车辆身份自动识别、自动收费。据统计，普通轿车通过人工收费站的平均时间为 14 秒，采用 ETC 缴费通过收费站的平均时间仅为 3 秒，即每车次可节约 11 秒的时间，大大地提高了通行速度，如图 8-4 所示。

图 8-4｜ETC 与人工收费

物联网即“万物相连的互联网”，是将各种信息传感设备与互联网结合起来而形成的一个巨大网络，可实现在任何时间、任何地点，人、机、物的互联互通，是新一代信息技术的重要组成部分。这有两层意思：第一，物联网的核心和基础仍然是互联网，是在互联网基础上的延伸和扩展的网络；第二，其用户端延伸和扩展到任何物品与物品之间，进行信息交换和通信。

因此，物联网的定义是通过射频识别、红外感应器、全球定位系统、激光扫描器等信息传感设备，按约定的协议，把任何物品与互联网相连接，进行信息交换和通信，以实现对物品的智能化识别、定位、跟踪、监控和管理的一种网络。

8.3.2 物联网的特征

物联网的基本特征从通信对象和过程来看，物与物、人与物之间的信息交互是物联网的核心。物联网的基本特征可概括为整体感知、可靠传输和智能处理。

（1）整体感知。利用射频识别、二维码、智能传感器等感知设备感知获取物体的各类信息。

（2）可靠传输。通过对互联网、无线网络的融合，将物体的信息实时、准确地传送，以便信息交流、分享。

（3）智能处理。使用各种智能技术，对感知和传送到的数据、信息进行分析处理，实现监测与控制的智能化。

8.3.3 物联网的关键技术

1. 射频识别技术

射频识别技术（Radio Frequency Identification，RFID）是一种简单的无线系统，由一个询问器（或阅读器）和很多应答器（或标签）组成。标签由耦合元件及芯片组成，每个标签具有唯一的电子编码，附着在物体上标识目标对象，通过天线将射频信息传递给阅读器，阅读器就是读取信息的设备。RFID 技术让物品能够“开口说话”。这就赋予了物联网一个特性，即可跟踪性，也就是说，人们可以随时掌握物品的准确位置及其周边环境。据估计，物联网 RFID 带来的这一特性，可使沃尔玛每年节省 83.5 亿美元，其中大部分是因为不需要人工查看进货的条码而节省的劳动力成本。RFID 帮助零售业解决了商品断货和损耗（因盗窃和供应链被搅乱而损失的产品）两大难题，而现在单是盗窃一项，沃尔玛一年的损失就达近 20 亿美元。

2. 传感器技术

信息采集是物联网的基础，传感器是摄取信息的关键器件。传感器能够感知物联网本身及其外部的运行环境，从而使物品与物品、计算机、人之间能互相“感知”。例如，遇到酒后驾车的情况，如果在汽车和汽车点火钥匙上都植入微型传感器，那么当喝了酒的司机掏出汽车钥匙时，钥匙能透过气味感应器察觉到一股酒气，就通过无线信号立即通知汽车“暂停发动”，汽车便会处于休息状态。同时“命令”司机的手机给他的亲朋好友发短信，告知司机所在位置，提醒亲友尽快来处理。不仅如此，未来衣服可以“告诉”洗衣机放多少水和洗衣液；文件夹会“检查”我们忘带了什么重要文件；食品蔬菜的标签会向顾客的手机介绍“自己”是否真正“绿色安全”。这就是物联网世界中被“物”化的结果。

3. M2M 系统框架

M2M 是 Machine-to-Machine/Man 的简称，是一种以机器终端智能交互为核心的、网络化的应用与服务。它通过在机器内部嵌入无线通信模块，依据传感器获取的数据进行决策，改变对象的行为，实现智能化控制。例如智能停车场，当车辆驶入或离开天线通信区时，天线以微波通信的方式与电子识别卡进行双向数据交换，从电子车卡上读取车辆的相关信息，从司机卡上读取司机的相关信息，自动识别电子车卡和司机卡，并判断车卡是否有效和司机卡的合法性，核对车道控制计算机显示与该电子车卡和司机卡一一对应的车牌号码及驾驶员等资料信息；车道控制计算机自动将通过时间、车辆和驾驶员的有关信息存入数据库中，车道控制计算机根据读到的数据判断是正常卡、未授权卡、无卡还是非法卡，并据此做出相应的回应和提示。另外，家中老人戴上嵌入智能传感器的手表，在外地的子女可以随时通过手机查询父母的血压、心跳是否稳定；智能化的住宅在主人上班时，传感器自动关闭水电气和门窗，定时向主人的手机发送消息，汇报安全情况。

8.3.4 物联网的应用

物联网的应用领域涉及各行各业，在工业、农业、环境、交通、物流、安保等基础设施领域的应用，有效地推动了这些方面的智能化发展，使有限的资源得到更加合理的使用和分配，从而提高了行业效率、效益。在家居、医疗健康、教育、金融与服务业、旅游业等与生活息息相关的领域的应用，从服务范围、服务方式到服务的质量等方面都有了极大的改进，大大地提高了人们的生活质量，如图 8-5 所示。

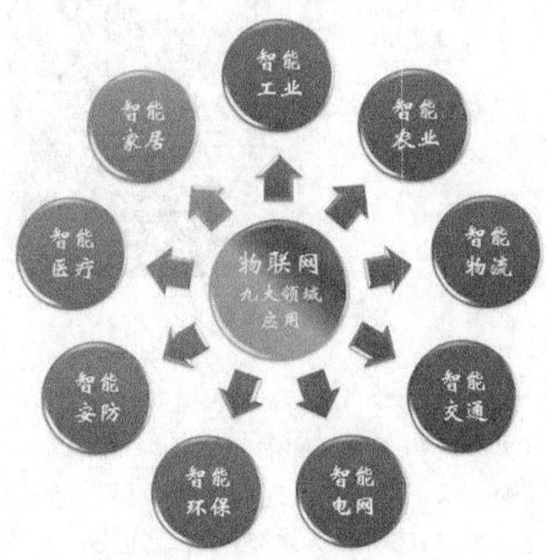

图 8-5 | 物联网应用领域

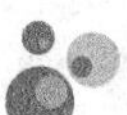

8.4 人工智能

8.4.1 初识人工智能

智能生涯，触手可及。人工智能（Artificial Intelligence，AI）正悄然改变着我们的生活。从十年前“美图秀秀”软件 PC 端横空出世，引领美颜界科技风向；五年前自拍软件还没有“实时美颜”功能，年轻人对“瘦脸”“大眼”“磨皮”“美白”等字眼耳熟能详；再到如今，智能手机直接把美颜这件事做成系统自带，人工智能技术模拟场景预设光源、前景虚化、自动美颜等。在拍照方面，人工智能技术可以通过深度学习算法以及对数据库的分析，智能识别人脸和拍照场景，判断最佳拍照时机、智能完美虚化，帮助人们轻松拍出“大师级”的美照，如图 8-6 所示。

目前，人工智能已应用到人类生活的各个领域，如防火、看病、天气预报、播种等，尤其是在计算、检索、记忆、下棋等方面，人工智能的能力已大大超越了某些精英、个人和专业群体，这是不可忽视的时代特征。

人工智能是研究、开发用于模拟、延伸和扩展人的智能的理论、方法、技术及应用系统的一门新的技术科学。AI 是计算机科学的一个分支，它试图了解智能的实质，并生产出一种新的能以人类智能相似的方式做出反应的智能机器，该领域的研究包括机器人、语言识别、图像识别、自然语言处理和专家系统等。人工智能从诞生以来，理论和技术日益成熟，应用领域也不断扩大，可以设想，未来人工智能带来的科技产品，将会是人类智慧的“容器”。

图 8-6｜AI 美照

8.4.2　人工智能的实现方法

人工智能在计算机上实现时有两种不同的方式。

一种是采用传统的编程技术，使系统呈现智能的效果，而不考虑所用方法是否与人或生物机体所用的方法相同。这种方法叫工程学方法，它已在一些领域内做出了成果，如文字识别、计算机下棋等。

另一种是模拟法，它不仅要看效果，还要求实现方法也和人类或生物机体所用的方法相同或相似。遗传算法和人工神经网络均属这种类型，遗传算法是模拟人类或生物的“遗传-进化”机制；人工神经网络则是模拟人类或动物大脑中神经细胞的活动方式。

8.4.3　人工智能的应用

目前人工智能主要应用在以下 7 个领域，如图 8-7 所示。

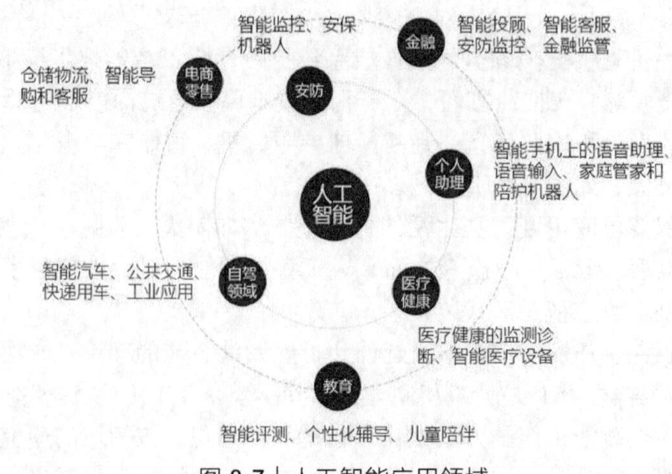

图 8-7｜人工智能应用领域

（1）个人助理（智能手机上的语音助理、语音输入、家庭管家和陪护机器人）。产品举例：微软小冰、百度度秘、科大讯飞、Amazon Echo、Google Home 等。

（2）安防（智能监控、安保机器人）。产品举例：商汤科技、格灵深瞳、神州云海。

（3）自驾领域（智能汽车、公共交通、快递用车、工业应用）。产品举例：Google、Uber、特斯拉、奔驰、京东等。

（4）医疗健康（医疗健康的监测诊断、智能医疗设备）。产品举例：Enlitic、Intuitive Sirgical、碳云智能、Promontory 等。

（5）电商零售（仓储物流、智能导购和客服）。产品举例：阿里巴巴、京东、亚马逊等。

（6）金融（智能投顾、智能客服、安防监控、金融监管）。产品举例：蚂蚁金服、交通银行等。

（7）教育（智能评测、个性化辅导、儿童陪伴）。产品举例：学吧课堂、科大讯飞、云知声等。

8.5 互联网+

8.5.1 “互联网+”时代

人类社会正进入信息时代，“互联网+”可以说代表了一种新的经济形态，其真正核心是思维模式的转变，而不是技术或工具的利用。2015 年政府工作报告中提出“制定‘互联网+’行动计划，推动移动互联网、云计算、大数据、物联网等与现代制造业结合，促进电子商务、工业互联网和互联网金融健康发展，引导互联网企业拓展国际市场。”

“互联网+”指依托互联网信息技术实现互联网与传统产业的联合，以优化生产要素、更新业务体系、重构商业模式等途径来完成经济转型和升级。如今，我们已步入“互联网+”时代。

“互联网+”是互联网思维的进一步实践成果，推动经济形态不断地发生演变，从而带动社会经济实体的生命力，为改革、创新、发展提供广阔的网络平台。通俗地说，“互联网+”就是“互联网+各个传统行业”，但这并不是简单的两者相加，而是利用信息通信技术及互联网平台，让互联网与传统行业进行深度融合，创造新的发展生态。它代表一种新的社会形态，即充分发挥互联网在社会资源配置中的优化和集成作用，将互联网的创新成果深度融合于经济、社会各领域中，提升全社会的创新力和生产力，形成更广泛的以互联网为基础设施和实现工具的经济发展新形态。

8.5.2 “互联网+”的特征

“互联网+”是信息化和工业化融合的升级版，而将互联网作为当前信息化发展的核心特征提取出来，与工业、商业、金融业等服务业全面融合，创造新的发展生态。“互联网+”有 6 大特征，如图 8-8 所示。

（1）跨界融合。“+”就是跨界，就是变革，就是开放，就是重塑融合。敢于跨界，创新的基础就更坚实；融合协同，群体智能才会实现，从研发到产业化的路径才会更垂直。

（2）创新驱动。用互联网思维来求变、自我革命，更能发挥创新的力量。

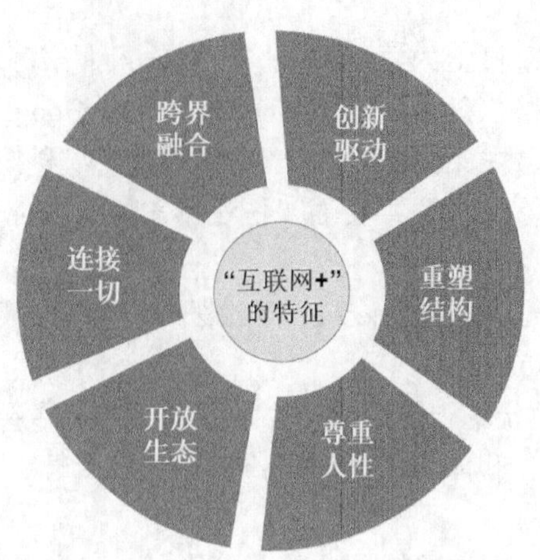

图 8-8 | "互联网+"的特征

（3）重塑结构。信息革命、全球化、互联网打破了原有的社会结构、经济结构、地缘结构、文化结构。"互联网+社会治理"、虚拟社会治理会带来很大的不同。

（4）尊重人性。人性的光辉是推动科技进步、经济增长、社会进步、文化繁荣的最根本的力量，互联网的力量之强大，最根本来源于对人性的最大限度的尊重、对人体验的敬畏、对人的创造性发挥的重视。

（5）开放生态。关于"互联网+"，生态是非常重要的特征，而生态的本身就是开放的。我们推进"互联网+"，其中一个重要的方向就是要把过去制约创新的环节化解掉，把孤岛式创新连接起来，让研发工作由市场驱动，让创业者有更多机会实现价值。

（6）连接一切。连接是有层次的，可连接性是有差异的，连接的价值虽然相差很大，但是连接一切是"互联网+"的目标。

8.5.3 "互联网+"的应用

（1）"互联网+工业"。即传统制造业企业采用移动互联网、云计算、大数据、物联网等信息通信技术，改造原有产品及研发生产方式，包括有"移动互联网+工业""云计算+工业""物联网+工业""网络众包+工业"等。

（2）"互联网+金融"。近几年来，"互联网+金融"得到了较为有序的发展，也得到了国家相关政策的支持和鼓励。"互联网+金融"已经成为一种新金融行业，并为普通大众提供了更多元化的投资理财选择。

（3）"互联网+交通"。"互联网+交通"不仅改善了人们的出行方式，增加了车辆的使用率，推动了互联网共享经济的发展，提高了效率、减少了排放，还对环境保护做出了贡献。

（4）"互联网+医疗"。"互联网+医疗"将优化传统的诊疗模式，为患者提供一条龙的健康管理服务。

（5）"互联网+教育"。一个教育专用网、一部移动终端，几百万学生，学校任你挑、老师由你选，这就是"互联网+教育"。

本章小结

本章主要介绍云计算、大数据、物联网、人工智能、“互联网+”的特点、应用等。以互联网为基础，延伸和扩展互联网络，物联网、云计算大数据和人工智能一脉相承。物联网是数据获取的基础，云计算是数据存储的核心，大数据是数据分析的利器，人工智能是反馈控制的关键。“互联网+”、物联网、云计算、大数据和人工智能构成一个完整的闭环控制系统，将物理世界和信息世界有机融合在一起，创造新的发展生态。

习题

简答题

1. 云计算的应用有哪些?
2. 简述大数据的特征。
3. 简述物联网的主要特征和每个特征的具体含义。
4. 简述人工智能的主要应用成果。
5. “互联网+”有哪些特征?